21 世纪高等院校规划教材

计算机网络工程

刘永华　编著

中国水利水电出版社
www.waterpub.com.cn

内 容 提 要

本书以完整的局域网组建、网络互联过程以及管理、维护为基础，并结合具体的案例说明计算机网络设计及实施的各阶段采用的比较成熟的思想和结构，着重培养学生分析问题、解决问题的能力。

全书共 12 章，主要内容包括：局域网的设计与构建、网络互联设备、交换技术及配置、路由技术及配置、无线局域网、网络布线技术、搭建网络服务及配置、网络互联技术、网络安全技术、网络管理与维护技术、网络系统集成案例、网络工程项目训练。另外附有 10 个参考实验。

本书内容系统、完整，内容丰富，实用性强，是一本理论和实践相结合的技术书籍，适合于普通高等院校计算机科学与技术、网络工程、通信工程、电子科学与技术、自动化、电子信息工程专业本科生学习，也可为计算机、通信、自动化、网络布线、系统集成等领域的高职高专学生、成人高等教育学生以及相关的科技人员使用。

本书所配电子教案及相关教学资源可以从中国水利水电出版社网站和万水书苑上下载，网址为：http://www.waterpub.com.cn/softdown/和http://www.wsbookshow.com。

图书在版编目（CIP）数据

计算机网络工程 / 刘永华编著. -- 北京 ： 中国水利水电出版社，2012.12
21世纪高等院校规划教材
ISBN 978-7-5170-0295-6

Ⅰ. ①计… Ⅱ. ①刘… Ⅲ. ①计算机网络－高等学校－教材 Ⅳ. ①TP393

中国版本图书馆CIP数据核字(2012)第253449号

策划编辑：雷顺加　　责任编辑：宋俊娥　　加工编辑：宋 杨　　封面设计：李 佳

书　　名	21 世纪高等院校规划教材 **计算机网络工程**
作　　者	刘永华 编著
出版发行	中国水利水电出版社 （北京市海淀区玉渊潭南路 1 号 D 座　100038） 网址：www.waterpub.com.cn E-mail：mchannel@263.net（万水） 　　　　sales@waterpub.com.cn 电话：（010）68367658（发行部）、82562819（万水）
经　　售	北京科水图书销售中心（零售） 电话：（010）88383994、63202643、68545874 全国各地新华书店和相关出版物销售网点
排　　版	北京万水电子信息有限公司
印　　刷	三河市铭浩彩色印装有限公司
规　　格	184mm×260mm　16 开本　20.5 印张　500 千字
版　　次	2012 年 12 月第 1 版　2012 年 12 月第 1 次印刷
印　　数	0001—3000 册
定　　价	36.00 元

凡购买我社图书，如有缺页、倒页、脱页的，本社发行部负责调换

前　　言

"计算机网络"是一门高度综合与交叉的具有独特科学规律的学科。在现有计算机网络构建与网络工程技术的教材当中，着重讲解、讨论计算机网络的体系结构及其通信协议，帮助学生掌握计算机网络的原理，了解网络运行的基本机制和方法，学习以后对网络会有大体的了解，但仅限于理论方面，在实践方面，不会使用计算机网络设备，对计算机网络构建以及网络的设计与施工也茫无头绪，不知如何将理论应用于实践，对于网络应用中的故障也难以分析与排除。

本书以计算机网络的各项基本技术和主流技术为基础，说明计算机网络中采用的比较成熟的思想和结构，突出常用计算机网络设计、配置和管理的方法，并对网络的设计、开发和应用中的实际问题和网络发展中的热点问题进行讨论。本书注重理论与实践的结合，力求培养学生分析问题和解决问题的能力，适合学生循序渐进地学习。

局域网是计算机网络的最简形式，同时也是一切计算机网络的基础。所有能在 Internet 上实现的功能，都可以轻而易举地在局域网上实现。此外，由于安全性方面的原因，某些敏感数据目前还只适合在局域网内流通。因此，要真正理解和运用计算机网络，就必须从局域网开始。

本书以完整的局域网组建、网络互联过程以及管理、维护为基础，并结合具体的案例说明计算机网络设计及实施的各阶段采用的比较成熟的思想和结构，着重培养学生分析问题、解决问题的能力。本书的主要特色是：注重理论与实践结合，习题与实训结合，整体规划与案例结合，任务驱动与技能训练结合。本书的编写思路是：首先介绍局域网的知识体系和组建技术，解决局域网的组建问题，在此基础上介绍接入网和传输网技术，解决广域网组建与网络互联问题，随后介绍局域网接入 Internet 的方法以及介绍计算机网络的管理与维护问题，最后介绍网络系统集成以及工程项目训练。即局域网组建→交换与路由技术→网络互联→系统集成→接入 Internet→网络管理与维护→工程项目训练。

全书由 12 章组成，主要内容包括：局域网的设计与构建、网络互联设备、交换技术及配置、路由技术及配置、无线局域网、网络布线技术、搭建网络服务及配置、网络互联技术、网络安全技术、网络管理与维护技术、网络系统集成案例、网络工程项目训练。另外附有 10 个参考实验。

本书内容系统、完整，内容丰富，实用性强，是一本理论和实践相结合的技术书籍，适合于普通高等院校计算机科学与技术、网络工程、通信工程、电子科学与技术、自动化、电子信息工程专业本科生学习，也可为计算机、通信、自动化、网络布线、系统集成等领域的高职高专学生、成人高等教育学生以及相关的科技人员使用。

本书由刘永华独立编著并完成全书统稿整理。孟凡楼、赵艳杰、陈茜、孙俊香、张淑玉、王桂湘、刘天翔、张宗云、董春平、刘芳、王公堂对本书的编写提供了帮助，在此向他们表示感谢。

由于作者水平有限，加之时间仓促，疏漏在所难免，敬请广大读者批评指正。

编　者

2012 年 10 月

目　　录

第 1 章　局域网的设计与构建

局域网的设计与构建是一个复杂而长期的过程，本章从局域网搭建前进行需求分析，到工程竣工时的测试与验收，相关文件的归档，对局域网搭建的整个过程中涉及到的问题进行了整体介绍。确定局域网设计方案是本章的重点。学完本章，可以掌握以下内容：

- 局域网搭建的整个流程
- 网络需求分析与工程论证
- 局域网设计方案的提出
- 网络产品选型原则

在计算机网络的规划与构建过程中，首先应该建立一个"系统"的概念，并遵循一定的技术方法，让这个系统有机地运转起来。按 ANSI（美国国家标准学会）的定义：系统是组织起来的人、机器和方法，以完成一组具体指定功能的集合。

要完成一个网络系统的规划，首先应当有一套系统的规划方法，尽量做到有根据、有条理。对所建系统要求的业务功能、技术规范、性能要求等方面都应该有明确的了解，并建立相应的技术文档，作为今后系统管理、维护、使用的一项依据。作为一个系统来说，一个好的系统规划是成功进行网络设计与实现的前提。

通常要采用系统工程的方法来开展网络规划与实现。在此，将设计方法规范化，将局域网的实现过程分为如图 1-1 所示的几个重要步骤。将用户需求作为设计依据，按流程图一步一步进行设计。

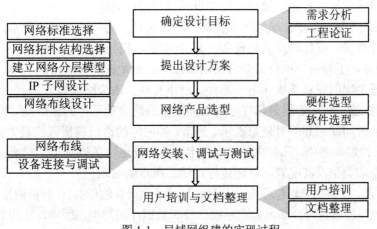

图 1-1　局域网组建的实现过程

1.1　确定网络设计目标

1.1.1　需求分析

1. 用户需求信息的获得

对任何一项工程而言，需求分析总是首要的。在为用户设计一套局域网方案时，首先要弄清楚客户的具体需求，这对方案的设计和设备的选择起着决定性的作用。用户需求分析做得越细，对网络工程目标的确定、新系统的设计和实施方案的制定越有利，后期开发中可能出现的问题也就越少。

在实施用户需求分析时，首先时用户基本情况进行调研，获取用户的需求信息。用户的问题往往是实际存在的问题或要求，而且这些问题通常不是用计算机网络的技术语言表达，这就需要设计人员能够将用户的需求或问题用准确的计算机网络术语描述出来。用户的问题可能是多种多样的，但系统分析员应该能利用自己分析问题的能力和对网络的精确理解，针对用户提出的问题给出确切定义，完成最初始的工作。

以下是一个具体的分析事例，可以用来观察用户问题与其分析结果表达方式的不同。

用户问题：有很多文件要存储，大家都用。

分析结果：需要一个大容量服务器，估计磁盘容量为 XG 字节。

用户问题：很多人要同时使用这个软件。

分析结果：需要该软件的多用户版本。

用户问题：应用系统要求可靠性很高，工作不能间断。

分析结果：系统需要作磁盘镜像或双机热备份处理，可以给出不同的性能/价格预算。

……

在用户需求分析环节中，一般有以下几个方面的信息需要了解：

（1）地理布局。用户单位的楼宇及办公场所的物理位置和分布情况、相互之间的距离、建筑结构概况。如果要进行结构化综合布线或智能大厦的设计，则要获得建筑物的建筑施工图，了解大楼的建筑结构、配电间或管道井及计算机房的位置分布与电源系统的结构等信息，了解附近是否有强的电磁干扰、有无对通信线路架设或埋设的限制等。

（2）用户设备类型与数量。了解该单位的用户总人数，用户群之间的关系，共需要多少用户终端，个人计算机、服务器及其他设备（如 IP 电话、视频设备）的数量。

（3）网络服务。了解用户单位需要哪些网络服务，如数据库和程序的共享、文件的传送与存取、用户设备之间的逻辑连接、电子邮件、网络互联、虚拟终端等。

（4）容量和性能。网络容量是指在任何时间间隔内网络能承担的通信量。网络性能一般用经过网络的响应时间或端到端时延来表示。通常，当网络的通信量接近其最大容量时，响应时间就变长，网络性能就恶化。只有掌握了网络上将负担的通信量以及用户对响应时间的要求后，才能选择网络的类型及其配置，以便更好地满足用户的需求。

（5）系统兼容。了解用户单位原有的计算机环境（如果有的话），计算机网络系统的功能、拓扑结构、计算机终端数量与分布，原有系统软件和数据库的种类、版本，应用软件的功能。大多数工作人员都比较适应原有的计算机环境，使用新的网络会面临使用环境上改变所造成的问题。用户单位都不希望浪费原有的设备资源，就要求在新的网络规划中充分考虑到这一点。

（6）经费预算。用户单位可用于网络系统建设的经费是有一定限额的，如果规划超过这一限额，用户单位将难以接受，所以在需求分析时就要首先确定可能获得的经费预算。

（7）其他需求。如对人员的培训要求等。

2. 需求分析的基本工作

在基本情况调研的基础上，对准备建立在计算机网络上的有关业务进行分析，解决哪些部分可以实现计算机网络化，如何实现等问题。然后提出网络系统的概要设想，形成系统概要设计书。基本的用户需求分析工作可按如下步骤进行：

（1）现行计算机环境和业务的调查分析，对计算机系统和业务现状进行调查和分析。

（2）调查分析和整理用户的需求与存在的问题，研究解决办法，包括对硬件环境和应用软件开发的需求。

（3）提出实现网络系统的设想，在需求调查的基础上对系统作概要设计，可以根据不同的要求提出多个方案。

（4）计算成本、效益和投资回收期。新系统的框架构成后，就要估算建成这个系统所需要的成本，分析网络系统建成后可能带来的各种效益（包括经济效益和社会效益），计算投资的回收期。

（5）设计人员内部对所设想的网络系统进行评价，给出多种设计方案的比较。

（6）编制系统概要设计书，对网络系统做出分析和说明。用户需求分析的主要结果就是"系统概要设计"，是组网工程的纲要性文件。

（7）概要设计的审查，验证基本调研的结果是否与用户的需求一致，重点对系统概要设计书进行审查。基本调研审查由设计人员、管理人员共同参与。特别是通过质量管理人员的参与来保证整个网络系统的质量。

（8）把基本调研情况连同系统概要设计书提交给用户，并做出解释。

（9）用户对基本调研的工作和系统概要设计书进行评价，提出意见。

（10）研究系统概要书，根据用户意见对系统概要设计书进行修改，使用户需求分析的工作获得用户的最终认可。用户负责人应在系统概要设计书上签字，表示认可。

1.1.2　工程论证

1. 工程论证概述

工程论证是为了弄清所定义的项目是否可能实现和值得进行研究。论证的过程实际是一次大大简化了的系统分析和系统设计的过程。在投入大量资金前研究工程的可能性，减少所冒的风险，即使研究结论是不值得进行，花在可行性研究上的精力也不算白费，因为它避免了一次更大的浪费。

在论证过程中，需要从经济、技术、运行和法律等诸多方面进行论证，做出明确的结论供用户参考。

在经济方面，需要论证局域网的设计有没有经济效益，花费如何，多长时间可以收回成本。

在技术方面，包括现有技术如何实现这一方案，有没有技术难点，建议采用的技术先进程度怎样，系统有无可扩展性，可满足未来多少年内的增长需求，系统是否有冗余，所提供的稳定性能否满足用户要求。

运行可行性是指工程的运行方式是否可行，如工程中有无一定的安全措施可以保证网络的正常运行，系统中有无安全漏洞。

法律可行性是指工程的实施会不会在社会上或政治上引起侵权、破坏或其他责任问题。

若经过论证项目是可行的，则应按照国家制定的有关规定写出系统开发和建设的可行性报告。

2．可行性报告的撰写

该报告将向用户和上级主管部门说明拟议中的网络开发建设基础上的必要性、可行性、可产生的经济效益和社会效益，分析用户单位目前的信息技术使用的状况和不足，给出系统概要设计的具体内容、硬件选型方案和可供选择的其他技术方案，给出与应用系统的关系说明，计算网络建设所需经费预算，提出完成规划设计的其他保证等，作为审批立项的参考。

可行性报告一般可以按照下述内容编写。

（1）可行性研究的前提。

- 项目要求，如系统应具备的功能、性能、数据流动方式、安全要求、与其他系统的关系、完成期限等。
- 项目目标，如提高自动化程度、处理速度、人员利用率，提供信息服务和应用信息平台等。
- 项目的假定条件和限制条件，如系统运行寿命、系统方案选择比较的时间、经费的来源和限制、法律和政策方面的限制、运行环境和开发环境的限制、可利用的信息和资源等。
- 可行性研究的方法，说明使用的基本方法和策略、系统的评价方法等。
- 评价尺度，说明对系统进行评价时所使用的主要尺度，如费用、功能、开发时间、用户界面等。

（2）现有状况的分析。分析用户目前的计算机使用情况，以进一步说明组建新的计算机网络的必要性，具体内容有：

- 说明目前的计算机系统的基本情况，数据信息处理的方法和流程。
- 计算机系统承担的工作类型和工作量。
- 现有系统在处理时间、响应速度、数据存储能力、功能等方面的不足。
- 用于现有系统的运行和维护人员的专业技术类别和数量。
- 计算机系统的费用开支、人力、设备、房屋空间等。

（3）建议建立的网络系统方案。说明建议建立的网络系统方案如何实现基本目标，具体内容有：

- 方案的概要，为实现目标和要求将使用的方法和理论依据。
- 建议的网络系统对原有系统的改进。
- 技术方面的可行性，如系统功能目标的技术保障、工程人员的数量和质量、规定期限内完成工程的计划和依据。
- 建议的网络系统带来的影响，包括新增设备和可使用的老设备的作用、现存的软件和新软件的适应和匹配能力、用户在人员数量和技术水平方面的要求、信息的保密安全、建筑物的改造要求和环境实施要求、各项经费开支等。
- 建议的网络系统存在的局限性，以及这些问题未能消除的原因。

（4）可供选择的其他网络系统方案。

- 提出各种可供选择的方案，说明每种方案的特点和优缺点。
- 与建议的方案比较，指出未被选中的原因。

（5）投资与效益分析。

- 对建议的方案说明所需要的费用，包括基本建设费用（如设备、软件、房屋和环境实施、线路租用等）、研究的开发费用、测试和验收费用、管理和培训费用、非一次性支出费用等。
- 对建议的方案说明能够带来的效益，如日常开支的缩减、管理运行效率的改进、其他方面效率的提高，也可以说明可能的社会效益。
- 给出建议建立的网络系统的收益/投资比值和投资的回收周期。
- 估计当一些关键因素，如系统生命周期长度、系统的工作负荷量、工作负荷的类型、处理的速度要求、设备的配置等发生变化时，对收益和开支的影响。

（6）社会因素。

- 法律方面的可行性，包括合同责任、专利侵犯等。
- 用户的工作制度、行政管理等方面是否允许使用该方案。
- 用户工作人员是否已具备使用该系统的要求。

（7）结论。可行性研究报告应给出研究结论，并做出简要说明。这些结论可以是：

- 可以立即开始实施。
- 需要等待某些条件满足后才能实施。
- 需要对系统目标做出某些修改后才能实施。
- 不能实施或不必实施。

1.1.3　网络设计原则

要进行计算机网络设计，第一步是根据用户的需求分析，确立计算机网络的设计目标，网络设计目标是建立一个可以满足客户的业务和技术需求的功能完整的网络。一个成功的网络设计要为网络容量留出余地，而且应该采用新技术，能适应网络规模扩大。设计还应该有效地利用现有的资源，保护前期投资。针对不同的组织和不同情况，网络设计的目标也不尽相同，但是任何网络设计中都要遵循如下特定的原则。

1. 功能性

在未完全了解要完成的任务之前，进行网络设计是根本不可能的。把所有的需求集中起来通常是一件非常复杂而困难的工作，但网络的最终功能应该实现其设计目标。网络必须是可运行的，也就是说，网络能完成用户提出的各项任务和需求，应为用户到用户、用户到组织机构的各种应用提供速度合理、功能可靠的连接。在设计时要经常问自己，要完成的功能是什么，从而将目标集中在要完成的任务上。

网络设计的目的是使用方便，它是用户毫无困难地使用网络服务的能力，在连接到网络时可以得到较好的性能而且不需要用户过多参与。一般说来，一个网络越安全，可用性就越差，一个完全安全的网络是没有用的，因为没有通信流可以通过它。

2. 可缩放性

所设计的网络必须是可缩放的。比如一栋房子的拆迁所造成的部分网络中断，并不影响整个网络。计算机网络设计更要考虑网络必须能够随着组织机构规模的增长而增长，同时可随着组织机构数目的增加而增大。也就是最初的网络设计可以使网络规模随组织机构规模的变化而扩展，即最初的设计不必做较大修改就可扩展到整个网络，除了具有应付增加更多用户、更多站点的应变能力外，还应具有增加应用的应变能力。

具有增加应用的应变能力非常重要。如一个网络开始时，也许只要求具有资源共享的用途，但随着用户对网络需求的不断扩大，又有了新的要求，如 IP 电话、网络视频会议等。那么所设计的网络应该具有这种增加应用的应变能力。

3. 可适应性

网络设计必须着眼于未来技术的发展。网络对新技术的实现不应有所限制。在网络的设计和安装中，在适应性和成本有效性之间应该进行权衡。例如，VoIP（Voice over IP）和多播是当今互联网络中快速流行的新技术。通过使用提供了具有网络扩展和升级选项的硬件和软件都能实现这些功能。

4. 可管理性

网络应提供方便的检测和管理功能以保证网络稳定运行。在考虑网络管理时，应该与考虑网络设计时一样细心，这就意味着网络运行应该符合最初的设计目标，而且应该是可以支持的。如果网络管理员要求实现非常方便的管理，设计时可能要花费大量时间。设计出一个易于管理的网络，该网络设计人员的威望会与日俱增。

5. 成本有效性

网络设计成本必须控制在财政预算的限制之内。超出财政预算、想入非非的设计方案，再好也是空中楼阁。网络设计人员必须找出导致预算超支的具体设计要求以及相应的解决方案。如果不存在可以降低成本的解决方案，那么应该将这些信息反馈给业主，以便他们能够根据获得的信息做出相关的决策调整，或增加财政预算。

总体规划设计、分步实施是解决财政困难非常有效的方法。但建议基础设计，如布线系统、光缆铺设等，最好一步到位。

通过需求分析和工程论证，兼顾以上的设计原则，整个网络的设计目标也就确定下来了。下一步的工作是针对既定的网络设计目标进行整体网络规划与设计。

1.2　确定网络设计方案

建设一个网络并不是一件简单的事，事实上需要具备网络的基本知识，了解局域网络的构成部件。把这些知识串连起来，结合用户的需求，便可形成一个设计方案的结构。设计方案的形成，占一个网络工程工作量的 30%~40%，剩下的只是付之实现的问题。

1.2.1　网络标准的选择

网络设计的一个重要步骤就是根据业务性质与需求选择最合适的网络标准。现行的局域网技术有多种，但只有部分为常用技术，下面仅从网络设计的角度简单介绍几种网络标准。

1. Ethernet

当前应用最广泛的局域网是以太网家族。以太网系列技术是目前局域网组网首选的网络技术。历史上在局域网络中应用过多种网络类型，包括以太网、令牌总线、令牌环等。最后，以太网以低廉的价格、简单的配置、方便的管理成为局域网的事实标准，并占据了 90%以上的市场份额，成为校园网、企业网、城域网建设中日益重要的选择。

以太网家族包括以下成员：

（1）10Mb/s 以太网。又叫传统以太网，简记为 10ME，诞生于 20 世纪 70 年代。1983 年 IEEE 正式批准其为第一个以太网工业标准，确定其采用 CSMA/CD 作为介质访问控制方法，标准带宽是 10Mb/s。随着网络的发展，传统标准的 10Mb/s 以太网技术已难以满足日益增长的网络数据流量的速度需求，目前已较少使用。

（2）快速以太网（Fast Ethernet，FE）。快速以太网的数据率是 100Mb/s。快速以太网保留了传统以太网的所有特征，即相同的帧格式、相同的介质访问方法 CSMA/CD、相同的组网方法。用户只要更换一张网卡，再配上一个 100Mb/s 的集线器，就可以很方便地由 10Base-T 以太网直接升级到 100Mb/s 以太网，而不必改变网络的拓扑结构。快速以太网标准又分为 100Base-TX、100Base-FX、100Base-T4 三个子类。这三个子类分别代表可用于快速以太网的介质类型。其中 100 表示传输速率为 100Mb/s，Base 表示为基带传输。T4 表示使用 4 根双绞线，这 4 根线是语音级的（三类双绞线）；TX 表示使用两根双绞线，这两根双绞线是数据级的（五类双绞线）；FX 表示使用光纤。100Base-TX、100Base-FX 统称为 100Base-X 标准。

（3）千兆以太网（Gigabit Ethernet，GE）。千兆以太网的数据率是 1000Mb/s。随着技术的发展，网络分布计算、桌面视频会议等应用对带宽提出了新的要求，同时 100Mb/s 快速以太网也要求主干网、服务器一级有更高的带宽。人们迫切需要更高性能的网络，并且它应该与现有的以太网产品保持最大的兼容性。为此，IEEE 提出了千兆位以太网技术。

千兆以太网技术包括两个标准：IEEE 802.3z 和 IEEE 802.3ab。IEEE 802.3z 是基于单模光纤、多模光纤和同轴电缆的千兆以太网标准。IEEE 802.3ab 是基于铜芯双绞线的千兆以太网标准，该标准为以太网 MAC 层定义一个接口 GMII，还定义了管理：中断器操作、拓扑规则和四种物理层信令系统：1000Base-SX（短波长光纤）、1000Base-LX（长波长光纤）、1000Base-CX（短距离铜线）和 1000Base-T（100 米 4 对 UTP）。

千兆以太网是目前使用最广泛的网络技术，它在速度上比传统以太网快 100 倍。而在技术上却与以太网兼容，同样使用 CSMA/CD 和 MAC 协议，仍保留 IEEE 802.3 标准规定的以太网数据帧格式及最大、最小帧长。千兆以太网最大的优点在于它对现有以太网的兼容性。它首先是用于整个企业的主干网，其次用于服务器组，在桌面机中则很少使用。

（4）万兆以太网（10Gigabit Ethernet，10GE）。万兆以太网的数据率是 10000Mb/s。万兆以太网标准由 IEEE 802.ae 委员会制定，于 2002 年正式完成。万兆标准意味着以太网具有更高的带宽（10G）和更远的传输距离（最长传输距离可达 40km）。万兆标准包括 10GBase-X、10GBase-R、10GBase-W 三种类型。

万兆以太网并非将吉比特以太网的速率简单地提高 10 倍，还有许多技术问题要解决。万兆以太网的帧格式与以前的以太网完全相同，还保留了 IEEE 802.3 标准规定的以太网最小、最大帧长，保持了较好的兼容性。由于数据率很高，不再使用铜线而是使用光纤作为传输介质，它使用长距离（超过 10km）的光收发器与单模光纤接口，以便能够工作在广域网和城域网的范围。10Gb/s 以太网也可使用较便宜的多模光纤，但传输距离为 65～300m。

万兆以太网的出现大大扩展了校园/企业网骨干网的带宽，也对简化城域网起到了促进作用。以太网 IEEE 802.3 标准如表 1-1 所示。

表 1-1 以太网 IEEE 802.3 标准

10ME			
IEEE 标准 物理层标准	802.3 10Base-5	802.3a 10Base-2	802.3i 10Base-T	802.3j 10Base-F
批准时间	1983 年	1989 年	1990 年	1993 年
FE			
IEEE 标准 物理层标准	802.3u 100Base-FX	802.3u 100Base-TX	802.3u 100Base-T4	802.3x&y 100Base-T2
批准时间	1995 年	1995 年	1995 年	1997 年
GE		**10GE**	
IEEE 标准 物理层标准	802.3z 1000Base-X	802.3ab 1000Base-T	802.3ae 10GBase-LR/LW	802.3ae 10GBase-ER/EW
批准时间	1998 年	1998 年	2002 年	2002 年

2. FDDI

FDDI（Fiber Distributed Data Interface，光纤分布式数据接口）是一个使用光纤作为传输媒体的令牌环形网。它先被 ANSI X3T9.5 标准委员会通过，作为美国的标准，随后被 ISO 通过，作为国际标准 ISO 9314。FDDI 也常被划分在城域网 MAN 的范围。FDDI 的产品在 1988 年问世。

FDDI 主要用作校园环境的主干网，其主要特性如下：

（1）使用基于 IEEE 802.5 令牌环标准的 MAC 协议，分组长度最大为 4500 字节。

（2）利用多模光纤进行传输，并使用有容错能力的双环拓扑。

（3）数据率为 100Mb/s，光信号码元传输速率为 125MBaud。

（4）可以安装 1000 个物理连接（若都是双连接站，则为 500 个站），最大站间距离为 2km（多模光纤），环路长度为 100km，即光纤总长度为 200km。

（5）具有动态分配带宽的能力，故能同时提供同步和异步数据服务。

FDDI 采取了自恢复措施，可以大大地提高网络的可靠性。这种措施为使用两个数据传输方向相反的环路。在正常情况下，只有一个方向的环路在工作，这个工作的环路称为主环，而另一个不工作的环路称为次环（见图 1-2（a））。当环路出现故障时，如 A 和 B 之间的链路断开了（见图 1-2（b）），那么 FDDI 可自动重新配置，同时启动次环工作，并在 A 站和 B 站将主环和次环接通，使整个网络的 4 个站点仍然保持连通。当站点出现故障时，如站点 A 不能工作了（见图 1-2（c）），那么 FDDI 同样可启动次环工作，并在 B 站和 D 站将主环和次环接通，使站点 B、C 和 D 保持连通。当出故障的链路或站点修好后，整个 FDDI 网络又恢复到原来的主环工作状态。

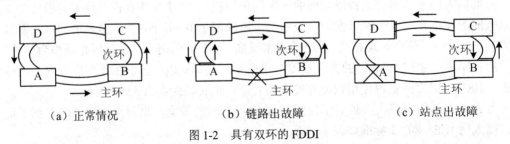

（a）正常情况　　　　　　（b）链路出故障　　　　　　（c）站点出故障

图 1-2 具有双环的 FDDI

不难看出，当主环和次环都工作时，FDDI 环路的总长度大约增加一倍。当出现多处故障时，FDDI 将变为多个分离的小环形网继续工作。

拥有 100Mb/s 的 FDDI 在 20 世纪 90 年代初期曾获得了较快的发展，也曾被预测为下一代的局域网，然而 FDDI 从未拥有过很大的市场。这是因为 FDDI 的芯片过于复杂因而价格昂贵。自从快速以太网大量进入市场后，在 100Mb/s 局域网的领域中，已很少有人愿意使用 FDDI。

3. ATM

异步传输模式 ATM（Asynchronous Transfer Mode）是对网络技术的革命性变革，因为 ATM 对局域网环境中的网络前提作了彻底的改变。在完全的 ATM 方案中，工作站适配器、交换机以及可能的网络层协议等全部需要更换。ATM 是一种非常灵活的技术，适用于从工作组应用到 WAN 互联网络应用的各种情况。这种技术将提供无缝的网络结构，它可以根据需求基本上无限制地提供带宽。ATM 也将成为未来的多服务网络的基础。

ATM 主要有以下优点：

（1）选择固定长度的短信元作为信息传输的单位，有利于宽带高速交换。信元长度为 53 字节，其首部（可简称为信头）为 5 字节。长度固定的首部可使 ATM 交换机的功能尽量简化，只用硬件电路就可对信元进行处理，因而缩短了每一个信元的处理时间。在传输实时语音视频业务时，短的信元有利于减小时延，也节约了节点交换机为存储信元所需的存储空间。

（2）能支持不同速率的各种业务。ATM 允许终端在有足够多比特需要发送时就去利用信道，从而取得灵活的带宽共享。来自各终端的数字流在链路控制器中形成完整的信元后，即按先到先服务的规则，经统计复用器以统一的传输速率将信元插入到一个空闲时隙内。链路控制器调节信息源进网的速率。不同类型的服务都可复用在一起，高速率信源占有较多的时隙。交换设备只需按网络最大速率设置，与用户设备的特性无关。

（3）所有信息在最低层以面向连接的方式传送，保持了电路交换在保证实时性和服务质量方面的优点。但对用户来说，ATM 既可工作于确定方式（即承载某种业务的信元基本上周期性地出现），以支持实时型业务；也可以工作于统计方式（即信元不规则地出现），以支持突发型业务。

（4）ATM 使用光纤信道传输。由于光纤信道的误码率极低，且容量很大，因此在 ATM 网内不必在数据链路层进行差错控制和流量控制（放在高层处理），因而明显地提高了信元在网络中的传输速率。

ATM 网络虽然在局域网技术上的应用要比 FDDI 晚了近 10 年，但实际上，其应用已有了较成功的范例。进入 20 世纪 90 年代以来，ATM 在局域网方面异军突起，成为人们最关注的技术之一。虽然 ATM 拥有众多的优点，但是 ATM 设备比较昂贵，且能直接支持的应用不多，所以在局域网中很少采用，一般在城域网或国家级主干网上应用。

以上介绍了几种有线局域网可以采用的网络标准，在进行网络设计时可根据需要与具体情况进行选择。当前有线局域网主要使用以太网技术。以太网技术选型比较容易确定，例如，可以按表 1-2 所示的方式来搭建平台。

表 1-2　网络标准选择

	桌面/工作组	部门	企业
普通型	以太网（10Base-T）	快速以太网（100Base-TX）	千兆以太网（1000Base-X）
增强型	快速以太网（100Base-TX）	千兆以太网（1000Base-X）	万兆以太网（10GBase-L）

1.2.2 网络拓扑结构的选择

网络拓扑结构是建设网络信息系统首先要考虑的问题。网络拓扑结构对整个网络的运行效率、技术性发挥、可靠性和费用等方面都有着重要的影响。确立网络的拓扑结构是整个网络方案规划设计的基础。网络拓扑结构设计是指在给定结点位置及保证一定可靠性、时延、吞吐量的情况下，服务器、工作站和网络连接设备如何通过选择合适的通路、线路的容量以及流量的分配，使网络成本降低的过程。

在有线局域网中常用的拓扑结构有总线型结构、环型结构、星型结构、网状结构与树型结构。

1. 总线型拓扑结构

在总线型拓扑结构中，局域网的各个结点都连接到一个单一连续的物理线路上，如图 1-3 所示。由于各个结点之间通过电缆直接相连，因此，总线拓扑结构所需要的电缆长度是最小的。

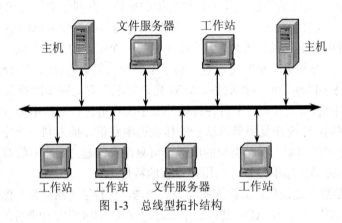

图 1-3　总线型拓扑结构

常见使用总线型拓扑的局域网有 Ethernet、ARCnet 和 Token Bus。总线型拓扑结构的一个重要特征就是可以在网络中广播信息。网络中的每个站几乎可以同时收到每一条信息。这与下面要讲到的环型网络形成了鲜明的对比。

总线型拓扑结构最大的优点是价格低廉，用户站点入网灵活。另一个优点是某个站点失效不会影响到其他站点。但它的缺点也很明显，由于共用一条传输信道，任一个时刻只能有一个站点发送数据，而且介质访问控制比较复杂。总线型结构网是一种针对小型办公环境的成熟而又经济的解决方案。

2. 环型拓扑结构

环型拓扑结构中，连接网络中各结点的电缆构成一个封闭的环，如图 1-4 所示，信息在环中必须沿每个结点单向传输，因此，环中任何一段的故障都会使各站之间的通信受阻。所以在某些环型拓扑结构中，如 FDDI，在各站点之间连接了一个备用环，当主环发生故障时，由备用环继续工作。

环型拓扑结构并不常见于小型办公环境中，这与总线型拓扑结构不同。因为总线型结构中所使用的网卡较便宜而且管理简单，而环型结构中的网卡等通信部件比较昂贵且管理时复杂得多。环型结构在以下两种场合比较常见：一是工厂环境中，因为环网的抗干扰能力比较强；二是有许多大型机的场合，采用环型结构易于将局域网用于大型机网络中。

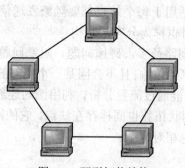

图 1-4 环型拓扑结构

3. 星型拓扑结构

在星型拓扑结构中，网络中的各结点都连接到一个中心设备上，由该中心设备向目的结点传送信息，如图 1-5 所示。星型拓扑结构方便了对大型网络的维护和调试，对电缆的安装检验也相对容易。由于所有工作站都与中心结点相连，所以，在星型拓扑结构中移动某个工作站十分简单。

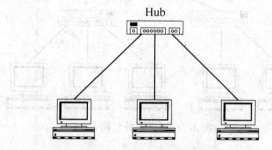

图 1-5 星型拓扑结构

目前流行的星型结构网主要有两类：一类是利用单位内部的专用小交换机组成的局域网，在本单位内为综合语音和数据的工作站交换信息提供信道，还可以提供语音信箱和电话会议等业务，是局域网的一个重要分支；另一类是近几年兴起的利用集线器（Hub）连接工作站的网络，被认为是今后办公局域网的发展方向。

4. 网状拓扑结构

网状拓扑是一种无规则的连接方式，在网状结构中，每个结点均可与任何结点相连，如图 1-6 所示。

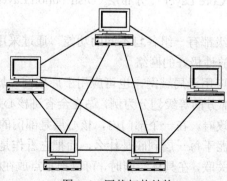

图 1-6 网状拓扑结构

这种连接方式不经济，只适用于每个站点都要频繁发送信息时。它的安装也复杂，但系统可靠性好、容错能力强，有时也称为分布式结构。

在网状拓扑网络中，结点间路径多，碰撞问题、阻塞问题大大减少，信息流的动态分配和路由的动态选择可以优化信息的传输；且不会因某一个局部的网络故障而影响整个网络的正常工作，可靠性高；结构优化，能通过流量分析，利用图的连通性理论，达到以最小的通信线路代价获得最高的连通性。而网状拓扑也同样存在缺点，它的网络关系复杂，建网较困难，而且路由选择、网络管理等技术也相对复杂。

5. 树型拓扑

当局域网的规模比较大，而且网络覆盖的单位存在行政或业务隶属关系时，一般采用树型拓扑结构组网。树型拓扑是星型拓扑的一种变型，它将原来用单独链路直接连接的结点通过多级处理主机进行分级连接，如图1-7所示。

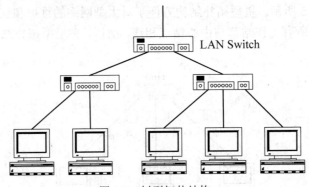

图1-7   树型拓扑结构

树型拓扑结构的特点如下：

（1）在局域网中存在主干通信介质和分支通信介质。

（2）计算机和网络设备之间的连接存在分级关系，连接关系呈树状。

1.2.3   建立分级三层设计模型

在网络设计中，没有一种设计方法可以适用于所有的网络。网络设计技术非常复杂而且更新很快。Cisco 提出了网络设计方法学，使用分级三层模型建立整个网络的拓扑结构。这种设计模型有时也称为结构化设计模型（Hierarchical Network Design Model）。在分级三层模型里，网络可以划分为核心层（Core Layer）、分布层（Distribution Layer）、接入层（Access Layer），如图1-8所示。

对应于网络拓扑，每一级都有一组各自不同的功能。通过采用分级方法，可以用分级设计模型建立非常灵活和可缩放性极好的网络。

分级三层设计模型既可应用于局域网，也可应用于广域网、城域网。但在不同网络中表示的内容并不一样，以行政部分的等级划分为例，站在全省讲核心层就是省政府，分布层是地市级政府，接入层是各级县政府。在一个部门内，核心层是部门的领导，分布层是中层干部，接入层是普通职员。不要拘泥于每一层到底是什么，而把它看作是一种化整为零的设计思想，各个层次既相对独立又相互关联，在具体实施时，可以把重点放在解决某一层次的问题上，由此把复杂的问题简单化。

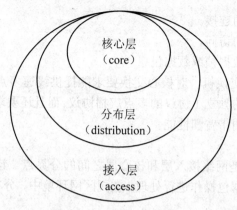

图 1-8 分级三层设计模型

在三层拓扑结构中，通信数据被接入层导入网络，然后被分布层聚集到高速链路上流向核心层。从核心层流出的通信数据被分布层发散到低速链路上，经接入层流向用户。

在分层网络中，核心层处理高速数据流，其主要任务是数据的交换；分布层负责聚合路由路径，收敛数据流量；接入层负责将流量导入网络，执行网络访问控制等网络边缘服务。

按照分层结构规划网络拓扑时，应遵守以下基本原则：

（1）网络中因为拓扑结构改变而受影响的区域应被限制到最小程度。

（2）路由器（及其他网络设备）应传输尽量少的信息。

下面以园区网络设计为例来讲解分级三层结构法的使用。图 1-9 给出了一个简单的园区网分级模型。

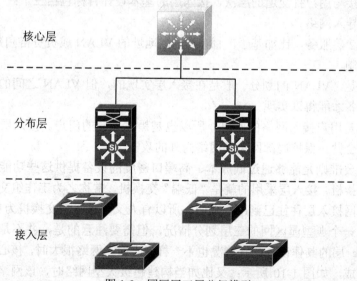

图 1-9 园区网三层分级模型

1．核心层

核心层是园区网的主干部分。主要功能是尽可能快地交换数据。核心层不应该涉及费力的数据包操作或者减慢数据交换的处理。应该避免在核心层中使用像访问控制列表和数据包过滤之类的功能。核心层主要负责以下几项工作：

- 提供交换区块间的连接。
- 提供到其他区块的访问。
- 尽可能快地交换数据帧或数据包。

核心层一般采用高端交换机。对核心交换要求能提供线速多点广播转发和选路，以及用于可扩展的多点广播选路的独立于协议的多点广播协议。而且还要求所选用的核心交换机保证能提供园区网主干所需要的带宽和性能。

2. 分布层

分布层也称汇聚层，是网络接入层和核心层之间的分界点。该分层提供了边界定义，并在该处对潜在的费力的数据包操作进行处理。在园区网环境中，分布层能执行众多功能，其中包括：

- VLAN 聚合。
- 部门级和工作组接入。
- VLAN 间的路由。
- 广播域或组播域的定义。
- 介质转换。
- 安全。

总之，分布层可以被归纳为能提供基于策略的连通性的分层。它可将大量接入层过来的低速链路通过少量高速链路导入核心层，实现通信量的聚合。同时，分布层可屏蔽经常处于变化之中的接入层对相对稳定的核心层的影响，从而可以隔离接入层拓扑结构的变化。

3. 接入层

接入层是直接与用户打交道的层次，接入层的基本设计目标包括三个：

- 将流量导入网络。
- 提供第 2 层服务，比如基于广播或 MAC 地址的 VLAN 成员资格和数据流过滤。
- 访问控制。

需要提出的是，VLAN 的划分一般是在接入层实现的，但 VLAN 之间的通信必须借助于分布层的三层设备才能得以实现。

由于接入层是用户接入网络的入口，所以也是黑客入侵的门户。接入层通常用包过滤策略提供基本的安全性，保护局部网免受网络内外的攻击。

接入层的主要准则是能够通过低成本、高端口密度的设备提供这些功能。相对于核心层采用的是高端交换机，接入层采用的就是"低端"交换机，常称之为工作组交换机或接入层交换机。因为园区网接入层往往已到用户桌面，所以有人又称接入层交换机为桌面交换机。

上面介绍了一个典型园区网的三层划分情况，但需要注意的是，并不是所有网络都具有这三层，并且每一层的具体设备配置情况也不一样。比如当网络很大时，核心层可由多个冗余的高端交换机组成，如图 1-10 所示；又比如当构建超级大型网络时，该网络可以进行更进一步的划分，整个网络分为四级，分别为核心层、骨干层、分布层及接入层；相反地，当网络较小时，核心层可能只包含一个核心交换机，该设备与分布层上所有的交换机相连；如果网络更小的话，核心层设备可以直接与接入层设备连接，分层结构中的分布层被压缩掉了，如图 1-11 所示。显然，这样设计的网络易于配置和管理，但是其扩展性不好，容错能力差。

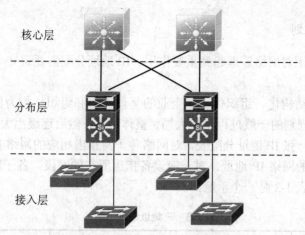

图 1-10　核心层采用冗余高端交换机

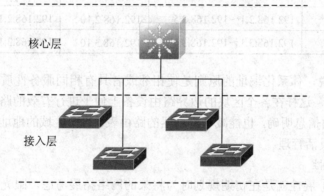

图 1-11　核心层与接入层连接

使用分级模型，有利于设计的实现，在这种情况下，许多站点有重复的相似拓扑，而且模块化的体系结构促进了技术的逐渐迁移。有效地使用分级设计模型的指导准则如下：

● 选择最合适需求的分级模型。边界作为广播的隔离点，同时还作为网络控制功能的焦点。

● 不要使网络的各层总是完全网状的。如果访问层路由器是直接连接的，或是不同站点的分布层路由器是直接相连的（不通过主干线连接起来），就会成为网状连接。但是核心层连接通常是网状的，因为需要考虑电路冗余和网络收敛速度。

● 不要把终端工作站安装在主干网上。如果主干网上没有工作站，可以提高主干网的可靠性，使通信量管理和增大带宽的设计更为简单。把工作站安装在主干网上还可能导致更长的收敛时间。

● 通过把 80% 的通信量控制在本地工作组内部，从而使工作组 LAN 运行良好。尽管 8/2 原则现已渐渐转变为 2/8 原则，但仍可以通过合理设计使得通信量尽量局部化，尽量将联系较多的人员分配在同一子网或同一 VLAN 中，从而较高程度地实现通信隔离，既缓解了网络压力，又能保证安全性。

1.2.4　IP 地址规划

IP 地址的合理分配对网络管理起到重要作用。IP 地址分配需要遵守一定的规则。

1. 体系化编址

体系化其实就是结构化、组织化，以企业的具体需求和组织结构为原则对整个网络地址进行有条理的规划。规划的一般过程是从大局、整体着眼，然后逐级由大到小分割、划分。最好在网络组建前配置一张 IP 地址分配表，对网络各子网指出相应的网络 ID，对各子网中的主要层次指出主要设备的网络 IP 地址，对一般设备指出所在的网段。各子网最好还列出与相邻子网的路由表配置，表 1-3 是一个示例。

表 1-3　IP 地址编址示例

子网	网络 ID	服务器地址	路由器地址	客户机网段
子网 1	192.168.1.0	192.168.1.1～192.168.1.5	192.168.1.10	192.168.1.11～192.168.1.254
子网 2	192.168.2.0	192.168.2.1～192.168.2.5	192.168.2.10	192.168.2.11～192.168.2.254
子网 3	192.168.3.0	192.168.3.1～192.168.3.5	192.168.3.10	192.168.3.11～192.168.3.254

从网络总体来说，体系化编址的原则是使相邻或者具有相同服务性质的主机或办公群落都在 IP 地址上连续，这样在各个区块的边界路由设备上便于进行有效的路由汇总，使整个网络的结构清晰，路由信息明确，也能减小路由器的路由表。每个区域的地址与其他的区域地址相对独立，也便于灵活管理。

2. 持续可扩展性

这里所说的可扩展性就是在初期规划时为将来的网络拓展考虑，眼光要放得长远一些，在将来很可能增大规模的区块中要留出较大的余地。

IP 地址最开始是按有类划分的，A、B、C 各类标准网段都只能严格地按照规定使用地址。但现在发展到了无类阶段，由于可以自由规划子网的大小和实际的主机数，所以使得地址资源的分配更加合理，无形中就增大了网络的可拓展性。虽然可能在网络初期的一段很长的时间里，未合理考虑余量的 IP 地址规划也能满足需要，但是当一个局部区域出现高增长或整体的网络规模不断增大，这时不合理的规划就很可能必须重新部署局部甚至整体的 IP 地址，这在一个中、大型网络中绝不是一个轻松的工作。

众所周知，IPv4 仍是现行的 IP 协议，其地址通常以用圆点分隔号分隔的 4 个十进制数字表示，每一个数字对应于 8 个二进制的比特串。在早期的分类的 IP 地址时代，IP 地址分为两部分，分别为网络号和主机号。网络地址分为 A、B、C、D、E 五类。A 类地址中 4 个 8 位位组中第 1 个位组代表网络号，剩下的 3 个位组代表主机位，首字节范围是 1～127。B 类地址的前 2 个字节代表网络号，剩下的 2 个字节代表主机位，首字节范围是 128～191。C 类地址的前 3 个字节代表网络号，剩下的 1 个字节代表主机位，首字节范围是 192～223。D 类地址为多播地址。E 类地址为保留地址，专门供实验用。

除此之外，还有一些特殊的 IP 地址，如 IP 地址 127.0.0.1 为本地回环测试地址，255.255.255.255 为广播地址；IP 地址 0.0.0.0 代表任意网络；网络号全为 0 的代表本网络或本网段；网络号全为 1 的代表所有的网络；主机位全为 0 的代表某个网段的任意主机地址；主机位全为 1 的代表该网段的所有主机。

随着网络的发展，出现了划分子网的 IP 地址。用来标识网络号位数的便是子网掩码，它用于辨别 IP 地址中哪部分为网络地址，哪部分为主机地址，它是由连续的 1 和连续的 0 组成的 32 位地址。划分子网可以将原有的 A、B、C 类网段进行进一步的划分，而原来的 A、B、C 三类地址分别对应的子网掩码称为默认子网掩码，全 1 位数分别为 8、16、24 位。

而现在，无类别的 IP 地址得到广泛使用，子网掩码变为"掩码"可以自由划分网络位和主机位，完全打破了 A、B、C 这样的固定类别划分，如 192.168.10.32/28，它的掩码是 255.255.255.240，最后一个字节是 11110000，也就是只剩 4 位为主机位，前 28 位为网络位。由于 192.*.*.*属于 C 类地址，24 位掩码，也就是说多用了 4 位作为网络位。使用这样的子网掩码可得到 2^x-2（x 代表多占的掩码位）个子网，这里减掉的两个是主机位全 0 和全 1 的地址。这样本来一个 C 类子网被划分成为多个可用的小子网。

如果网络中使用的路由选择协议支持 VLSM（变长子网掩码），就可以使用真正的分级寻址设计方法。在 TCP/IP 中，可以在核心层使用 8 位子网掩码，在分布层使用 16 位子网掩码，而在接入层使用 24 位子网掩码。在分级设计中认真分配地址可以实现路由选择表中路由的有效汇总。

下面举例说明这个问题。假设 10.0.0.0 是分配给整个网络的网络号，那么在核心层可选择一个 8 位子网掩码。核心层的子网和子网掩码应该是 10.0.0.0 和 255.0.0.0，这样接入层和分布层的所有路由变量都不能被外部网络获得。核心层会向任何外部网络说：如果你的 IP 包地址是 10.anything，就发送到我这里吧。分布层的典型子网和子网掩码的组合是 10.1.0.0/16。在分布层路由器会对任何外部网络说：如果你的 IP 包地址是 10.1.anything，就发到我这里来吧。依次，接入层可使用 24 位子网掩码。接入层的典型的子网和子网掩码的组合是 10.1.1.0/24。

当使用分级地址设计来实现 IP 地址分配时，可以实现网络的可缩放性和稳定性要求。使用该模型的网络可以增长到容纳数千个结点而且具有非常高的稳定性。

3. 按需分配公网 IP

相对于私有 IP 而言，公网 IP 不能由自己设置，而是由 ISP 等机构统一分配和租用。这就造成了公网 IP 要稀缺得多，所以对公网 IP 必须按实际需求分配。比如，对外提供服务的服务器群组区域，不仅要够用，还要预留出余量；而员工部门仅需要浏览 Internet 等基本需求的区域，可以通过 NAT 实现多个结点共享一个或几个公网 IP；最后，那些只对内部提供服务，或只限于内部通信的主机自然不用分配公网 IP。具体的分配必须根据实际的需求进行合理的规划。当然，如果企业内部网络不与外网连接，则不用申请就可以利用公网 IP 地址，如 A、B 类地址，这样的网络所连接的用户比 C 类网络大许多，可以满足一些大、中型企业的网络规划需求。

另外，由于现在的 IPv4 网络正在向 IPv6 过渡，将来很可能出现一段很长的 IPv4 和 IPv6 共存的时期，所以现在构建网络时尽量考虑到对 IPv6 的兼容性，选择能支持 IPv6 的设备和系统，以降低升级过渡时的成本。

4. 静态和动态分配地址的选择

在具体环境下是使用静态 IP 地址分配方式还是使用 DHCP 动态 IP 分配方式，需要从这两类分配机制的优缺点谈起。

　　首先，动态分配地址机制由于地址是由 DHCP 服务器分配的，便于集中化统一管理，并且每个新接入的主机通过非常简单的操作就可以正确获得 IP 地址、子网掩码、默认网关、DNS 等参数，管理的工作量上比静态地址要减少很多，而且越大的网络越明显。而静态分配地址就正好相反，需要先指定哪些主机要用到哪些 IP，绝对不能重复，然后再去客户机上逐个设置必要的网络参数，并且当主机区域迁移时，还要记住释放 IP，并重新分配新的区域 IP 和配置网络参数。这需要一张详细记录 IP 地址资源使用情况的表格，并且要根据变动实时更新，否则很容易出现 IP 冲突等问题。可以想见这在一个大规模的网络中工作量是多么可怕。但是在一些特定的区域，如服务器群区域，每台服务器都有一个固定的 IP 地址在绝大多数情况下都是需要的。

　　其次，动态分配 IP 地址可以做到按需分配，当某个 IP 地址不被主机使用时，能释放出来供别的新接入的主机使用，这样可以在一定程度上高效地利用好 IP 资源。DHCP 的地址池只要能满足同时使用的 IP 峰值就可以。静态分配必须考虑更大的使用余量，很多临时不接入网络的主机并不会释放掉 IP，而且由于是临时性的断开和接入，手动释放和添加 IP 等参数明显是受累不讨好的工作，所以这时必须考虑使用更大的 IP 地址段，确保有足够多的 IP 资源。

　　最后，动态分配要求网络中必须有一台或几台稳定且高效的 DHCP 服务器，因为当 IP 管理和分配集中的同时，故障点也相应集中起来，只要网络中的 DHCP 服务器出现故障，整个网络都有可能瘫痪，所以在很多网络中，DHCP 服务器不止一台，而是另有一台或一组热备份的 DHCP 服务器，在平时还可以分担地址分配的工作量。另外，客户机在与 DHCP 服务器通信时，如进行地址申请、续约和释放等，都会产生一定的网络流量，虽然不大，但还是需要考虑。而静态分配就没有上述两个缺点，而且静态地址还有一个最吸引人的优点——比动态分配更容易定位故障点。在大多数情况下，企业网管在使用静态地址分配时，都会有一张 IP 地址资源使用表，所有的主机和特定 IP 都会一一对应起来，出现故障后进行定位或者对某些主机进行控制管理，都比动态地址分配要简单得多。

　　到底何种情况使用动态分配，何种情况使用静态分配呢？肯定要按实际的网络结构和需求来考虑，其中最重要的决定因素应该是网络规模的大小，它直接决定了网络管理的工作量。简单地说，大型企业和远程访问的网络适合动态地址分配，而小企业网络和那些对外提供服务的主机适合静态地址分配。

1.2.5　网络布线设计

　　网络的逻辑拓扑结构、IP 子网等设计方案确定之后，下面要做的事便是确定网络的布线方案，这实际上决定了网络的实际物理布局。

　　网络布线方案主要讨论怎样设计布线系统，这个系统有多少信息量，多少语音点，怎样通过水平干线、垂直干线、楼宇管理子系统把它们连接起来，需要选择哪些传输介质（线缆），需要选择哪些线材（槽管）及其材料价格如何，施工有关费用需多少等问题。

　　结构化布线系统是一种模块化、灵活性极高的建筑物和建筑群内的信息传输系统。结构化综合布线系统（SCS）是一种集成化的通用传输系统，它利用双绞线或光缆来传输建筑物内的多种信息。结构化布线也称为综合布线，是一套标准的继承化分布式布线系统。结构化布线就是用标准化、简洁化、结构化的方式对建筑物中的各种系统（网络、电话、电源、照明、电视、监控等）所需要的各种传输线路进行统一的编制、布置和连接，形成完整、统一、高效兼容的建筑物布线系统。如图 1-12 所示便是一个网络的布线方案结构图。

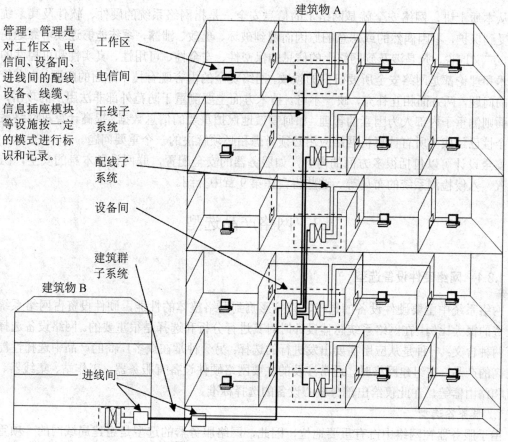

管理：管理是对工作区、电信间、设备间、进线间的配线设备、线缆、信息插座模块等设施按一定的模式进行标识和记录。

图 1-12   网络的布线方案结构图

在传输介质的选择上，通常网络中的传输介质有双绞线、同轴电缆与光缆等。其中，光缆主要用于网络设备的互连，同轴电缆和双绞线主要用于网络设备到桌面主机的连接。同轴电缆用于总线型局域网布线，双绞线用于星型局域网布线。各种通信介质在局域网中的分布大致遵循以下原则：双绞线用于桌面和同一楼内的布线，光缆用于楼间布线，如表 1-4 所示。

表 1-4   通信介质分布

通信介质	分布位置
双绞线	桌面布线 同一楼层布线 楼层间交换机互连
光缆	楼与楼间交换机互连 楼层交换机互连 桌面布线（用在极少数的高性能计算场所）
同轴电缆	楼层交换机互连

1.2.6　安全设计

从本质上讲，网络安全就是网络上的信息安全，是指网络系统的硬件、软件及其系统的数据受到保护，不因偶然的或恶意的原因而遭到破坏、更改、泄露，系统能够连续可靠地正常运行。广义地说，凡是涉及到网络上的信息的保密性、安全性、可用性、真实性和可控性的相关技术和理论都是网络安全所要研究的领域。网络安全的内容既有技术方面的问题，也有管理方面的问题，两方面相互补充，缺一不可。技术方面主要侧重于防范外部非法用户的攻击，管理方面则侧重于内部人为因素的管理。如何有效地保护重要的信息数据、提高计算机网络系统的安全性已经成为所有计算机网络应用必须考虑和必须解决的一个重要问题。

安全设计可以包括很多方面的内容，如服务器的安全配置，联网设备本身的安全，防火墙设置，入侵检测系统的布局等。这些将会在第9章中介绍。

1.3　网络产品选型

1.3.1　网络硬件设备选型

网络系统中主要硬件设备的选择，直接影响到网络整体的性能，硬件投资占网络系统整体投资的很大比例。在网络系统总体设计时对其进行分析和选择是很重要的。网络设备选择一般有两种含义：一种是从应用需要出发进行的选择；另一种是在众多厂商的产品中选择性能价格比高的产品。在组建网络时，通常涉及的主要网络硬件设备有服务器、工作站、集线器、交换机和路由器等，在此仅给出部分核心设备的选择标准。

1. 服务器选型

由于服务器在网络中占有重要地位，因此，网络服务器的选型是组建局域网的一项重要工作。服务器选型的原则可以归纳为5个字母，即MAPSS。

M代表可管理性（Management），服务器的可管理性利于及时发现服务器的问题，进行及时维护和维修，避免或减少因服务器的宕机而造成的网络系统瘫痪。另一方面，利于管理员及时了解服务器性能，对性能有问题的服务器进行及时升级。

A代表可用性（Availability），可用性可以用服务器连续无故障运行的时间来衡量。由于高端服务器是网络的数据中心，时刻为用户提供数据访问服务，因此，要尽量避免服务器在工作时间内宕机。选择高端服务器时，用户需要考察服务器连续运行的时间。

P代表性能（Performance），服务器整体性能由以下几方面因素决定：

（1）芯片组。芯片组用于把计算机上的各个部件连接起来，实现各部件之间的通信。芯片组是计算机系统的核心部件。芯片组直接决定系统支持的CPU类型和数目、内存类型、内存最大容量、系统总线类型和系统总线速度等。选择最先进的芯片组结构就保证了系统性能的领先。

（2）内存类型和最大容量。内存类型和最大支持容量对于系统的运算处理能力也具有非常大的影响。

（3）I/O通道。I/O是计算机系统的性能瓶颈。采用高速的I/O通道对服务器整体性能的提高具有非常重要的意义。对于提供交互式数据服务的应用，服务器需要高速的I/O通道。

（4）与网络的接口及计算能力。服务器通过网络与客户机通信，服务器与网络的接口卡要选择服务器专用网卡。另外，要选择与服务器硬件体系结构匹配的服务器操作系统，这对于提高服务器整体性能也是非常重要的。例如 UNIX 体系结构的服务器以采用 UNIX 操作系统为宜。

第一个 S 代表服务（Service），服务首先体现在维修，其次是技术支持（包括售前和售后的技术支持）。另外，还包括服务器厂商网站上提供的服务，例如 QA（Question & Answer）和软件下载。

第二个 S 代表节约成本（Saving Cost），在考察 M、A、P、S 四个方面指标的同时，还要综合考虑它们导致的价格变化。一般来讲，高性能和优质服务就意味着高价格。因此，在资金预算有限的情况下，要综合考虑 M、A、P、S 的指标，力争在一定的成本上获得最佳的性能指标。

2．交换机选型

根据交换机使用环境的不同，对其性能要求也不一样，总的来说，衡量交换机较关键的技术指标如下：

（1）端口容量。端口容量是指满配置时各种端口的最大值，它体现的是交换机最大的扩展能力，可以为网络将来的扩展留有余量。具体选配模块时，满足当前需要即可。

（2）支持的网络类型。一般情况下，固定配置式不带扩展槽的交换机仅支持一种类型的网络，机架式交换机和固定配置带扩展槽的交换机可支持一种以上类型的网络，如各种以太网及 ATM、OC-192 的 POS 口等。交换机支持的网络类型越多，其可用性和可扩展性越强，价格也越高。

（3）背板吞吐量。又称背板带宽，单位是每秒通过的数据包个数（pps），表示交换机接口卡和数据总线间所能吞吐的最大数据量。交换机的背板带宽越高，处理数据的能力越强，同时成本也会越高。交换机背板应该有足够的可扩展性以备网络扩容。部分厂商提供的背板带宽未必可信，用户可参考另一指标——满配置时吞吐量。

（4）MAC 地址表大小。连接到园区网上的每个端口或设备都需要一个 MAC 地址，其他设备要用到此地址来定位特定的端口及更新路由表和数据结构。设备的 MAC 地址表的大小反映了该设备能支持的最大结点数。

3．路由器选型

衡量路由器的指标主要有以下几个：

- 背板能力：通常是指路由器背板容量或者总线能力。
- 吞吐量：是指路由器的包转发能力。
- 丢包率：是指路由器在稳定的持续负荷下由于资源缺少而在应该转发的数据包中不能转发的数据包所占比例。
- 转发时延：是指需转发的数据包最后一比特进入路由器端口到该数据包第一比特出现在端口链路上的时间间隔。
- 路由表容量：是指路由器运行中可以容纳的路由数量。
- 可靠性：是指路由器可用性、无故障工作时间和故障恢复时间等指标。

1.3.2 网络软件的选择

网络软件分为网络操作系统软件、网络管理软件、应用软件、工具软件和支撑软件等，正确地选择能够相互配合、完成网络系统需求功能的软件组合是网络建设的关键。而其中网络操作系统的选择是最基础，也是最核心的。

网络操作系统（Network Operation System，NOS）是向连入网络的一组计算机用户提供各种服务的一种操作系统。一般来说，NOS 偏重于将与网络活动相关的特性加以优化，即通过网络来管理诸如共享数据文件、软件应用和外部设备之类的资源。NOS 管理的资源有：

- 由其他工作站访问的文件系统。
- 在 NOS 上运行的计算机的存储器。
- 加载和执行共享应用程序。
- 对共享网络设备的输入/输出。
- 在 NOS 进程之间的 CPU 调度。

目前，NOS 产品种类繁多，下面列举几种常见的系统方案：

（1）Windows 系统。微软的 Windows 系统不仅在个人操作系统中占绝对优势，在网络操作系统中也具有非常强劲的实力。虽然它在安全性和稳定性方面不如 UNIX 和 Linux，但由于它的易用性和强大的应用软件支持，以及足以满足企业用户对安全性、稳定性的需求，使得其应用仍是最为广泛的，特别是在企业局域网中，至少有 80%以上采用的是微软的 Windows 系列网络操作系统。

在局域网中，微软的网络操作系统主要有 Windows NT 4.0 Server、Windows 2000 Server/Advanced Server，以及最新的 Windows Server 2003 等。

（2）UNIX 系统。UNIX 自出现（1974 年）至今已有 30 多年的历史，它所发布的各种版本难计其数。UNIX 所指的并非是单一的操作系统，而是指一系列的 UNIX 家族，如 Sun OS、Sun Solaris、HP-UX、BSD、FreeBSD 等。

这类操作系统的稳定性和安全性非常好，但由于它多数是以命令方式进行操作，不容易掌握，因此，UNIX 系统一般用于大型的局域网中，长久以来主要被政府机构、学校或研究机构等使用。现在，由于 Internet 的发达，越来越多其他领域的使用者开始接触到 UNIX 系统。UNIX 在企业界的发展更是惊人，尤其在一些需要处理大量数据、要求高可靠度的场合中，更是非 UNIX 系统不可。

（3）Linux 系统。Linux 是当今流行的操作系统之一。Linux 是 UNIX 操作系统的一个分支，它最初是由 Linux Torvalds 于 1991 年基于 Intel 80386 的 IBM 兼容机开发的操作系统。在加入自由软件组织 GNU 后，经过 Internet 上全体开发者的共同努力，Linux 已成为能够支持各种体系结构的具有很大影响力的操作系统，Linux 最大的优势在于它不是商业操作系统，其源代码受 GNU 通用公共许可证（GPL）的保护，是完全开放的，任何人都可以下载用于研究、开发和使用。Linux 能提供较稳定的系统，不易受到病毒攻击，其安全性、开放性与二次开发能力较好，目前这类操作系统仍主要应用于中、高档服务器中。

总的来说，对特定计算环境的支持使得每种操作系统都有适合自己的工作场合，例如 Windows 9x 适用于桌面计算机，Windows Server、Linux 目前较适用于小型的网络，而 UNIX 适用于大型服务器应用程序。要根据企业网络应用规模、应用层次等实际情况选择最合适的操作系统。

1.4　网络的安装、调试与测试

网络的安装、调试与测试环节不容忽视，即使选择了优质的材料和先进的设备，但安装工艺低劣，想要通过测试验收也是不可能的。这一步直接关系着整个网络的性能。总的来说，此环节可以分为以下几步：

1. 布线

按照布线系统的要求进行布线施工。在此过程中，尤其要注意严格按照布线标准施工，严格执行对线缆和接口进行标记，并给出标记和施工文档（以便以后维护）。

2. 设备安装、配置和调试

设备开箱验货之后，进行加电检测，判断配置是否符合合同要求，合格后安装软件系统，进行测试和运行。

另外，这步中最重要的环节是通过对网络设备进行配置从而使网络的逻辑设计方案真正得以实施，如网段的划分等。

3. 网络安全配置

网络安全配置涉及很多细节，在此仅列出基本内容：

- 服务器安全设置。
- 交换机安全设置。
- 路由器安全设置。
- VLAN 设置。
- 防火墙设置。
- 网络管理设置。

4. 网络系统测试

（1）连通性和链路电气测试。整个施工完成后，要采用全部测试或抽查的方式测试各信息点的连通性。为了保证网络系统的可靠运行，应按照国家标准对传输介质和接口进行电气参数的测试，给出详细的测试报告。

（2）系统功能和性能测试。网络开通后，对要求的功能和性能进行测试，最后给出网络系统的测试或验收报告。

1.5　用户培训

用户培训是在网络建设过程中不可缺少的一个步骤。培训课程可分成以下几个方面：

（1）管理阶层的培训。各单位的领导要率先进行培训，使其了解网络的功能与效益后，再由其宣教并影响其下属，这样可加速网络推广之成效。

（2）网络管理与维护人员的培训。各单位内部要有 2～3 个人员接受网络管理与维护培训，以便能在网络发生故障时作紧急修复。

（3）网络软件开发人员的培训。若使用程序多为固定，则可委托软件公司代为开发。若使用程序经常变动，则以自训方式培养程序设计师，可节省成本。

（4）一般使用者的培训。第一阶段应着重单机应用培训，待其熟悉基本操作技能后，再指导其上网及网络应用技巧。

1.6　工程项目文档

网络文档目前在国际上还没有一个标准可言，国内各大网络公司提供的文档内容也不一样。但网络文档是绝对重要的，它可为未来的网络维护、扩展和故障处理节省大量的时间。作者根据近十多年从事网络工程的实际经验，介绍一下网络文档的组成。

网络文档由三种文档组成，即网络结构文档、网络布线文档和网络系统文档。

1．网络结构文档

网络结构文档由下列内容组成：

- 网络逻辑拓扑结构图。
- 网段关联图。
- 网络设备配置图。
- IP 地址分配表。

2．网络布线文档

网络布线文档由下列内容组成：

- 网络布线逻辑图。
- 网络布线工程图（物理图）。
- 测试报告（提供每一结点的接线图、长度、衰减、近端串扰和光纤测试数据）。
- 配线架与信息插座对照表。
- 配线架与集线器接口对照表。
- 集线器与设备间的连接表。
- 光纤配线表。

3．网络系统文档

网络系统文档的主要内容有：

- 服务器文档，包括服务器硬件文档和服务器软件文档。
- 网络设备文档。网络设备是指工作站、服务器、中继器、集线器、路由器、交换器、网桥、网卡等。在做文档时，必须有设备名称、购买公司、制造公司、购买时间、使用用户、维护期、技术支持电话等。
- 网络应用软件文档。
- 用户使用权限表。

在验收、鉴定会结束后，将乙方所交付的文档材料，验收、鉴定会上所使用的材料一起交给甲方的有关部门存档。

习题与思考题一

一、填空题

1．工程论证是为了弄清所定义的项目是否_____和值得进行研究。论证的过程实际是一次大大简化了的_____和_____的过程。

2．设计方案的形成，占一个网络工程的_____的工作量，剩下的只是付之实现的问题。

3．ATM 信元长度为_____字节，其首部（可简称为信头）为 5 字节。长度固定的首部可使 ATM 交换机的功能尽量简化，只用硬件电路就可对信元进行处理，因而缩短了每一个信元的处理时间。

4．在工程论证过程中需要从_____和法律等诸多方面进行论证，做出明确的结论供用户参考。

5．总线型拓扑结构的一个重要特征就是可以在网中_____信息，网络中的每个站几乎可以同时收到每一条信息。

6．Cisco 提出了网络设计方法学，使用分级三层模型建立整个网络的拓扑结构。这种设计模型有时也称为结构化设计模型（Hierarchical Network Design Model）。在分级三层模型里，网络可以划分为_____层、_____层、_____层。

7．在分层网络中，核心层处理高速数据流，其主要任务是_____；分布层负责_____；接入层负责_____，执行网络访问控制等网络边缘服务。

8．广义地说，凡是涉及到网络上的信息的_____和可控性的相关技术和理论都是网络安全所要研究的领域。网络安全的内容既有_____方面的问题，也有_____方面的问题，两方面相互补充，缺一不可。

二、简答题

1．对用户进行需求分析应从哪些方面入手？

2．如何撰写可行性报告？

3．试述以太网家族成员间的相同点与不同点。

4．局域网有哪几种网络拓扑结构？各自的特点是什么？

5．以太网的主流标准有哪些？

6．简述分层网络设计的含义及方法。

7．静态和动态分配 IP 地址各有什么优缺点？如何选择应用场合？

8．IP 地址分配应遵循哪些基本原则？

9．服务器选型的原则是什么？

10．衡量路由器、交换机性能的指标有哪些？

11．如何对网络系统进行测试与验收？

12．整个局域网搭建过程中，有哪些文档需要归档？

第 2 章　网络互联设备

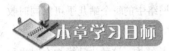

本章将讨论组成局域网以及网络互联的设备，其中包括局域网中的工作站点以及实现局域网络的互联设备。通过本章的学习，读者应掌握以下内容：

- 网络互联设备的基本概念
- 网络设备的接口类型
- 网络设备的连接方式
- 交换机与路由器的基本配置方法

2.1　网络设备概述

局域网是高速、低误码率的数据网络，它覆盖的地理位置区域相对较小（最多能达到几千米）。局域网连接工作站、外围设备、终端及其他仅在一座楼房里或其他有限的地理区域内的设备，所有连接站点共享较高的总带宽，各站点为平等关系而不是主从关系，能进行广播或多播。

局域网数量的迅速增长，把越来越多的彼此独立的个人计算机带入了网络环境，从而达到了共享资源和相互交换信息的目的。然而由于局域网自身连接距离的限制，而且用户针对不同的应用选择局域网的类型也不一样，从而使不同企业甚至是同一企业的不同部门之间形成了多个局域网孤岛。如何把这些局域网孤岛互联起来以方便用户使用计算机网络，这便是网络互联问题。网络互联设备是实现网络互联的关键。

本章节主要讲解局域网的设备组成、设备连接及设备配置，其中包括组成局域网的基本设备（包括服务器和工作站）和实现网络互联的设备。这里涉及到的网络设备有服务器、工作站、网络适配器（网卡）、中继器、集线器、网桥、交换机以及路由器。其中交换机与路由器已成为现代网络中最核心的网络互联设备。这些设备的具体功能介绍如下。

- 服务器或工作站是局域网资源的主要载体，是网络服务的主要提供者和使用者。
- 网络适配器用于将工作站或服务器连到网络上，实现数据转换和电信号匹配，实现资源共享和相互通信。
- 中继器是连接网络线路的一种装置，常用于两个网络结点之间物理信号的双向转发工作。
- 集线器可以说是一种特殊的中继器，作为网络传输介质间的中央结点，它克服了介质单一通道的缺陷。
- 网桥是一个局域网与另一个局域网之间在网络体系结构第二层上建立连接的桥梁。
- 网络交换技术是近几年发展起来的一种结构化的网络解决方案。交换机是这种结构化网络中的核心设备。

- 路由器是在网络层的互联设备，用于连接多个逻辑上分开的网络，路由与分组转发是其主要功能。

2.1.1 服务器

在局域网中，计算机网络主机是局域网资源的主要载体，是网络服务的主要提供者和使用者。网络中的计算机通常被称为主机（Host）。按用途和功能的不同，主机系统可以分为工作站和服务器。工作站和服务器的配置要求不同，这是由网络软件系统和应用环境的需要决定的。工作站的配置要求相对较低，服务器的配置要求相对较高。

服务器的英文名称为 Server，是指在网络环境中为客户机（Client）提供各种服务的特殊的专用计算机。在网络中，服务器承担着数据的存储、转发、发布等关键任务，是各类基于客户机/服务器（C/S）模式网络中不可或缺的重要组成部分。

1. 网络服务器的作用

顾名思义，服务器是指提供网络服务的计算机。服务器提供的常用服务包括以下几种：

（1）文件服务。网络用户可以从服务器上下载文件。提供文件服务的主机称为文件服务器。

（2）打印服务。网络用户可以使用连接在服务器上的打印机设备打印自己的文件。提供打印服务的主机称为打印服务器。

（3）通信服务。网络用户可以通过服务器与其他网络用户通信。提供通信服务的主机称为通信服务器。

（4）电子邮件服务。网络用户可以和服务器之间交换电子邮件（E-mail）。提供电子邮件服务的主机称为邮件服务器。

（5）WWW 服务。当网络用户使用浏览器软件打开服务器上的多媒体文件时，该用户使用的就是 WWW（World Wide Web）服务。提供 WWW 服务的主机称为 WWW 服务器。用户上网使用的就是 WWW 服务。

2. 网络服务器的分类

按应用层次划分是服务器最为普遍的一种划分方法，它主要根据服务器在网络中应用的层次（或服务器的档次来）来划分。按这种划分方法，服务器可分为入门级服务器、工作组级服务器、部门级服务器、企业级服务器。

（1）入门级服务器。入门级服务器是最基础的一类服务器，也是最低档的服务器。这类服务器包含的服务器特性并不是很多，通常只具备以下几方面的特性：

- 有一些基本硬件的冗余，如硬盘、电源、风扇等，但不是必需的。
- 通常采用 SCSI 接口硬盘，现在也有采用 SATA 串行接口的。
- 部分部件支持热插拔，如硬盘和内存等，这些也不是必需的。
- 通常只有一个 CPU，但不是绝对，如 SUN 的入门级服务器有的就可支持 2 个处理器。
- 内存容量不会很大，一般在 1GB 以内，但通常会采用带 ECC 纠错技术的服务器专用内存。

这类服务器主要采用 Windows 或 NetWare 网络操作系统，可以充分满足办公室型的中小型网络用户的文件共享、数据处理、Internet 接入及简单数据库应用的需求。入门级服务器可连的终端比较有限（通常为 20 台左右），且稳定性、可扩展性以及容错冗余性能较差，仅适用于没有大型数据库数据交换、日常工作网络流量不大，无需长期不间断开机的小型企业。

（2）工作组级服务器。工作组级服务器是比入门级高一个层次的服务器，但仍属于低档服务器之类。它只能连接一个工作组（50 台左右）那么多的用户，网络规模较小，服务器的稳定性也不像下面要讲的企业级服务器那样高，在其他性能方面的要求也相应要低一些。工作组级服务器具有以下几方面的主要特点：

- 通常仅支持单或双 CPU 结构的应用服务器（但也不是绝对的，特别是 SUN 的工作组服务器就能支持多达 4 个处理器的工作组服务器，当然这种类型的服务器的价格也就有些不同了）。
- 可支持大容量的 ECC 内存和增强服务器管理功能的 SM 总线。
- 功能较全面，可管理性强，且易于维护。
- 采用 Intel 服务器 CPU 和 Windows/NetWare 网络操作系统，但也有一部分是采用 UNIX 系列操作系统的。
- 可以满足中小型网络用户的数据处理、文件共享、Internet 接入及简单数据库应用的需求。

工作组级服务器较入门级服务器来说性能有所提高，功能有所增强，有一定的可扩展性，但容错和冗余性能仍不完善，也不能满足大型数据库系统的应用，价格也较前者贵许多，一般相当于 2～3 台高性能的 PC 品牌机的总价。

（3）部门级服务器。部门级服务器属于中档服务器之列，一般都是支持双 CPU 以上的对称处理器结构，具备比较完全的硬件配置，如磁盘阵列、存储托架等。部门级服务器的最大特点是，除了具有工作组级服务器的全部服务器特性外，还集成了大量的监测及管理电路，具有全面的服务器管理能力，可监测如温度、电压、风扇、机箱等状态参数，结合标准服务器管理软件，可使管理人员及时了解服务器的工作状况。同时，大多数部门级服务器具有优良的系统扩展性，能够满足用户在业务量迅速增大时的需要，能够及时在线升级系统，充分保护了用户的投资。它是企业网络中分散的各基层数据采集单位与最高层的数据中心保持顺利连通的必要环节，一般为中型企业的首选，也可用于金融、邮电等行业。

部门级服务器一般采用 IBM、SUN 和 HP 各自开发的 CPU 芯片，这类芯片一般是 RISC 结构，所采用的操作系统一般是 UNIX 系列操作系统，现在 Linux 也在部门级服务器中得到了广泛应用。部门级服务器可连接 100 个左右的计算机用户，适用于对处理速度和系统可靠性要求高一些的中小型企业网络，其硬件配置相对较高，其可靠性比工作组级服务器高一些，当然其价格也较高（通常为 5 台左右高性能 PC 机价格的总和）。由于这类服务器需要安装比较多的部件，所以机箱通常较大，采用机柜式。

（4）企业级服务器。企业级服务器属于高档服务器行列，正因如此，能生产这种服务器的企业不是很多。企业级服务器最起码是采用 4 个以上 CPU 的对称处理器结构，有的高达几十个。一般还具有独立的双 PCI 通道和内存扩展板设计，具有高内存带宽、大容量热插拔硬盘和热插拔电源、超强的数据处理能力和集群性能等。这种企业级服务器的机箱更大，一般为机柜式，有的还由几个机柜组成，像大型机一样。

企业级服务器产品除了具有部门级服务器的全部服务器特性外，最大的特点就是它还具有高度的容错能力、优良的扩展性能、故障预报警功能、在线诊断及 RAM、PCI、CPU 等具有热插拔性能。有的企业级服务器还引入了大型计算机的许多优良特性，如 IBM 和 SUN 公司的企业级服务器。这类服务器采用的芯片也都是几大服务器开发、生产厂商自己开发的独有CPU 芯片，所采用的操作系统一般是 UNIX（Solaris）或 Linux。目前在全球范围内能生产高档企业级服务器的厂商只有 IBM、HP、SUN，绝大多数国内外厂家的企业级服务器只能算是中、低档企业级服务器。企业级服务器适合运行在需要处理大量数据、高处理速度和对可靠性要求极高的金融、证券、交通、邮电、通信或大型企业。

企业级服务器用于联网计算机在数百台以上，对处理速度和数据安全要求非常高的大型网络。企业级服务器的硬件配置最高，系统可靠性也最强。图 2-1 为中国科学院计算技术研究所国家智能计算机研究开发中心研究和开发的曙光 4000L 企业级别的高级服务器。

图 2-1　曙光 4000L 企业级服务器

需要注意的是，这四种类型的服务器之间的界限并不是绝对的，并且随着服务器技术的发展，各种层次的服务器技术也在不断地变化发展，也许目前在部门级才有的技术将来在入门级服务器中也必须具有。而且在业界也没有一个硬性标准对这几类服务器进行严格划分，它们多数是针对各自不同生产厂家的整个服务器产品线来说的。由于服务器的型号非常多，硬件配置也有较大差别，因此，用户不必拘泥于某某级服务器，而应当根据自己网络的规模和服务的需要，并适当考虑相对的冗余和系统的扩展能力进行选择。

2.1.2　工作站

1. 工作站的用途

顾名思义，网络工作站是指从事上网操作的主机系统。网络用户通过操作网络工作站使用网络，完成自己的网络工作。网络工作站常常简称为工作站（Work Station）。与服务器系统相比，网络工作站的最大特点就是配置低，面向一般网络用户使用。

2. 工作站的分类

按照配置的不同，工作站可以分成以下四类。

（1）商用台式个人计算机（含笔记本）。通常个人使用的计算机都属于此类。这类工作站是配置最高的，目前，其 CPU 的主频可达几 GHz，RAM 可达 128MB～512MB，硬盘容量可达几十 GB，主板性能指标较以前有较大提高（还可以内置声卡/网卡等接口卡）。另外，外设的配置也很高，例如超薄液晶显示器的使用已经非常广泛。此类工作站可以运行所有主流的个人计算机操作系统，例如 Microsoft 的 Windows 9x、Windows NT WorkStation、Windows 2000 Professional、Windows XP Professional 以及 Windows Me 等。另外，其他系统软件公司的操作系统一般都可以在商用台式机上运行。

（2）无盘工作站（Diskless Workstation）。它与商用台式机相比，没有配置硬盘和软盘驱动器。无盘工作站主要用于防病毒、防泄密等安全要求高的网络。由于没有磁盘，用户不可能将病毒注入网络，也不能把网络数据和文件副本带走。但是，由于没有磁盘，计算机的操作系统和网络通信软件无法驻留在本机，因此，需要在网卡上增加远程引导芯片（BootROM），另外，需要在服务器上进行软件设置以支持无盘工作站的远程访问。

（3）网络计算机（Network Computer，NC）。这是一类专门为使用网络而设计的台式计算机，它不面向商用用途。与前两类工作站相比，NC 的最大特点是必须连接在网络上才能工作。因此，NC 的体系结构是经过特殊优化的，面向网络计算。

（4）移动网络终端（Mobile Network Terminal）。此类工作站包括具有联网能力的个人数字助理（Personal Digital Assistant，PDA）、手提电话（Hand Phone）和其他掌上电脑。此类工作站兼有随身数据计算和移动通信能力。随着 Internet 和无线通信技术的发展，以 PDA 为代表的设备逐渐成为功能完备的迷你网络工作站。作为计算机，移动网络终端运行专用的操作系统，主流的 PDA 操作系统是 Microsoft 的 Windows CE、Windows Pocket PC 和 Palm 公司的 Palm 系统。

另外，按照工作站的特殊用途，可以把工作站分成以下几种：

（1）用户工作站。此类工作站安装基本的软件系统，提供给一般用户上网使用。

（2）网管工作站。此类工作站安装专用的网络管理软件系统，仅供网络管理员从事网络管理工作使用。

（3）安全工作站。当局域网中安装了专用的网络安全监控软件（例如入侵检测系统）时，安全管理员在此类工作站上通过安全监控软件监视网络的安全情况，实施安全控制操作。

当前，网络信息安全问题逐渐引起人们的关注，为了增加主机系统的安全，产业界提出了安全计算机的概念，并开发了相关的产品。安全计算机整合了功能强大的防毒软件和系统恢复软件，可以及时查杀各类病毒，并运用系统恢复软件对整个系统进行及时备份，避免数据丢失。针对网络黑客入侵行为，安全计算机采用本机登录加密措施、单机防火墙、智能卡（磁盘保护卡、串口键盘口读卡机等）、内部网与外部网隔离措施（称为双网隔离），提供用户登录、认证和授权等功能，保护了用户数据的安全。

2.1.3　网络适配器

网络适配器，又称为网卡，用于将工作站或服务器连到网络上，实现数据转换和电信号匹配，实现资源共享和相互通信。

1. 网络适配器的功能

网络适配器（即网卡）是局域网中最基本的部件之一，可以说是必备的。网卡，通常又称为网络卡或网络接口卡，英文简称 NIC，全称为 Network Interface Card，其外形如图 2-2 所示。网卡（NIC）插在计算机的主板插槽中，负责将用户要传递的数据转换为网络上其他设备能够识别的格式，通过网络介质传输。它的主要技术参数为带宽、总线方式、电气接口方式等。它的基本功能为：从并行到串行的数据转换，包的装配和拆装，网络存取控制，数据缓存和网络信号。目前主要是 8 位和 16 位网卡。它的主要工作原理为：整理计算机上发往网线上的数据并将数据分解为适当大小的数据包之后向网络上发送出去。对网卡而言，每块网卡都有一个唯一的网络结点地址，是网卡生产厂家在生产时烧入 ROM 中的，且保证绝对不会重复。

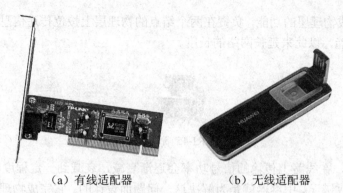

（a）有线适配器　　　　（b）无线适配器

图 2-2　网络适配器

网卡必须具备两大技术，分别为网卡驱动程序和 I/O 技术。驱动程序使网卡和网络操作系统兼容，实现 PC 机与网络的通信。I/O 技术可以通过数据总线实现 PC 和网卡之间的通信。网卡是计算机网络中最基本的元素。在计算机局域网络中，如果有一台计算机没有网卡，那么这台计算机将不能和其他计算机通信，也就是说，这台计算机和网络是孤立的。

2．网络适配器的分类

我们日常使用的网卡都是以太网网卡。网卡按其传输速度可分为 10M 网卡、10/100M 自适应网卡以及千兆（1000M）网卡。目前常用的是 10/100M 自适应网卡，它的价格便宜，比较适合于一般用途，千兆网卡主要用于高速的服务器。

网卡按其主板上的总线类型来分，又可分为 ISA、VESA、EISA、PCI 等接口类型。ISA 网卡又可分为 8 位和 16 位的两种。由于 ISA 网卡最多只有 11M 的带宽速度，故目前 ISA 接口的网卡已越来越不能满足现代网络环境的需求。8 位 ISA 网卡目前已被淘汰，市场上常见的是 16 位 ISA 接口的 10M 网卡，它唯一的好处是价格低廉，如比较有名的 NE2000 等，适合于一些如网吧等要求不高的场合使用。虽然 VESA、EISA 网卡速度快，但价格较贵，市场上很少见。目前市场上的主流网卡是 PCI 接口的网卡。PCI 网卡的理论带宽为 32 位 133M，PCI 网卡又可分为 10M PCI 网卡和 10/100M PCI 自适应网卡两种类型。

网卡按其连线的插口类型来分，又可分为 RJ-45 水晶口、BNC 细缆口、AUI 三类及综合这几种插口类型于一身的 2 合 1、3 合 1 网卡。RJ-45 插口采用 10Base-T 双绞线网络接口类型。它的一端是计算机网卡上的 RJ-45 插口，连接的另一端是集线器 HUB 上的 RJ-45 插口。BNC 接头是采用 10Base-2 同轴电缆的接口类型，它同带有螺旋凹槽的同轴电缆上的金属接头相连，如 T 型头等。AUI 接头很少用。

除了以上网卡类型以外，市面上还经常可见到服务器专用网卡、笔记本专用网卡、USB 接口网卡等。笔记本专用网卡是为笔记本电脑能方便地连入局域网或互联网而专门设计的。它主要有只能连入局域网的局域网卡和既能访问局域网又能上互联网的局域网/Modem 网卡。它一端接电话接口，一端连 RJ-45 接口。USB 网卡是外置的，它一端为 USB 接口，一端为 RJ-45 接口，也分为 10M 和 10/100M 自适应两种。

2.1.4　中继器

中继器（RP Repeater）又称为转发器，是用来连接网络线路的一种装置，常用于两个网络结点之间物理信号的双向转发工作，如图 2-3 所示为中继器的一种。中继器是最简单的网络互联设备，主要完成物理层的功能，负责在两个结点的物理层上按位传递信息，完成信号的复制、调整和放大功能，以此来延长网络的长度。

图 2-3　RJ-45 端口中继器

由于存在损耗，在线路上传输的信号功率会逐渐衰减，衰减到一定程度时将造成信号失真，因此会导致接收错误。中继器就是为解决这一问题而设计的。它完成物理线路的连接，对衰减的信号进行放大，保持与原数据相同。

一般情况下，中继器的两端连接的是相同的媒体，但有的中继器也可以完成不同媒体的转接工作。从理论上讲，中继器的使用是无限的，网络也因此可以无限延长。事实上这是不可能的，因为网络标准中对信号的延迟范围作了具体的规定，中继器只能在此规定范围内进行有效的工作，否则会引起网络故障。以太网络标准中约定：一个以太网上只允许出现 5 个网段，最多使用 4 个中继器，而且其中只有 3 个网段可以挂接计算机终端。

2.1.5　集线器

集线器也称为集散器或 HUB，可以说它是一种特殊的多端口中继器，作为网络传输介质间的中央结点，它克服了介质单一通道的缺陷。图 2-4 为集线器的图示。以集线器为中心的优点是：当网络系统中某条线路或某结点出现故障时，不会影响网络上其他结点的正常工作。

图 2-4　集线器

（1）集线器可分为无源（Passive）集线器、有源（Active）集线器和智能（Intelligent）集线器。

无源集线器只负责把多段介质连接在一起，不对信号作任何处理，每种介质段只允许扩展到最大有效距离的一半。

有源集线器类似于无源集线器，但它具有对传输信号进行再生和放大从而扩展介质长度的功能。

智能集线器除具有有源集线器的功能外，还可将网络的部分功能集成到集线器中，如网络管理、选择网络传输线路等。

（2）集线器的端口类型有两种：一类用于连接 RJ-45 端口，这类端口的数量可以是 8、12、16、24 个等。另一类用于连接粗缆的 AUI 端口等向上连接的端口。

集线器的特点如下：

（1）表面上看，使用集线器的局域网在物理上是一个星型网，但由于集线器使用电子器件模拟实际电缆线的工作，因此整个系统仍然像一个传统的以太网那样运行。也就是说，使用集线器的以太网在逻辑上仍是一个总线网，各工作站使用的还是 CSMA/CD 协议，并共享逻辑上的总线。网络中的各个计算机必须竞争对传输媒体的控制，并且在一个特定时间至多只有一台计算机能够发送数据。因此，这种 10Base-T 以太网又称为星型总线（star-shaper bus）以太网。用集线器可将多个网段连接成一个大的局域网，如图 2-5 所示。

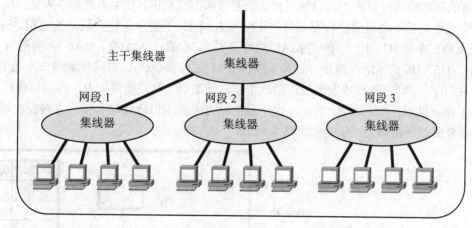

图 2-5　集线器将多个网段连接成一个局域网

（2）一个集线器有许多端口，每个端口通过 RJ-45 插头用两对双绞线与一个工作站上的网卡相连。因此，一个集线器很像一个多端口的转发器。

（3）集线器和转发器都工作在物理层，它的每个端口都具有发送和接收数据的功能。当集线器的某个端口接收到工作站发来的比特时，简单地将该比特向所有其他端口转发。若两个端口同时有信号输入（即发生碰撞），那么所有的端口都收不到正确的帧。

（4）集线器采用专门的芯片，用于进行自适应串音回波抵消。这样可使端口转发出去的较强信号不致于对该端口接收到的较弱信号产生干扰。每个比特在转发之前还要进行再生整形并重新定时。

集线器本身必须非常可靠。现在堆叠式集线器由 4～8 个集线器一个叠在另一个上面构成。集线器一般都有少量的容错能力和网络管理功能。模块化的机箱式智能集线器有很高的可靠性，它全部的网络功能都以模块方式实现。各模块可进行热插拔，可在不断电的情况下更换或增加新模块。集线器上的指示灯还可显示网络上的故障情况，给网络的管理带来了很大的方便。

2.1.6　网桥

网桥（Bridge）又称桥接器，是一个局域网与另一个局域网之间建立连接的桥梁，其外形如图 2-6 所示。从协议层次看，网桥工作在数据链路层，它根据 MAC 帧的目的地址对收到的数据帧进行转发。网桥具有过滤帧的功能。当网桥收到一个帧时，并不是向所有的端口转发此帧，而是先检查此帧的目的 MAC 地址，然后确定将该帧转发到哪一个端口。

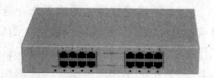

图 2-6　网桥

1. 网桥的结构

图 2-7 给出了一个网桥的内部结构要点。最简单的网桥有两个端口，复杂的网桥可以有更多的端口。网桥的每个端口与一个网段相连。图 2-7 所示的网桥，其端口 1 与网段 A 相连，端口 2 连接到网段 B。网桥从端口接收到网段上传送的各种帧。每当收到一个帧时，就先暂存在其缓存中。若此帧未出现差错且欲发往的目的站 MAC 地址属于另一个网段，则通过查找转发表，将收到的帧通过对应的端口转发出去。若该帧出现差错，则丢弃此帧。因此，仅在同一个网段中通信的帧不会被网桥转发到另一个网段去，因此不会加重整个网络的负担。例如，设网段 A 上的三个站 H1、H2、H3 的 MAC 地址分别为 MAC1、MAC2、MAC3；网段 B 上的三个站 H4、H5、H6 的 MAC 地址分别为 MAC4、MAC5、MAC6。若网桥的端口 1 收到站 H1 发给站 H5 的帧，则在查找转发表后，把这个帧送到端口 2 转发给网段 B，然后再传给站 H5。若端口 1 收到站 H1 发给站 H2 的帧，由于目的站对应的端口就是这个帧进入网桥的端口 1，表明不需要经过网桥转发，于是丢弃这个帧。

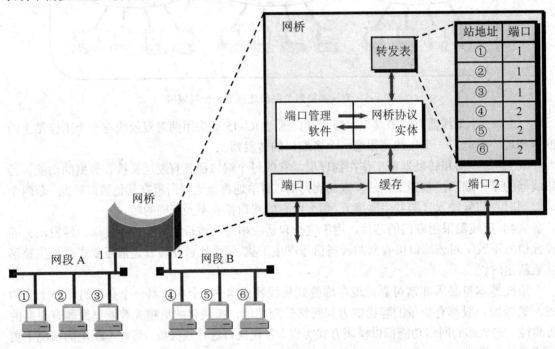

图 2-7   网桥的内部结构

网桥是通过内部的端口管理软件和网桥协议实体来完成上述操作的。转发表也叫做转发数据库或路由目录。

2. 网桥的特点

使用网桥可以带来以下好处：

（1）过滤通信量。网桥工作在链路层的 MAC 子层，可以使局域网各网段成为隔离的碰撞域，从而减轻了扩展的局域网上的负荷，同时也减少了在扩展的局域网上的帧的平均时延。工作在物理层的转发器就没有网桥的这种过滤通信量的功能。

（2）扩大了物理范围，因而增加了整个局域网上工作站的最大数目。

（3）提高了可靠性。当网络出现故障时，一般只影响个别网段。

（4）可互联不同物理层、不同 MAC 子层和不同速率（如 10Mb/s 和 100Mb/s 以太网）的局域网。

当然，网桥也有一些缺点，例如：

（1）由于网桥对接收的帧要先存储和查找转发表，然后才转发，这就增加了时延。

（2）在 MAC 子层并没有流量控制功能。当网络上的负荷很重时，可能因为网桥中的缓存容量不够而发生溢出，以致产生帧丢失现象。

（3）使用网桥扩展的局域网称为一个广播域。网桥只适合于用户数不太多（不超过几百个）和通信量不太大的局域网，否则有时还会因传播过多的广播信息而产生网络拥塞。这就是所谓的广播风暴。

2.1.7　交换机

网络交换技术是近几年发展起来的一种结构化的网络解决方案。它是计算机网络发展到高速传输阶段出现的一种新的网络应用形式。图 2-8 为普通交换机的图示。

1. 交换机的功能

以太网交换技术（Switch）是在多端口网桥的基础上于 20 世纪 90 年代初发展起来的，实现 OSI 模型的下两层协议，与网桥有着千丝万缕的关系，

图 2-8　普通交换机

甚至被业界人士称为"许多联系在一起的网桥"，因此现在的交换式技术并不是什么新的标准，而是现有技术的新应用而已，是一种改进了的局域网桥，与传统的网桥相比，它能提供更多的端口（4～88）、更好的性能、更强的管理功能以及更便宜的价格。而现在，局域网交换机也实现了 OSI 参考模型的第三层协议，将二层转发与三层路由选择功能相结合，形成了三层交换机，已成为现代局域网中的核心设备。相对于三层交换机，二层交换机又称为传统交换机。在本书中，若不特指三层交换机，交换机指的是传统的二层交换机。

以太网交换机与电话交换机相似，除了提供存储转发（Store-and-Forward）方式外，还提供其他的桥接技术，如直通方式（Cut Through）。

直通方式的以太网络交换机可以理解为在各端口间是纵横交叉的线路矩阵电话交换机。它在输入端口检测到一个数据包时，检查该包的包头，获取包的目的地址，启动内部的动态查找表，将目的地址转换成相应的输出端口，在输入与输出交叉处接通，把数据包直通到相应的端口，实现交换功能。由于不需要存储，延迟（Latency）非常小、交换非常快，这是它的优点；它的缺点是：因为数据包的内容并没有被交换机保存下来，所以无法检查所传送的数据包是否有误，即不能提供错误检测能力，由于没有缓存，不能将具有不同速率的输入/输出端口直接接通，而且当网络交换机的端口增加时，交换矩阵变得越来越复杂，实现起来相当困难。存储转发方式是计算机网络领域应用最为广泛的方式，它把输入端口的数据包先存储起来，然后进行 CRC（奇偶校验）检查，在对错误包处理后才取出数据包的目的地址，通过查找表转换成输出端口送出包。正因如此，存储转发方式在数据处理时延大，这是它的不足，但是它可以对进入交换机的数据包进行错误检测，最重要的是它可以支持不同速度的输入/输出端口间的转换，保持高速端口与低速端口间的协同工作。

2. 交换机的分类

由于交换机市场发展迅速，产品繁多，而且功能上越来越强，所以也可按企业级、部门级、工作组级、交换到桌面进行分类。

交换机的端口类型有以下几种，一类用于连接 RJ-45 端口，这类交换机可以有 8、12、16、24 等个端口，另一类用于连接粗缆的 AUI 端口，还有光纤接口等，后两种都是向上连接的端口。交换机有 10Mb/s、10/100Mb/s 自适应、100Mb/s 快速、千兆位交换机等多种类型，根据组网的需要，不同档次的交换机被应用到网络中的不同位置。图 2-9 为常见交换机的图示。

图 2-9　常见交换机

3. 集线器与二层交换机的区别

（1）从 OSI 体系结构来看，集线器属于 OSI 的第一层物理层设备，而交换机属于 OSI 的第二层数据链路层设备。意味着集线器只是对数据的传输起到同步、放大和整形的作用，对数据传输中的短帧、碎片等无法进行有效的处理，不能保证数据传输的完整性和正确性；而交换机不但可以对数据的传输做到同步、放大和整形，而且还可以过滤短帧、碎片等。

（2）从工作方式来看，集线器是一种广播模式，也就是说集线器的某个端口在工作时，其他所有端口都能够收听到信息，容易产生广播风暴，当网络较大时，网络性能会受到很大影响，那么用什么方法避免这种现象呢？交换机就能够起到这种作用。当交换机工作时，只有发出请求的端口和目的端口之间相互响应而不影响其他端口，因此交换机能够隔离冲突域，但要注意的是，作为二层交换机，它不能抑制广播风暴的产生。

（3）从带宽来看，集线器不管有多少个端口，所有端口都共享一条带宽，在同一时刻只能有两个端口传送数据，其他端口只能等待，同时集线器只能工作在半双工模式下；而对于交换机而言，每个端口都有一条独占的带宽，当两个端口工作时并不影响其他端口的工作，同时交换机不但可以工作在半双工模式下而且可以工作在全双工模式下。

2.1.8　路由器

1. 路由器的功能

路由器在互联网中起着重要的作用，它连接两个或多个物理网络，负责将从一个网络收来的 IP 数据报，经过路由选择转发到一个合适的网络中。一般说来，异种网络互联与多个子网互联都应采用路由器来完成，如图 2-10 所示。

图 2-10　路由器连接两个局域网成为互联网络

路由器（Router）是网络层互联设备，可将多个不同的逻辑网（即子网）相互连接从而形成一个互联网络，由网桥或传统交换机互联起来的网络则是一个单个的逻辑网。

路由器具有判断网络地址和选择路径的功能，它能在多网络互联环境中建立灵活的连接，可用完全不同的数据分组和介质访问方法连接各种子网，路由器只接收源端或其他路由器的信息，属于网络层的一种互联设备。它不关心各子网使用的硬件设备，但要求运行与网络层协议一致的软件。

路由器可以连接不同的传输介质，如同轴电缆、双绞线、光缆、微波、卫星等；可以连接不同的介质访问控制方法，如 CSMA/CD（以太网）和 Token Ring（令牌环网）；可以连接不同的拓扑结构，如总线型、环型、星型、树型等；可以连接不同的编址方法，如以太网、令牌环网采用 6 字节地址，而 ATM 地址用 20 字节表示；可以连接不同的分组长度，如以太网帧的最大长度是 1518 字节，令牌环网上的最大长度是 8198 字节，而 ATM 的一个信元只有 53 字节；可以连接不同的协议规范；可以连接不同的协议功能定义和不同的协议格式等；可以连接不同的服务类型，如面向连接服务和无连接服务，ATM 是面向连接，以太网是无连接。

2．路由器的分类

（1）从能力上分，路由器可分为高端路由器和中低端路由器。各厂家的划分标准并不完全一致。通常将背板交换能力大于 40Gb/s 的路由器称为高端路由器，背板交换能力在 40Gb/s 以下的路由器称为中低端路由器。以市场占有率最大的 Cisco 公司为例，12000 系列为高端路由器，7500 以下系列路由器为中低端路由器。

（2）从结构上分，路由器可分为模块化结构与非模块化结构。通常中高端路由器为模块化结构，低端路由器为非模块化结构。

（3）从网络位置划分，路由器可分为核心路由器与接入路由器。核心路由器位于网络中心，通常使用高端路由器，要求快速的包交换能力与高速的网络接口，通常是模块化结构。接入路由器位于网络边缘，通常使用中低端路由器，要求相对低速的端口以及较强的接入控制能力。

（4）从功能上分，路由器可分为通用路由器与专用路由器。一般所说的路由器为通用路由器。专用路由器通常为实现某种特定功能而对路由器接口、硬件等作专门优化。例如接入服务器用作接入拨号用户，增强了 PSTN 接口以及信令能力；VPN 路由器增强了隧道处理能力以及硬件加密功能；宽带接入路由器强调宽带接口数量及种类。

（5）从性能上分，路由器可分为线速路由器以及非线速路由器。通常线速路由器是高端路由器，能以媒体速率转发数据包；中低端路由器是非线速路由器。但是一些新的宽带接入路由器也有线速转发能力。

本节只是简单地介绍路由器的基础知识，更多的路由方面的知识将在后续章节中讲述。

2.2　网络设备的连接

网络设备的连接看似简单，好像都是直接用网线插入网络接口中。其实这只是表面现象，在一些小型、非智能网络中，这样是可能一次成功的，但是对于中型以上，特别是网络结构比较复杂的网络，必须遵循一定的原则，否则可能造成网络通信不畅，甚至无法通信。正确的连接是保证网络设备高效运转的前提。

2.2.1 网络设备的总体连接方法

目前在企业局域网中最主要的网络设备是交换机、路由器，这两种主要网络设备的连接又是有相应规则的。通过前面的学习，了解到交换机有二层交换机与三层交换机，三层交换机主要用来连接整个网络的不同子网，一般处于网络的核心位置；而二层交换机一般处于网络的末端，用于桌面设备或组用户的接入。路由器一般处于网络的边缘，经防火墙与网络的核心交换机连接在一起，通常的连接顺序是核心交换机—防火墙—路由器，如图 2-11 所示。路由器与防火墙可以互换位置。

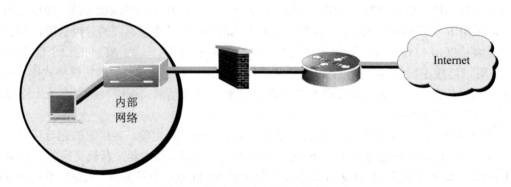

图 2-11 路由器与核心交换机的连接

在如图 2-11 所示的方案中，内部网络核心交换机与网络防火墙的内部网络专用端口连接，防火墙的外部网络专用端口与边界路由器的局域网（LAN）端口连接，最终通过路由器的广域网端口与其他网络（包括外部专用网和广域网，如互联网等）连接。在这样一种网络中，防火墙通常还有一个专门用于连接内部网络中公共部分的以太网端口，用于为像 Web 服务器、E-mail 服务器和 FTP 服务器等这种为公共用户提供服务的服务器提供特殊安全防护策略，形成一个 DMZ（非军事化区域）。

除了以上介绍的连接方式需要遵循一定的原则外，连接网络设备的传输介质也有明确的规定，具体描述如下：

（1）在 10Base-TX、100Base-TX、1000Base-T 双绞线以太网中，三类、四类、五类、超五类和六类 100Ω 的屏蔽或非屏蔽双绞线的最大长度为 100m。

（2）对于单一交换链接，1000Base-SX 光纤千兆以太网采用带宽为 160MHz/km 的 62.5/125μm 多模光纤时，光纤最大长度为 220m；如果采用的是带宽为 400MHz/km 的 50/125μm 多模光纤，则光纤最大长度为 500m；如果采用带宽为 500MHz 的 50/125μm 多模光纤，则光纤最大长度为 550m。

（3）对于单一交换链接，1000Base-LX 光纤千兆以太网，当采用 9/125μm 单模光纤时，光纤最大长度可达到 5000m。

（4）对于单一交换链接，100Base-FX 光纤电缆的长度：多模光纤不超过 2km；单模光纤不超过 20km。

以上连接电缆长度的限制如表 2-1 所示，1000Base-SX 网络的光纤长度限制如表 2-2 所示。

表 2-1　各种以太网电缆长度限制

以太网标准	电缆类型	最大长度	接头类型
10Base-T	三、四、五类 100Ω UTP	100m	RJ-45
100Base-T	五类 100Ω UTP	100m	RJ-45
1000Base-SX	50/125μm 或 62.5/125μm 多模光纤	参见表 2-2	SC 或 ST
1000Base-LH	9/125μm 单模光纤	70km	SC 或 ST
1000Base-LX	9/125μm 单模光纤	5km	SC 或 ST
1000Base-T	五类、超五类或六类 100Ω UTP	100m	RJ-45

表 2-2　各种以太网光纤长度限制

光纤直径	光纤带宽（MHz/km）	最大长度（m）
62.5/125μm	160	220
	200	275
50/125μm	400	500
	500	550

2.2.2　网络连接规则

因为网络技术的多样性，导致网络设备的连接也需要遵守一定的连接规则，否则，轻则可能严重影响设备性能的正常发挥；重则可能导致整个网络不能正常连接。

1. 不对称交换网络的连接规则

不对称交换机网络是指网络中各交换机的端口速率不完全一样。在这种环境中，交换机的连接通常是用高速率端口连接下级其他网络连接设备（如交换机、路由器），或连接高性能的服务器和工作站；低速率端口则用于直接连接普通的工作站，如图 2-12 所示。以下各级交换机的端口连接规则也一样。这样一种连接方式同时解决了主要网络设备之间，以及服务器与设备之间的连接瓶颈，并充分考虑了一些特殊应用，通过增加服务器和特殊应用工作站连接带宽可有效地防止端口拥塞的问题，提高应用性能。

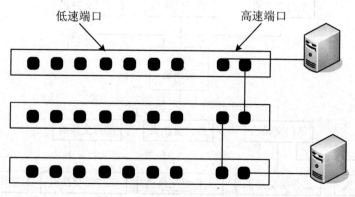

图 2-12　不对称交换网络的连接

2. 对称交换网络的连接规则

对称交换网络是指网络中各交换机的所有端口都有相同的传输速率。对称网络的连接策略非常简单，就是选择其中一台交换机作为中心交换机。然后，将其他所有被频繁访问的设备（如其他下级交换机、服务器、打印机等）都连接至该交换机，其余设备则连接至一级交换机上，如图 2-13 所示。由于所有端口只需一次交换即可实现与频繁访问设备的连接，因此大幅度地提高了网络传输效率。需要注意的是，在该拓扑结构中，对中心交换机性能的要求比较高。如果中心交换机的背板带宽和转发速率较差，将会影响整个网络的通信效率。

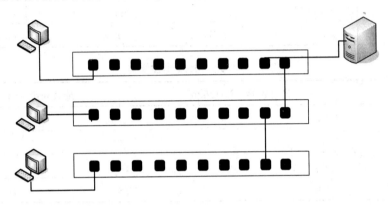

图 2-13　对称交换网络的连接

3. 不同性能交换机的连接规则

这里所说的"交换机性能"是指交换机的总体连接性能，而不是指各个具体端口的连接性能，主要体现在交换机带宽及所应用的交换技术上。不同档次的交换机，背板带宽和转发速率存在很大区别。性能最好的企业级或部门级交换机作为核心交换机位于网络的中心位置，用于实现整个网络中不同子网之间的数据交换；性能稍逊的部门级交换机作为骨干层交换机，用于实现某一网络子网内数据之间的交换；性能最差的交换机作为工作组交换机，用于直接连接桌面计算机，为用户直接提供网络接入，如图 2-14 所示。

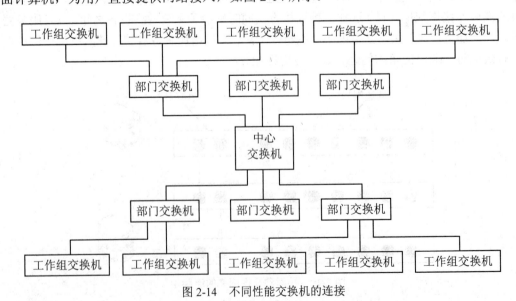

图 2-14　不同性能交换机的连接

4. 交换机级联时的电缆使用规则

级联是上一级交换机采用普通端口，下一级交换机可以采用普通端口，也可以采用专用的级联端口（即 Uplink 端口，也即 MDI-II 端口）的交换机连接方式。当相互级联的两个端口分别为普通端口（即 MDI-X 端口）和 MDI-II 端口时，使用直通线；当相互级联的两个端口均为普通端口（即 MDI-X 端口）时，使用交叉线，如图 2-15 所示。

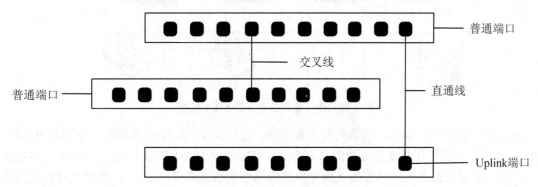

图 2-15 交叉线与直通线的使用

双绞线内 8 条细线的排列顺序遵循一定的规则。有两种国际标准，T568B（橙白－橙－绿白－蓝－蓝白－绿－棕白－棕）和 T568A（绿白－绿－橙白－蓝－蓝白－橙－棕白－棕）。双绞线内的 8 根细线在两端 RJ-45 插头内的排列顺序（色谱）一致，都按 T568A 或都按 T568B 排列，称为直通线。反之，排列顺序不一致，一端为 T568A，另一端为 T568B，符合如图 2-16 所示的规则，称为交叉线。在做直通线时，一般采用 T568B 标准。

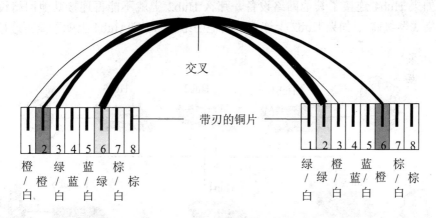

图 2-16 第 1、2、3、6 插槽线的顺序发生交叉

一些交换机的每个端口都为自适应端口，可以自行判断相对端口的属性，因此，任意两个端口之间的连接都可以使用直通线。另外一些交换机使用一个普通端口兼做 Uplink 端口，并利用一个开关（MDI/MDI-X 转换开关）在两种端口类型之间进行切换。

5. 10Base-T 集线器的 5-4-3 规则

现在新购买网络设备时一般不会再选用 10Base-T 的集线器，但早期创办的小型企业可能将这种设备用于网络边缘。10Base-T 集线器的使用遵循 5-4-3 规则。所谓 5-4-3 规则，是指在 10Mb/s 以太网中，一个网段中最远端不得超过 5 条连接电缆、4 台集线器，且 5 条电缆中只有 3 条可连接其他网络设备（如工作站用户和服务器等）。图 2-17 就是一个单一集线器串联级联示意图。

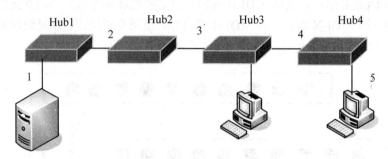

图 2-17   单一集线器串联的 5-4-3 规则

在这个示意图中，最远的两端共有 5 条电缆，分别为 1～5，4 台集线器，分别为 Hub1～Hub4，而直接连接工作站或服务器的只有 Hub1、Hub3 及 Hub4 三台集线器，Hub2 专门用来延长距离，不能连接其他网络设备（但可以连接其他集线器来级联扩展），当然也可以使用其他集线器来延长距离。

图 2-18 中是一个多集线器级联的情形，如果一个集线器同时级联多个网段，同样需遵循 5-4-3 原则。在这个示意图中，无论从最左端还是从最右端开始算起，最远两端所跨接网线条数能达到极限 5 条的只有 4 种可能，分别是 1-2-4-7、1-2-4-8、3-2-4-7 或 3-2-4-8。在这 4 种可能的线路中，共同使用的是 Hub2 和 Hub4 两台集线器，按照 5-4-3 原则，整个网段的 4 台集线器中只能有 3 台可能连接其他网络设备，而且不能连接网络设备的集线器一定是中间的两台。所以如果 Hub4 连接了其他网络设备，那么 Hub2 上就不能再连接其他网络设备（但可连接其他集线器级联）；如果 Hub2 上连接了其他网络设备，则 Hub4 上就不能再连接其他网络设备。

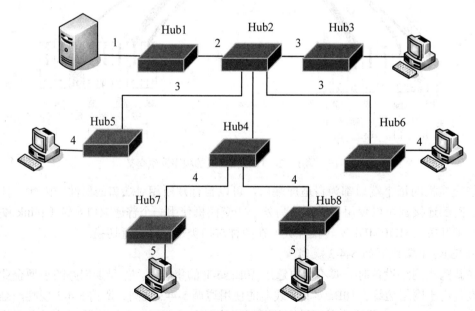

图 2-18   多集线器级联的 5-4-3 规则

2.2.3　网络设备的主要接口

1. 交换机主要接口

交换机用来进行局域网连接，所以它只有局域网（LAN）接口，没有像路由器一样拥有广域网接口。由于现在的局域网主要是双绞线或光纤以太网类型，原来的同轴电缆以太网已非常少见，所以原来的粗同轴电缆 AUI 接口和细同轴电缆 BNC 接口在交换机中已基本不再使用，取而代之的是 RJ-45 双绞线接口或 SC 光纤接口两种。另外，对于网管型交换机还有一个用于本地配置的 Console（控制台）接口。

（1）双绞线 RJ-45 接口。双绞线 RJ-45 接口是最常见的网络接口类型，如图 2-19 所示，它专门用于连接双绞线这种铜缆传输介质，该接口最早在 10Base-T 以太网时代就开始使用，直到今天的 100Base-TX 快速以太网和 1000Base-TX 千兆以太网中仍在继续广泛使用。但是支持不同以太网标准的 RJ-45 接口所使用的双绞线类型有些不同，如最初 10Base-T 使用三类线；目前主流的百兆快速以太网则需要采用五类或超五类双绞线；1000Base-TX 千兆以太网需要采用超五类或六类双绞线。

图 2-19　双绞线 RJ-45 接口

（2）SC 光纤接口。光纤传输介质在 100Base 时代开始采用，但在当时的百兆速率下，与采用传统双绞线介质相比其优势并不明显，而价格比双绞线贵许多，所以那时光纤没有得到广泛使用。光纤真正得到应用是从 1000Base 千兆技术开始的，因为在这种速率下，虽然也有双绞线介质方案，但性能远不如光纤，且光纤在连接距离等方面具有非常明显的优势，非常适合城域网和广域网使用。

目前光纤传输介质的发展相当迅速，各种光纤接口也是层出不穷，但在局域网交换机中，光纤接口主要是 SC 类型，无论是在 100Base-FX 还是 1000Base-FX 网络中。

SC 接口的外观与 RJ-45 接口非常相似，但 SC 接口是长方形，缺口也更浅些，如图 2-20 所示。SC 光纤接口中的接触弹片是一根铜柱，RJ-45 接口中是 8 条铜弹片。

 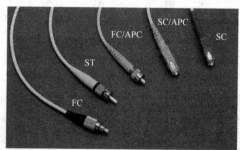

光纤接口连接器的种类

图 2-20　SC 光纤接口

（3）Console 接口。Console 接口用来进行本地配置，在交换机中，只有网管型交换机才有。Console 接口有多种类型，包括 DB-9 型、DB-9 型串口，也有采用 RJ-45 接口作为 Console 接口的，如图 2-21 所示。

（a）DB-9 型

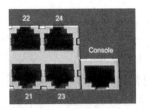

（b）RJ-45 型

图 2-21　Console 接口

无论何种接口，在进行交换机配置时，一般都需要通过专门的 Console 连线接至计算机（通常提前作终端）的串行口。Console 线分为两种，一种是串行线，即两端均为串行接口（两端均为母头或一端为公头，另一端为母头），两端可以分别插入计算机的串口和交换机的 Console 端口；另一种是两端均为 RJ-45 接头的扁平线。由于扁平线两端均为 RJ-45 接口，无法直接与计算机串口进行连接，因此，必须同时使用一个 RJ-45-to-DB-9 的适配器。

2．路由器主要接口

相对于交换机来说，路由器的接口类型丰富得多，既有内部局域网接口，一般是 RJ-45 双绞线以太网端口，也有用于连接各种广域网的对应类型接口，还有用于本地配置的 Console 接口。

（1）局域网接口。

①RJ-45 接口。RJ-45 接口与交换机中的 RJ-45 接口相同，但在路由器中各种标准下的 RJ-45 接口会有不同的标注。10Base-T 10Mb/s 以太网 RJ-45 接口在路由器中通常标识为 ETH x（x 为端口序列号，如 ETH 1、ETH 2 等），如图 2-22 所示；100Base-TX 以太网的 RJ-45 接口通常标识为 10/100bTx。

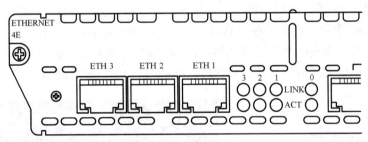

图 2-22　RJ-45 接口

②AUI 端口。AUI 端口是用来与粗同轴电缆连接的接口，它是一种 D 型 15 针接口，这在令牌环网或总线型网络中是比较常见的端口之一。路由器可以通过粗同轴电缆收发器实现与 10Base-5 网络的连接，但更多的是借助于外接的收发转发器（AUI-to-RJ-45）实现与 10Base-T 以太网络的连接，当然，也可借助于其他类型的收发转发器实现与细同轴电缆（10Base-2）或光缆（10Base-F）的连接。AUI 接口如图 2-23 所示。

③SC 光纤接口。路由器的 SC 光纤接口与交换机的相同。在百兆以太网中以 100b FX 标识，在千兆以太网中标识为 1000b FX，如图 2-24 所示。

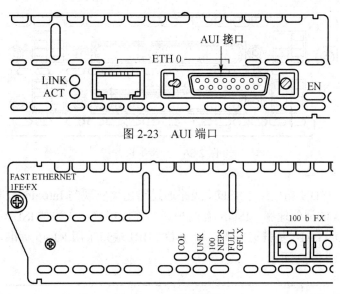

图 2-23　AUI 端口

图 2-24　SC 光纤接口

（2）广域网接口。

路由器是用来连接内、外部网络的，其中的局域网接口用来与内部局域网相连，因为目前的局域网主要采用双绞线和光纤两种介质，所以接口类型也相对简单。但外部网络，如广域网，其接口类型就非常复杂了。路由器为了满足用户的不同类型外部网络的连接，必须提供多种类型的外部网络接口。除了局域网中的 RJ-45 或 AUI 类型外，还可能需要有各种同步、异步串口和基群速率接口。

①同步串口。在路由器的广域网连接中，应用最多的端口是同步串口（SERIAL），标识是 SERIAL x，其中的 x 表示接口序号，如图 2-25 所示。这种端口主要用于目前应用非常广泛的 DDN、帧中继（Frame Delay）、X.25 等广域网连接技术，使用这种端口进行专线连接。这种同步端口通常要求非常高，一般来说，通过这种端口所连接的网络的两端要求实时同步。

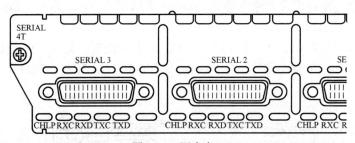

图 2-25　同步串口

②异步串口。异步串口（ASYNC）主要应用于 Modem 或 Modem 池的连接，标识是 ASYNC，如图 2-26 所示。它主要用于实现远程计算机通过公用电话网接入网络。异步端口相对于同步端口来说，在速率上的要求低，它并不要求网络的两端保持实时同步，只要求能连续即可，主要是因为这种接口所连接的通信方式速率较低。

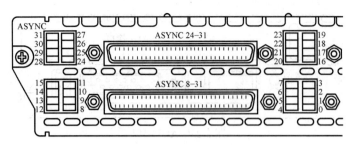

图 2-26　异步串口

③ISDN 端口。ISDN 端口用于 ISDN 线路通过路由器实现与 Internet 或其他远程网络的连接，可实现 128kb/s 的通信速率。ISDN 有两种速率连接端口，一种是 ISDN BRI（基本速率接口），另一种是 ISDN PRI（基群速率接口）。ISDN BRI 端口采用 RJ-45 标准，标识为 BRI x，x 表示接口序号，如图 2-27 所示。

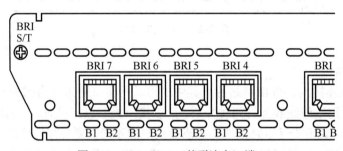

图 2-27　ISDN BRI（基群速率）端口

（3）路由器的配置接口。

路由器的配置接口有两个，分别是 Console 和 AUX，Console 通常用于在进行路由器的基本配置时通过专用线与计算机连接，AUX 用于路由器的远程配置连接。

①Console 端口。Console 端口使用配置专用连接直接连接至计算机的串口，利用终端仿真程序进行路由器的本地配置。路由器的 Console 端口多为 RJ-45 端口。Console 端口的标识为 CONSOLE，如图 2-28 所示。

②AUX 端口。AUX 端口为异步端口，为 RJ-11 电话线接口类型。它主要用于远程配置，也可用于拨号连接，还可通过收发器与 Modem 进行连接。AUX 接口的标识就是 AUX，如图 2-28 所示。

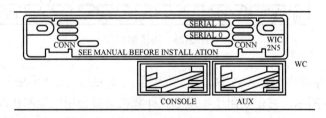

图 2-28　Console 端口与 AUX 端口

2.2.4　交换机互连方式

交换机与其他网络设备的连接都较简单，只需把用来连接相应设备和网线的水晶头插入相应的端口即可。除了与其他网络设备连接外，交换机有时还需与其他交换机互连，以满足网络性能要求的不断提高和连接距离的不断扩大。这主要涉及到三种技术，即级联、堆叠和集群。

1. 级联

级联扩展模式是最常见的一种端口和距离扩展方式。目前常见的交换机的级联，根据交换机的端口配置情况又有两种不同的连接方式。如果交换机配备有 Uplink 端口，如图 2-29 所示，则可直接采用这个端口进行级联。需要注意的是，在这种级联方式中，上一层交换机采用的仍是普通以太网端口，仅下层交换机需要采用专门的 Uplink 端口。

Uplink 端口

图 2-29　Uplink 端口

因为级联端口的带宽通常较宽，所以这种级联方式的性能较好。采用此种级联扩展方式，交换机间的级联网线必须是直通线，不能采用交叉线，而且每段网线不能超过双绞线单段网线的最大长度 100m。

另外一种级联方式是互连的两台交换机都通过普通端口进行连接。如果交换机没有专门提供 Uplink 级联端口，可采用交换机的普通以太网端口进行交换机的级联，但这种方式的性能稍差，因为下级交换机的有效总带宽实际上就相当于上级交换机的一个端口带宽。在这种级联方式中要求采用交叉线，同样单段长度不能超过 100m。

级联扩展模式是以太网扩展端口应用中的主流技术。它通过使用统一的网管平台实现对全网设备的统一管理，如拓扑管理和故障管理等。级联模式也面临着挑战，当级联层数较多，同时层与层之间存在较大的收敛比时，边缘结点之间由于经历了较多的交换和缓存，将出现一定的时延。解决方法是汇聚上行端口来减少收敛比，提高上级设备性能或减少级联的层次。在级联模式下，为保证网络的效率，一般建议层数不要超过 4 层。

2. 堆叠

堆叠扩展模式是目前在以太网交换机上扩展端口时使用较多的另一类技术，是一种非标准化技术，各个厂商之间不支持混合堆叠，堆叠模式由各厂商制定。级联模式主要解决连接距离过长和扩展端口之间的矛盾，而堆叠扩展模式主要解决扩展端口和扩展带宽两方面的问题，因为堆叠通常是几台交换机堆叠在一起，采用专用堆叠电缆进行连接，如图 2-30 所示。

当多台交换机连接在一起时，其作用就像一个模块化的交换机一样，堆叠在一起的交换机可当作一个单元设备进行管理。也就是说，堆叠中所有的交换机从拓扑结构上可视为一台交换机，其中存在一个可管理交换机，利用可管理交换机可对此可堆叠式交换机中的其他独立型交换机进行管理。可堆叠式交换机可以非常方便地实现对网络的扩充，是新建网络时最为理想的选择。

图 2-30　堆叠扩展模式

交换机堆叠技术采用专门的管理模块和堆叠连接电缆，这样做的好处是，一方面增加了用户端口，能够在交换机之间建立一条较宽的宽带链路，这样，每个实际使用的用户带宽就有可能更宽；另一方面多个交换机能够作为一台交换机使用，便于统一管理。

交换机堆叠与级联不一样，必须使用专门的端口，而且并不是所有交换机都支持堆叠，支持堆叠的交换机都有两个用于堆叠的接口，分别标为 UP 和 DOWN，如图 2-31 所示。它们都是 D 型 25 孔接口，但是否同时具有这两个接口要视交换机所允许的堆叠级数而定。

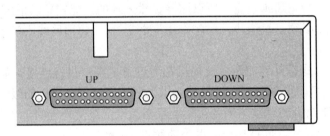

图 2-31　UP 与 DOWN 接口

不同的可堆叠交换机也是有堆叠级数限制的，并不可以无限制堆叠，低档交换机一般只允许 4 级以下，高档交换机则可能允许更多的堆叠级数。

3. 集群

交换机集群技术是比较新的一种扩展连接技术，它可以较好地解决前两种扩展模式的一些不足。

级联方式容易造成交换机之间的瓶颈，虽然堆叠技术可以增加背板速率，能够消除交换机之间连接的瓶颈问题，但是会受到很大的距离限制，而且对堆叠交换机的数量限制也比较严格。为了扩大对交换机堆叠的网络管理能力，Cisco 系统公司推出了交换机集群（Switch Clustering）技术，该技术可看成是堆叠技术与级联技术的综合。这种技术可以将分散在不同地址范围内的交换机逻辑地组合在一起，可以进行统一管理。具体的实现方式是在集群之中选出一个 Commander，其他的交换机处于从属地位，由 Commander 统一管理。

2.2.5　路由器的硬件连接

路由器的硬件连接按端口类型主要分为与局域网设备之间的连接、与广域网设备之间的连接以及与配置设备之间的连接三类。

1. 路由器与局域网接入设备之间的连接

（1）RJ-45-to- RJ-45。这种连接方式指路由器连接的两端都是 RJ-45 接口，如果路由器和集线设备均提供 RJ-45 端口，可以使用双绞线将集线设备和路由器的两个端口连接在一起。与集线设备之间的连接不同，路由器和集线设备之间的连接不使用交叉线，而是使用直通线；集线器设备之间的级联通常是通过级联端口进行的，而路由器与集线器或交换机之间的互连是通过普通端口进行的。

（2）AUI-to-RJ-45。这种连接方式主要用于路由器与集线器的连接。如果路由器仅拥有AUI 端口，而集线设备提供的是 RJ-45 端口，那么必须借助于 AUI-to-RJ-45 收发器才可实现两者之间的连接。当然，收发器与集线设备之间的双绞线跳线也必须使用直通线，连接示意图如图 2-32 所示。

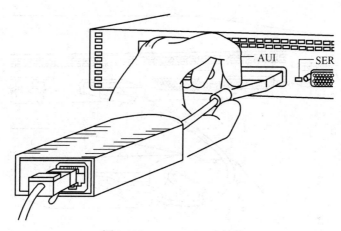

图 2-32　AUI- to-RJ-45 连接

（3）SC-to-RJ-45 或 SC-to-AUI。这种连接方式一般用于路由器与交换机之间的连接。如果交换机只拥有光纤端口，而路由设备提供的是 RJ-45 或 AUI 端口，则必须借助于 SC-to-RJ-45或 SC-to-AUI 收发器才可实现两者之间的连接。收发器与交换机设备之间的双绞线跳线同样必须使用直通线。实际上出现交换机为纯光纤端口的情况非常少。

2. 路由器与 Internet 接入设备的连接

路由器与互联网接入设备的连接情况主要有以下几种：

（1）通过异步串口连接。异步串口主要用来与 Modem 连接，用于实现远程计算机通过公用电话网拨入局域网络。除此之外，也可用于连接其他终端。当路由器通过电缆与 Modem连接时，必须使用 AYSNC-to-DB25 或 AYSNC-to-DB9 适配器连接。路由器与 Modem 或终端的连接如图 2-33 所示。

（2）通过同步串口连接。在路由器中能支持的同步串行端口类型比较多，如 Cisco 系统可以支持 5 种不同类型的同步串行端口，分别是 EIA/TIA-232 接口、EIA/TIA-2449 接口、V.35接口、X.21 串行电缆接口和 EIA-530 接口。在连接时只需要对应看一下连接用线与设备端接口类型就可以正确地选择，如图 2-34 所示。

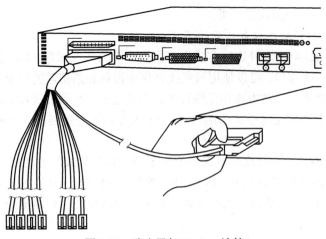

图 2-33　路由器与 Modem 连接

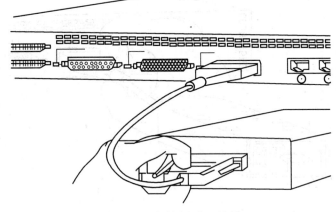

图 2-34　通过同步串口连接

（3）通过 ISDN BRI 端口连接。Cisco 路由器的 ISDN BRI 模块一般分为两类，一类是 ISDN BRI S/T 模块，另一类是 ISDN BRI U 模块。前者必须与 ISDN 的 NT1 终端设备一起才能实现与 Internet 的连接。因为 S/T 端口只能连接数字电话设备，不适用于当前的状况，但通过 NT1 后就可连接现有的模拟电话设备。后者由于内置有 NT1 模块，它的 U 端口可以直接连接模拟电话外线，因此，无需再外接 ISDN NT1 就可以直接连接至电话线墙板插座。

3. 路由器与配置端口的连接

（1）Console 端口的连接方式。当使用计算机配置路由器时，必须使用专门的电缆将路由器的 Console 端口与计算机的串口连接在一起。根据端口类型的不同选择不同的连接电缆。根据不同的接口类型，选择相应的 RJ-45-to-DB-9 或 RJ-45-to-DB-25 收发器进行转接。

（2）AUX 端口的连接方式。当需要通过远程访问方式实现对路由器的配置时，需要采用 AUX 端口进行。AUX 接口的结构与 RJ-45 一样，只是里面对应的电路不同，实现的功能也不同。通过 AUX 端口与 Modem 连接必须借助于 RJ-45-to-DB-9 或 RJ-45-to-DB-25 收发器进行转接。

2.3 网络设备的配置

2.3.1 交换机的配置方式

交换机（路由器也一样）的配置方法一般有两大类，分别为本地配置和远程配置。本地配置是直接连接计算机所进行的配置，远程配置是通过网络方式进行的配置。在远程配置中又分为 Telnet、Web 等几种方式。首先要进行的必须是本地配置，因为只有本地配置才可以配置交换机的基本信息，如 IP 地址信息，为其他配置打下基础。本地配置方式也可以配置其他所有参数，只是本地配置方式在交换机安装、固定后不方便进行，一般只适用于新买的交换机等设备的初始配置。

1. 本地配置方式

本地配置方式是指通过交换机控制端口 Console（也称管理端口，有 9 针 DB-9 或 25 针 DB-25 串口和 RJ-45 以太网端口等多种类型）连接到计算机的串口，利用超级终端进行的一种配置方式。它可以对其他设备进行全面配置，其中最基本的就是配置交换机 IP 地址、网关等信息。只有通过本地配置才能为交换机配置 IP 地址，也只有配置了静态 IP 地址才能用其他远程方式进行交换机配置。无论是 Web 方式还是 Telnet 方式都需要用到 IP 地址，这一点同时适用于所有品牌的交换机配置。

具体配置步骤如下：

（1）如图 2-35 所示，用随机提供的配置电缆连接交换机 Console 端口和计算机的 COM 端口。

图 2-35　交换机与计算机连接

（2）开启交换机和计算机电源，进入 Windows 系统，执行"开始"→"所有程序"→"附件"→"通信"→"超级终端"命令进行操作，首先打开的是如图 2-36 所示的"连接描述"对话框。在其中为该终端连接指定一个连接名称，也可以选择一个连接图标。

（3）单击"确定"按钮，进入如图 2-37 所示的对话框。在其中选择该连接中交换机设备所使用的计算机通信端口，在"连接时使用"下拉列表中选择即可。

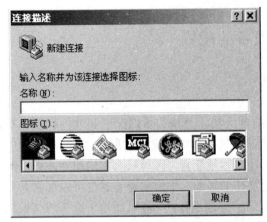

图 2-36 "连接描述"对话框

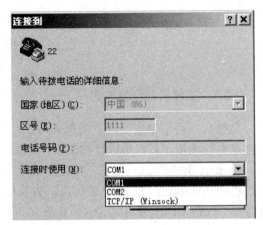

图 2-37 "连接到"对话框

（4）单击"确定"按钮，进入如图 2-38 所示的对话框。在其中可以配置该连接的具体参数，只需在"每秒位数"下拉列表中选择 9600（串口连接速率），其他按默认设置即可。

2. 远程配置方式

本地配置需要使用专门的 Console 端口进行，远程配置则可通过交换机的普通端口进行。如果是堆叠型的，也可以把几台交换机堆在一起进行配置，这时它们实际上是一个整体，一般只有一台交换机具有网管能力。同时，远程配置方式中不再需要超级终端软件，而是以 Telnet 程序或 Web 浏览器方式实现与被管理交换机的通信。

因为本地配置方式中已为交换机配置好了 IP 地址（具体的配置方法将在后面介绍），所以可以通过 IP 地址与交换机进行通信。下面以 Telnet 方式为例说明远程配置方法。

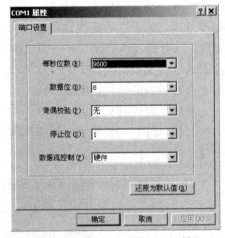

图 2-38 "COM1 属性"对话框

Telnet 是一种远程访问协议，可以用它登录到远程计算机、网络设备或专用 TCP/IP 网络。Windows 95/98 及其后的 Windows 系统、UNIX/Linux 系统中都内置有 Telnet 客户端程序，可直接用它来实现与远程交换机的通信。

在使用 Telnet 连接至交换机前，应当确认已经做好以下准备工作：

● 在用于管理的计算机中安装有 TCP/IP 协议，并已配置好 IP 地址信息。

● 在被管理的交换机上已经配置好 IP 地址信息。如果尚未配置 IP 地址信息，必须通过 Console 端口进行设置。

● 在被管理的交换机上建立了具有管理权限的用户账户。如果没有建立新的账户，则交换机默认的管理员账户为 Admin。

在计算机上运行 Telnet 客户端程序，并登录至远程交换机。假定交换机的 IP 地址设为 61.159.62.182，下面只介绍进入配置界面的方法，至于如何配置要视具体情况而定，不作具体介绍。进入配置界面的步骤很简单，只需简单的两步：

（1）单击"开始"按钮，选择"运行"命令，在"运行"对话框中输入 telnet 61.159.62.182 命令（也可以先不输入 IP 地址，在进入 Telnet 主界面后再进行连接，但是这样会多一步，直接在后面输入要连接的 IP 地址更好些），如图 2-39 所示。如果为交换机配置了名称，也可以直接在 telnet 命令后面空一个空格后输入交换机的名称。

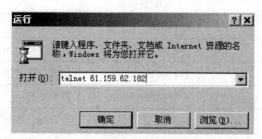

图 2-39 在"运行"对话框中输入进行 Telnet 连接的命令

（2）单击"确定"按钮，建立与交换机的连接，成功后会显示相关信息，并给出操作菜单，这时可根据需要进行配置。

2.3.2 交换机的配置模式与命令

各厂家的交换机产品的配置方法相似，在此以锐捷公司的设备为例来说明交换机的基本配置方法。

锐捷交换机的命令行操作模式主要包括四种，分别为：用户模式、特权模式、全局配置模式及端口模式，详细介绍如下。

- 用户模式：进入交换机后得到的第一种操作模式，在该模式下可以简单查看交换机的软硬件版本信息，并进行简单的测试。用户模式的提示符为 switch>。
- 特权模式：由用户模式进入的下一级模式，在该模式下可以对交换机的配置文件进行管理，查看交换机的配置信息，进行网络的测试和调试等。在用户模式下输入 enable 命令及密码进入特权模式。特权模式的提示符为 switch#。例如：

switch>enable

Enter password:

switch#

- 全局配置模式：属于特权模式的下一级模式，在该模式下可以配置交换机的全局性参数（如主机名、登录信息等）。在该模式下可以进入下一级配置模式，对交换机的具体功能进行配置。全局配置模式的提示符为 switch(config)#。进入全局配置模式的命令为：

switch#config terminal

switch(config)#

- 端口模式：属于全局模式的下一级模式，在该模式下可以对交换机的端口进行参数配置。端口模式的提示符为 switch(config-if)#。在全局配置模式下输入命令 interface（端口号），便可进入端口配置模式，具体命令如下：

switch(config)# interface Ethernet 0/1

switch(config-if)#

从一个模式退回到上一级模式时，使用退出命令 exit。直接退到特权模式的命令为 end。表 2-3 列出部分交换机的基本配置命令。

表 2-3 部分交换机的基本配置命令列表

基本配置命令	配置模式	说明
switch>?	用户模式	显示当前模式下所有的可执行命令
switch#show running-config	特权模式	查看交换机当前生效的配置信息
switch#show version	特权模式	查看交换机的版本信息
switch#show mac-address-table	特权模式	查看交换机当前的 MAC 地址表信息
switch#show interface fa0/3	特权模式	查看端口配置信息
switch(config)#hostname xx	全局配置模式	配置交换机设备名称
switch(config)#banner motd &	全局配置模式	配置每日提示信息，&为终止符
switch(config-if)#speed 100	端口模式	配置端口速率为 100Mb/s
switch(config-if)#no shutdown	端口模式	开启端口，使端口转发数据

需要注意的是，不同的命令需要在不同的配置模式下执行，如查看信息一般在特权模式下进行，配置交换机全局参数要在全局配置模式下进行，配置端口相关参数要在端口模式下进行。

2.3.3 路由器的配置方式

一般来说，可以用以下 5 种方式设置路由器：

- 控制台端口（Console）与终端或运行终端仿真软件的微机相连。
- AUX 端口连接 Modem，通过电话线与远方的终端或运行终端仿真软件的微机相连。
- 通过网络上的 TFTP 服务器。
- 通过网络上的 Telnet 程序。
- 通过网络上的 SNMP 网管工作站。

与交换机一样，路由器的第一次设置必须通过第一种方式进行，此时终端的硬件设置也与前面所讲的交换机设置相同。

2.3.4 路由器的配置模式与命令

路由器的主要配置模式与交换机的基本相同，也主要包括四种模式：用户模式、特权模式、全局配置模式及端口模式。模式转换的方法也是相同的。由于路由器与交换机的功能毕竟不同，所以存在其他交换机没有的特有模式，如路由配置协议。

路由器的配置环境与交换机也是相似的，但提示符有所不同，交换机的设备初始名称为Switch，而路由器的设备初始名称为 Router。当然，厂家不同，其指定的设备初始名称也有差别。如锐捷路由器的初始名称为 Red-Giant。

表 2-3 中给出的部分交换机命令在路由器中也是通用的。表 2-4 列出另外一部分路由器的基本配置命令。

表 2-4　路由器的基本配置命令列表

基本配置命令	配置模式	说明
router(config)#interface serial 1/2	全局配置模式	显示当前模式下的所有可执行命令
router(config-if)# ip address 1.1.1.1 255.255.255.0	端口模式	配置端口的 IP 地址
router(config-if)#clock rate 64000	端口模式	配置端口的时钟频率
router(config-if)#bandwidth 512	端口模式	配置端口的带宽速率
router#show ip interface serial 1/2	特权模式	查看端口的 IP 协议相关属性

　　交换机与路由器的配置命令很丰富，本章中只给出部分基本操作命令，后续章节中将结合知识点给出其他配置命令。

习题与思考题二

一、填空题

　　1．局域网是高速、低误码率的数据网络，它覆盖的地理位置区域相对_____（最多能达到几千米）。局域网连接工作站、外围设备、终端及其他仅在一座楼房里或其他有限的地理区域内的设备，所有连接站点共享较高的总带宽，各站点为_____而不是主从关系，能进行广播或多播。

　　2．服务器提供的常用服务包括以下几种：_____、_____、_____、_____、_____。

　　3．网卡按其连线的插口类型来分，可分为_____、_____、_____三类及综合这几种插口类型于一身的 2 合 1、3 合 1 网卡。

　　4．从性能上分，路由器可分为线速路由器以及非线速路由器。通常线速路由器是高端路由器，能以_____转发数据包；中低端路由器是非线速路由器。但是一些新的宽带接入路由器也有线速转发能力。

　　5．双绞线内 8 条细线的排列顺序遵循一定的规则。有两种国际标准，分别是：_____（橙白－橙－绿白－蓝－蓝白－绿－棕白－棕）和_____（绿白－绿－橙白－蓝－蓝白－橙－棕白－棕）。

　　6．Console 接口用来进行_____配置，在交换机中，只有网管型交换机才有。

二、简答题

　　1．网络服务器提供的常用服务包括哪些？

　　2．简述网络服务器的分类以及网络工作站的作用和分类。

　　3．简述网络适配器的作用以及中继器的用途。

　　4．简述交换机的功能和分类。

　　5．结合网桥的结构说明网桥的工作原理。

　　6．路由器的作用是什么？

　　7．无线设备包括哪些？各有什么特点？

　　8．画图说明交换机与路由器在局域网中的位置。

　　9．什么是直通线？什么是交叉线？它们分别在什么场合下使用？

10. 试述 10Base-T 集线器的 5-4-3 规则。

11. 交换机和路由器各有哪些主要接口？它们分别的作用分别是什么？

12. 请说明交换机三种互连方式（级联、堆叠和集群）各自的特点。

13. 交换机有哪些配置方式？

14. 交换机的配置模式有哪几种？在每种模式下可以分别进行哪些配置？

15. 参照表 2-3 和表 2-4 练习交换机、路由器的配置命令。

第 3 章　交换技术及配置

本章学习目标

　　交换技术是局域网中应用最为广泛的一种技术，交换式网络有效解决了共享式网络中存在的碰撞域问题，三层交换技术又成为局域网中子网间通信的最佳解决方案。本章主要围绕交换技术做以下几方面的介绍：

- 二层交换与三层交换
- VLAN 技术
- 链路聚合技术
- 生成树协议
- 交换技术应用案例分析
- 交换机配置

3.1　交换技术概述

　　局域网交换技术是为解决无法对共享式局域网提供有效的网段划分的问题而出现的，它可以使每个用户尽可能地分享到最大带宽，交换技术出现后得到了快速发展。目前二层交换技术与三层交换技术的应用已成为主流，四层以上交换功能也在一些高性能网络设备上出现。本节主要对二层、三层交换技术进行介绍。

3.1.1　二层交换技术

　　目前二层交换技术的发展比较成熟，二层交换机属于数据链路层设备，可以识别数据包中的 MAC 地址信息，根据 MAC 地址进行转发，并将这些 MAC 地址与对应的端口记录在自己内部的一个地址表中。具体的工作流程如下：

　　（1）当交换机从某个端口收到一个数据包时，它读取包头中的源 MAC 地址，这样它就知道源 MAC 地址的机器是连在哪个端口上的。

　　（2）读取包头中的目的 MAC 地址，并在地址表中查找相应的端口。

　　（3）如表中有与这个目的 MAC 地址对应的端口，把数据包直接复制到该端口上；如表中找不到相应的端口，则把数据包广播到所有端口上，当目的机器对源机器回应时，交换机又可以学习目的 MAC 地址与哪个端口对应，在下次传送数据时就不需要对所有端口进行广播了。

　　不断地循环这个过程，二层交换机可学习到全网的 MAC 地址信息，并建立和维护自己的地址表。

　　从二层交换机的工作原理可以得出以下三点：

　　（1）由于交换机对多数端口的数据进行同时交换，这就要求交换机具有很宽的交换总线带宽，如果二层交换机有 N 个端口，每个端口的带宽是 M，交换机总线带宽超过 N×M，交

换机就可以实现线速交换。

（2）学习端口连接的机器的 MAC 地址，写入地址表，地址表的大小（一般有两种表示方式：BEFFER RAM 和 MAC 表项数值）影响交换机的接入容量。

（3）二层交换机一般含有专门用于处理数据包转发的 ASIC（Application Specific Integrated Circuit）芯片，因此转发速度非常快。

局域网交换机的引入，使得网络站点间可独享带宽，消除了无谓的碰撞检测和出错重发，提高了传输效率，在交换机中可并行地维护几个独立的、互不影响的通信进程。在交换网络环境下，用户信息只在源结点与目的结点之间进行传送，其他结点是不可见的。但也有例外，如当某一结点在网上发送广播或组播时，或某一结点发送了一个交换机不认识的 MAC 地址的封包时，交换机上的所有结点都将收到这一广播信息。整个交换环境构成一个大的广播域。点到点是在第二层快速、有效地交换，但广播风暴会使网络的效率大打折扣。

3.1.2　三层交换技术

交换机的速度比路由器快得多，而且价格便宜得多。可以说，在网络系统的集成技术中，直接面向用户的第一层接口和第二层交换技术已取得令人满意的使用效果。交换式局域网技术使专用的带宽为用户独享，极大地提高了局域网的传输效率。但第二层交换技术也暴露出弱点：不能有效地解决广播风暴、异种网络互联、安全性控制等问题。作为网络核心、起到网间互联作用的路由器技术没有质的突破。当今绝大部分的企业网都已变成实施 TCP/IP 协议的 Web 技术的内联网，用户的数据往往越过本地网络在网际间传送，因此路由器常常不堪重负。传统的路由器基于软件，协议复杂，与局域网的速度相比，其数据传输效率较低。但同时它又作为网段（子网，VLAN）互联的枢纽，这就使传统的路由器技术面临严峻的挑战。随着 Internet/Intranet 的迅猛发展和 B/S（浏览器/服务器）计算模式的广泛应用，跨地域、跨网络的业务急剧增长，业界和用户深感传统的路由器在网络中的瓶颈效应日益严重，改进传统的路由技术迫在眉睫。其中一种解决方法是安装性能更强的超级路由器，但这样做开销太大，如果是建设交换网，这种投资显然是不合理的。

在这种情况下，一种新的路由技术应运而生，这就是第三层交换技术。第三层交换技术也称为 IP 交换技术、高速路由技术等。第三层交换技术是相对于传统交换的概念提出的。传统的交换技术是在 OSI 网络标准模型中的第二层——数据链路层进行操作的，而第三层交换技术则在网络模型的第三层中实现数据包的高速转发。简单地说，第三层交换技术就是第二层交换技术加第三层转发技术，这是一种利用第三层协议中的信息来加强第二层交换功能的机制。具有第三层交换功能的设备是一个带有第三层路由功能的第二层交换机，它是二者的有机结合，而不是把路由器设备的硬件及软件简单地叠加在局域网交换机上形成的。从硬件的实现上看，目前，第二层交换机的接口模块都是通过高速背板/总线（速率可高达几十 Gb/s）交换数据的。在第三层交换机中，与路由器有关的第三层路由硬件模块也插接在高速背板/总线上，这种方式使得路由模块可以与需要路由的其他模块间高速地交换数据，从而突破了传统的外接路由器接口速率的限制（10Mb/s～100Mb/s）。在软件方面，第三层交换机也有重大举措，它将传统的基于软件的路由器软件进行了界定，其作法是：

（1）对于数据封包的转发，如 IP/IPX 封包的转发，这些有规律的过程通过硬件得以高速实现。

（2）对于第三层路由软件，如路由信息的更新、路由表的维护、路由计算、路由的确定等功能，用优化、高效的软件实现。假设两个使用 IP 协议的站点通过第三层交换机进行通信，发送站点 A 在开始发送时已知目的站点的 IP 地址，但尚不知道在局域网上发送所需要的 MAC 地址。这就需要采用地址解析协议（ARP）来确定目的站点的 MAC 地址。发送站把自己的 IP 地址与目的站的 IP 地址比较，采用其软件中配置的子网掩码提取出网络地址来确定目的站点是否与自己在同一子网内。若目的站点 B 与发送站点 A 在同一子网内，A 广播一个 ARP 请求，B 返回其 MAC 地址，A 得到目的站点 B 的 MAC 地址后将这一地址缓存起来，并用此 MAC 地址封包转发数据，第二层交换模块查找 MAC 地址表确定将数据包发往的目的端口。若两个站点不在同一子网内，如发送站点 A 要与目的站点 C 通信，发送站点 A 要向默认网关发出 ARP（地址解析协议）封包，默认网关的 IP 地址已经在系统软件中设置。这个 IP 地址实际上对应第三层交换机的第三层交换模块。当发送站点 A 对默认网关的 IP 地址广播出一个 ARP 请求时，若第三层交换模块在以往的通信过程中已得到目的站点 C 的 MAC 地址，则向发送站点 A 回复 C 的 MAC 地址；否则第三层交换模块根据路由信息向目的站广播一个 ARP 请求，目的站点 C 得到此 ARP 请求后向第三层交换模块回复其 MAC 地址，第三层交换模块保存此地址并回复给发送站点 A。以后再进行 A 与 C 之间的数据包转发时，将用最终的目的站点的 MAC 地址封包，数据转发过程全部交给第二层交换处理，信息得以高速交换。

第三层交换具有以下突出特点：

（1）有机的硬件结合使得数据交换加速。

（2）优化的路由软件使得路由过程效率提高。

（3）除了必要的路由决定过程外，大部分数据转发过程由第二层交换处理。

（4）多个子网互联时只是与第三层交换模块的逻辑连接，不像传统的外接路由器那样需要增加端口，保护了用户的投资。

第三层交换的目标是，只要在源地址和目的地址之间有一条更为直接的第二层通路，就不经过路由器转发数据包。第三层交换使用第三层路由协议确定传送路径，此路径可以只用一次，也可以存储起来供以后使用，之后数据包通过一条虚电路绕过路由器快速发送。第三层交换技术的出现，解决了局域网中网段划分之后，网段中的子网必须依赖路由器进行管理的局面，解决了传统路由器因低速、复杂所造成的网络瓶颈问题。当然，第三层交换技术并不是网络交换机与路由器的简单叠加，而是二者的有机结合，从而形成一个集成的完整的解决方案。

传统的网络结构对用户应用所造成的限制，正是第三层交换技术要解决的关键问题。目前，市场上最高档路由器的最大处理能力为每秒 25 万个包，而最高档交换机的最大处理能力在每秒 1000 万个包以上，二者相差 40 倍。在交换网络中，尤其是大规模的交换网络中，没有路由功能是不可想象的。然而路由器的处理能力又限制了交换网络的速度，这就是第三层交换机要解决的问题。第三层交换机并没有像其他的二层交换机那样把广播封包扩散，第三层交换机之所以叫三层交换机是因为它们能看得懂第三层的信息，如 IP 地址、ARP 等。因此，三层交换机能洞悉某广播封包的目的何在，在没有把它扩散出去的情形下，满足了发出该广播封包的用户的需要（不管他们何子网里）。如果认为第三层交换机就是路由器，那也应称为超高速反传统路由器，因为第三层交换机没做任何"拆打"数据封包的工作，所有路过它的封包都不会被修改，并以交换的速度传到目的地。目前，第三层交换机距离成熟还有很长的路，像其他一些新技术一样，还有待进行其协议的标准化工作。目前很多厂商都宣称开发出了第三层交换机，但经国际权威机构测试，各厂商的作法各异且不同第三层交换机的性能表现不同。另外，可能是基于各厂商占领市场的策略，目前的第三层交换机主要可交换路由 IP/IPX 协议，还不能处理其他一些有一定应用领域的专用协议。因此，有关专家认为，第三层交换技术是将来的主要网络集成技术，传统的路由器在一段时间内还会得以应用，但它将处于其力所能及的位置，那就是处于网络的边缘，进行速度受限的广域网互联、安全控制（防火墙）、专用协议的异构网络互联等。

3.2　VLAN 技术

　　VLAN（Virtual Local Area Network）即虚拟局域网，它是一种将局域网内的设备逻辑地而不是物理地划分成一个个网段的技术。这里的网段仅仅是逻辑网段的概念，而不是真正的物理网段。可以简单地将 VLAN 理解为是在一个物理网络上被逻辑地划分出来的逻辑网络。

　　VLAN 相当于 OSI 参考模型的第二层的广播域，能够将广播风暴控制在一个 VLAN 内部，划分 VLAN 后，由于广播域的缩小，网络中广播包消耗带宽所占的比例大大降低，网络的性能得到显著提高。不同的 VLAN 之间的数据传输通过网络层的路由来实现，因此使用 VLAN 技术，结合数据链路层和网络层的交换或路由设备可搭建安全可靠的网络。VLAN 与普通局域网最基本的差异体现在：VLAN 并不局限于某一网络或物理范围，VLAN 中的用户可以位于一个园区的任意位置，甚至位于不同的国家。可以根据网络用户的位置、作用、部门或根据网络用户所使用的应用程序和协议进行分组，网络管理员通过控制交换机的每个端口来控制网络用户对网络资源的访问，同时，VLAN 和第三层、第四层的交换的结合使用能够为网络提供较好的安全措施。

3.2.1　VLAN 产生的原因

　　既然物理 LAN 可以解决计算机互联通信问题，为什么还要在物理 LAN 上划分 VLAN 呢？原因有以下几个：

　　（1）基于网络性能的考虑。在传统的共享以太网和交换式以太网中，所有用户在同一个广播域内，会引起网络性能的下降，浪费可贵的带宽，而且对广播风暴的控制和网络安全只能在第三层设备上实现。VLAN 的划分可在第二层上限制广播范围，为解决冲突域、广播域及带宽问题提供了很好的解决方案。

　　（2）安全管理方面的需要。在一个网络中，由于地理位置和部门不同，对网络中相应的数据和资源就有不同的权限要求，如财务和人事部门的数据就不允许其他部门的人员看到或侦听到，以提高数据的安全性。在普通的二层设备上无法实现广播帧的隔离，只要人员在同一个基于二层的网络内，数据、资源就有可能不安全。利用 VLAN 技术限制不同工作组间的用户在二层之间互访，可很好地解决这个问题。

　　（3）基于组织结构的考虑。VLAN 的实施是通过软件实现的，因此，无需为改动计算机的逻辑关系而更改网络的布线和拓扑结构。VLAN 技术允许网络管理者将一个物理的 LAN 逻辑地划分为不同的广播域，每一个 VLAN 都包含一组有着相同需求的计算机工作站，同一VLAN 内的各个工作站无需被放置在同一个物理空间里，只要按照不同部门划分，就可以满足在大中小型企业和校园网中避免地理位置的限制来实现组织结构的合理化分布。

从图 3-1 中可以看到工程部的 PC1、PC2、PC3 三台主机属于不同的楼层，在物理位置上并不相邻，但可通过划分 VLAN 使得它们成为同一个虚拟局域网的成员，从而达到信息共享的目的，而同楼层的其他主机反而不能直接通信。

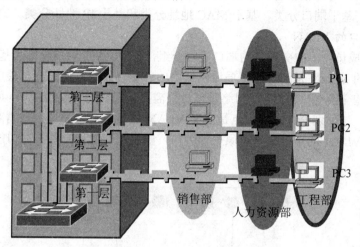

图 3-1　划分 VLAN 的局域网

3.2.2　VLAN 标准

1988 年 IEEE 批准了 802.3ac 标准，这个标准定义了以太网的帧格式的扩展，以便支持虚拟局域网。虚拟局域网允许在以太网的帧格式中插入一个 4 字节的标识符，称为 VLAN 标记（tag），用来指明发送该帧的工作站属于哪一个虚拟局域网。IEEE 于 1999 年颁布了用以标准化 VLAN 实现方案的 802.1Q 协议标准草案。

VLAN 标记字段的长度是 4 字节，插入在以太网 MAC 帧的源地址字段和长度/类型字段之间，如图 3-2 所示。VLAN 标记的前两个字节和原来的长度/类型字段的作用是一样的，但它总是设置为 0x8100，称为 802.1Q 标记类型。当数据链路层检测到 MAC 帧的源地址字段后面的长度/类型字段的值是 0x8100 时，就知道现在插入了 4 字节的 VLAN 标记。于是就接着检查后两个字节的内容。在后面的两个字节中，前 3 位是用户优先级字段，接着的 1 位是规范格式指示符 CFI，最后的 12 位是 VLAN 标识符 VID（VLAN ID），它唯一地标志了这个以太网帧属于哪一个 VLAN。

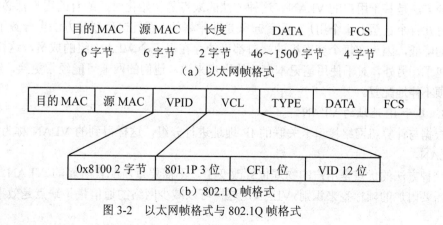

图 3-2　以太网帧格式与 802.1Q 帧格式

3.2.3　VLAN 的划分方法

从概念上讲，可以根据各种分组规则划分 VLAN。但是，得到实际应用的分组规则包括三个，分别为：基于端口分类、基于 MAC 地址分类和基于 IP 地址分类。

1. 基于端口的 VLAN

根据 LAN 成员位于的交换机的端口进行分组，这样得到的 VLAN 称为基于端口的 VLAN。

基于端口的 VLAN 是划分虚拟局域网最简单、最有效的方法，也是最广泛使用的方法，它实际上是某些交换端口的集合，网络管理员只需要管理和配置交换端口，而不管交换机端口连接什么设备。这种划分方式的优点是定义 VLAN 成员时非常简单，只需对端口进行定义，缺点是如果某 VLAN 的用户离开了原来的端口，则需重新定义。基于端口的 VLAN 如图 3-3 所示。

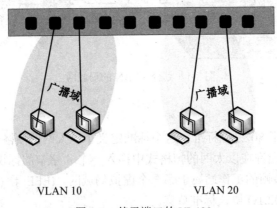

图 3-3　基于端口的 VLAN

2. 基于 MAC 地址的 VLAN

根据计算机网络接口的 MAC 地址进行分组，这样得到的 VLAN 称为基于 MAC 地址的 VLAN。

这种划分 VLAN 的方法根据每个主机的 MAC 地址来进行，即对每个 MAC 地址的主机都要配置它属于哪个组。这种划分 VLAN 的方法的最大优点是当用户的物理位置移动时，即从一个交换机换到其他的交换机时，VLAN 不用重新配置。所以，可以认为这种根据 MAC 地址的划分方法是基于用户的 VLAN。这种方法的缺点是初始化时，所有的用户都必须进行配置，如果有几百个甚至上千个用户，配置起来是非常累的。而且这种划分方法也导致了交换机执行效率的降低，因为在每个交换机的端口都可能存在很多个 VLAN 组的成员，这样就无法限制广播包了。另外，对于使用笔记本电脑的用户来说，他们的网卡可能经常更换，这样，VLAN 就必须不停地配置。

3. 基于 IP 地址的 VLAN

根据与计算机网络接口卡关联的 IP 地址进行分组，这样得到的 VLAN 称为基于 IP 地址的 VLAN。

这种方法的优点是用户的物理位置改变了，不需要重新配置所属的 VLAN。而且这种方法不需要附加的帧标签来识别 VLAN，这样可以减少网络的通信量。缺点是效率低，因为检查每个数据包的网络层地址是需要消耗处理时间的（相对于前两种方法），一般的交换机芯片都可以自动检查网络上数据包的以太网帧头，但要让芯片能检查 IP 帧头，则需要更高的技术，同时也更费时。

3.2.4　VLAN 内及 VLAN 间的通信

1. VLAN 内的通信

（1）Port VLAN 成员端口间的通信。Port VLAN 是基于端口的 VLAN，交换机的端口属性为 access 模式，一个交换机端口仅属于一个 VLAN，处于同一 VLAN 内的端口之间才能相互通信。如图 3-4 所示，在二层交换机上划分的端口 F0/1、F0/2 属于 VLAN 1，端口 F0/3 属于 VLAN 2。VLAN 1 和 VLAN 2 各自所属的端口间通信方式和一般的交换机一样，在未建立完整的 MAC 地址表之前，就将该帧广播到 VLAN 的各个端口上，只有目的地的工作站接受数据帧，其他端口则丢弃，同时交换机维护更改 MAC 地址表。这里的 VLAN 1 和 VLAN 2 之间是不能交换数据的。等交换机建立完整的 MAC 地址表后，相同 VLAN 中的成员端口之间交换数据可直接按地址对应的端口转发，而不必再将数据帧广播出去。

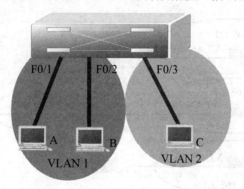

图 3-4　Port VLAN 成员端口间的通信

（2）Tag VLAN 成员端口间的通信。Port VLAN 只能实现在同一交换机上划分 VLAN，而 802.1Q 协议使跨交换机的相同 VLAN 端口间的通信成为可能。基于 802.1Q 的 Tag VLAN 用 VID 来划分不同的 VLAN，交换机的端口被划分为两种模式，一种为 access 模式，一种为 Trunk 模式，Trunk 端口属于所有 VLAN。在交换机之间用一条级联线，并将对应的端口设置为 Trunk，这条线路就可以承载交换机上所有 VLAN 的信息。Trunk 端口传输多个 VLAN 的信息，实现同一 VLAN 跨越不同的交换机。

当数据帧通过交换机时，交换机根据帧中 Tag 头（Tag Header）的 VID 信息来识别它们所在的 VLAN（如果帧中无 Tag 头，则根据帧所通过端口的默认 VID 信息来识别它们所在的 VLAN），这使得所有属于该 VLAN 的数据帧，不管是单播帧、多播帧还是广播帧，都将限制在该逻辑 VLAN 中传播。这将使组中主机相互之间能够通信，而不受其他主机的影响，如图 3-5 所示。

2. VLAN 之间的通信

VLAN 的划分是在二层设备也即二层交换机上实现的，但 VLAN 之间的通信要借助于三层网络设备即路由器或三层交换机实现。

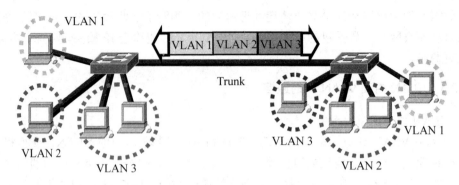

图 3-5　Tag VLAN 成员端口间的通信

（1）利用路由器实现 VLAN 间的通信。

在使用路由器进行 VLAN 间的路由时，与构建横跨多台交换机的 VLAN 时的情况类似，还会遇到该如何连接路由器与交换机的问题。当每个交换机上只有一个 VLAN 时，路由器和交换机的接线方式如图 3-6 所示，只需在路由器上设置路由就可以实现 3 个 VLAN 之间的通信。

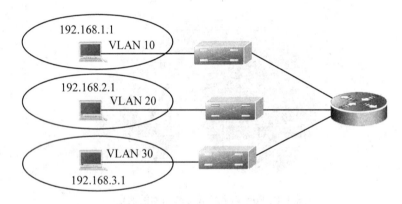

图 3-6　利用路由器实现 VLAN 间的通信

当每个交换机上有多个 VLAN 时，与路由器的连接方法大致有以下两种：

● 将路由器与交换机以 VLAN 为单位分别用网线相连。将交换机上用于和路由器互连的每个端口设为访问链接，然后分别用网线与路由器上的独立端口互连，如图 3-7 所示。

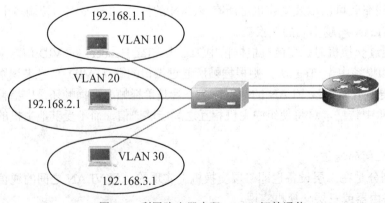

图 3-7　利用路由器实现 VLAN 间的通信

　　图 3-7 中的交换机上有 3 个 VLAN，就需要在交换机上预留 3 个端口用于与路由器互连，路由器上同样需要有 3 个端口，两者之间用 3 条网线分别连接。所以用这种方法，每增加一个新的 VLAN 都需要加设 1 个端口，两者之间用 1 条网线分别连接。每增加一个新的 VLAN，都需要消耗路由器的端口和交换机的访问链接，而且需要重新布设一条网线。而路由器，通常不会带有太多的 LAN 端口。新建 VLAN 时，为了对应增加 VLAN 所需的端口，就必须将路由器升级成带有多个 LAN 端口的高端产品，成本很高，且重新布线也会带来开销，所以这种方法不实用。

　　● 单臂路由解决思想。此方法使用一条链路连接多个 VLAN，通过在一个链路接口上划分子接口的技术来解决 VLAN 间通信问题。不论 VLAN 数目多少，都只用一条网线连接路由器与交换机，这需要用到干道链路。首先将用于连接路由器的交换机端口设为干道链路，路由器上的端口也必须支持干道链路，用于干道链路的协议必须相同。然后在路由器上定义对应各个 VLAN 的子接口（Sub Interface）。尽管实际上与交换机连接的物理端口只有一个，但在理论上可以把它分割为多个分别对应各个 VLAN 的虚拟端口（SVI），作为各个 VLAN 成员的网关。这样各个 VLAN 之间就可以利用路由器来实现数据交换了。单臂路由连接方法如图 3-8 所示。

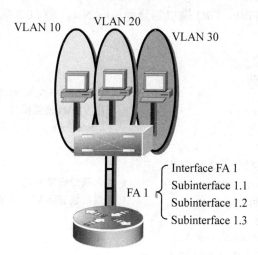

图 3-8　单臂路由连接方法

　　（2）利用三层交换机实现 VLAN 间的通信。

　　利用三层交换机的路由功能也可以实现 VLAN 间的通信，使用三层交换接口实现 VLAN 间的路由通信，可以使交换接口的成本大大降低。

　　在如图 3-9 所示的拓扑结构中，在二层交换机上分别划分 VLAN 10 和 VLAN 20，VLAN 10 的工作站的 IP 地址为 192.168.1.1；VLAN 20 的工作站的 IP 地址为 192.168.2.1。在三层交换机上创建各个 VLAN 的虚拟接口（SVI），并设置 IP 地址。然后将所有 VLAN 连接的工作站主机的网关指向该 SVI 的 IP 地址。具体操作如下：在三层交换机上划分 VLAN 10 和 VLAN 20，并设置 IP 地址分别为 192.168.1.10 和 192.168.2.10，然后将二层交换机的 VLAN 10 中的工作站网关设为 192.168.1.10，VLAN 20 的工作站网关设为 192.168.2.10。这样就利用三层交换机的虚拟接口（SVI）实现了不同 VLAN 间的通信。

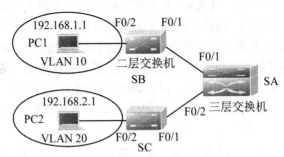

图 3-9　利用三层交换机实现 VLAN 间的通信

3.2.5　实现 VLAN

1. 划分 VLAN

首先，以图 3-4 为例，来看如何在二层交换机上实现 VLAN 划分。假设连接在二层交换机上的三台主机同属于一个 IP 网段 192.16.0.0/24。在不划分 VLAN 的情况下，三台主机之间是可以相互通信的。但现在要使 A 与 B 之间通信，A、B 不能与 C 通信，可以借助基于端口的 VLAN 使其实现。将 F0/1、F0/2 端口划分到 VLAN 1，将 F0/3 端口划分到 VLAN 2，过程分为两步。

第 1 步：创建 VLAN。

```
Switch#configure terminal
Switch(config)#vlan 1                          ！创建 VLAN（查看 VLAN）
Switch (config-vlan)#exit                       ！退出 VLAN 设置模式
Switch (config)#vlan 2
Switch(config-vlan)#exit
```

第 2 步：将端口划分到 VLAN 中去。

```
Switch (config)#interface fastethernet 0/1      ！进入端口配置模式
Switch (config-if)#switchport access vlan 1      ！将端口划分到 VLAN 中
Switch (config-if)#exit
Switch (config)#interface fastethernet 0/2
Switch (config-if)#switchport access vlan 1
Switch (config-if)#exit
Switch(config)#interface fastethernet 0/3
Switch (config-if)#switchport access vlan 2
Switch (config-if)#exit
```

至此，再次测试三者之间的连通性，会发现 A 与 B 之间可以通信，而 A、B 不能与 C 通信。

2. 实现 VLAN 间通信

3.2.4 节提到 VLAN 间的通信可以借助于三层交换机和路由器完成。使用三层交换机实现 VLAN 通信更为常见，下面以图 3-9 为例，介绍 VLAN 间通信的实现方法。

配置方法分为三步：①划分 VLAN，需在二层交换机端口进行设置；②VLAN 间通信，重点对三层交换机端口与虚拟端口进行设置；③主机配置，重点将主机的网关地址设置为三层交换机的虚拟端口地址。

第 1 步：划分 VLAN。

```
SB(config)#vlan 10
SB(config-vlan)#exit
SB(config)#interface fa 0/2
SB(config-if)#switchport access vlan 10
SB(config-if)#exit
SB(config)#
SB(config)#interface fa 0/1
SB(config-if)#switchport mode trunk
SB(config-if)#exit
SB(config)#
```

SC 以同样的方法设置。

第 2 步：VLAN 间的通信。

首先，将允许各 VLAN 通行的交换机端口设为 Trunk 模式。

```
SA(config)#interface fa 0/1
SA(config-if)#switchport mode trunk
SA(config-if)#exit
SA(config)#
```

交换机的 F0/2 端口同理进行设置。

然后，设置虚拟接口 SVI，使该端口成为各个 VLAN 的网关。

```
SA(config)# interface vlan 10
SA(config-if)# ip address 192.168.1.254 255.255.255.0
SA(config-if)# no shutdown          ！开启端口
SA(config-if)# exit

SA(config)# interface vlan 20
SA(config-if)# ip address 192.168.2.254 255.255.255.0
SA(config-if)# no shutdown
SA(config-if)# exit
```

第三步：配置主机。

配置各主机的 IP 地址、子网掩码、网关。需注意 VLAN 之间的通信需要网关的支持，网关地址即为三层交换机的虚拟端口地址。

3.3　链路聚合技术

3.3.1　链路聚合

在局域网的应用中，由于数据通信量的快速增长，现有的百兆、千兆带宽对于交换机之间或交换机到高需求服务之间的通信往往不够用，如图 3-10 所示，于是出现了将多条物理链路当作一条逻辑链路使用的链路聚合技术，这时网络通信由聚合到逻辑链路中的所有物理链路共同承担。

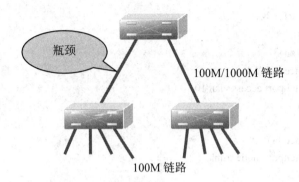

100M/1000M 链路

100M 链路

图 3-10   网络带宽存在瓶颈

IEEE 802.3ad 标准定义了将两个以上的千兆位以太网连接组合起来的方法,使高带宽网络连接实现负载共享、负载平衡,同时也提供了更好的可伸缩性服务。在链路聚合技术的支持下,网络传输的数据流被动态地分布到加入链路的各个端口,因此,在聚合链路中自动完成了对实际流经某个端口的数据管理。

把多个物理接口捆绑在一起可以形成一个简单的逻辑接口,这个逻辑接口称为一个 Aggregate Port(以下简称 AP)。AP 是链路带宽扩展的一个重要途径,符合 IEEE 802.3ad 标准。它可以把多个端口的带宽叠加起来使用,如全双工快速以太网端口形成的 AP 的最大带宽可以达到 800Mb/s,千兆以太网端口形成的 AP 的最大带宽可以达到 8Gb/s,如图 3-11 所示。

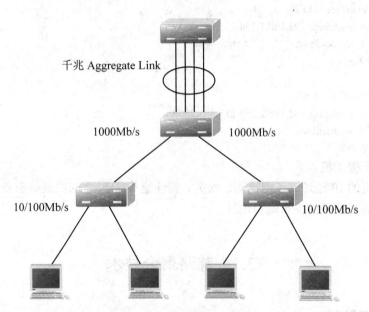

千兆 Aggregate Link

1000Mb/s   1000Mb/s

10/100Mb/s   10/100Mb/s

图 3-11   利用链路聚合增大带宽

这项标准适用于 10Mb/s、100Mb/s 和 1000Mb/s 以太网。聚合在一起的链路可以在一条单一的逻辑链路上组合使用上述传输速度,这就使用户在交换机之间有一个千兆端口以及 3 或 4 个 100M 端口时有更多的选择,可以以负担得起的方式逐渐增加带宽。链路聚合的另一个主要优点是可靠性。链路聚合技术在点到点链路上提供了固有的、自动的冗余性。如果链路使用的多个端口中的一个出现故障,网络传输的数据流可以动态地快速转向链路中其他工作正常的端口进行传输。这种改向速度很快，当交换机得知介质访问控制地址已经被自动地从一个链路端口重新分配到同一链路中的另一端口时，改向就被触发了。然后这台交换机将数据发送到新的端口位置，并且在几乎不中断的情况下，网络得以继续运行。

总之，链路聚合将交换机上的多个端口在物理上连接起来，在逻辑上捆绑在一起形成一个拥有较大宽带的端口，形成一条干路，可以实现均衡负载，并提供冗余链路。

3.3.2　流量平衡

AP 根据报文的 MAC 地址或 IP 地址进行流量平衡，即把流量平均分配到 AP 的成员链路中。流量平衡可以根据源 MAC 地址、目的 MAC 地址或源 IP 地址/目的 IP 地址对进行。

源 MAC 地址流量平衡是指根据报文的源 MAC 地址把报文分配到各个链路中。不同的主机转发的链路不同，同一台主机的报文从同一个链路转发（交换机中学到的地址表不会发生变化）。目的 MAC 地址流量平衡是指根据报文的目的 MAC 地址把报文分配到各个链路中。同一目的主机的报文从同一个链路转发，不同目的主机的报文从不同的链路转发。可以用 Aggregateport Load-Balance 设定流量分配方式。

源 IP 地址/目的 IP 地址对流量平衡是指根据报文源 IP 与目的 IP 进行流量分配。不同的源 IP/目的 IP 对的报文通过不同的链路转发，同一源 IP/目的 IP 对的报文通过相同的链路转发，其他的源 IP/目的 IP 对的报文通过其他的链路转发。该流量平衡方式一般用于三层 AP。在此流量平衡模式下收到的如果是二层报文，则自动根据源 MAC/目的 MAC 对进行流量平衡。

在图 3-12 中，一个 AP 同路由器进行通信，交换机的 MAC 地址只有一个，为了让路由器与其他多台主机通信的流量能被多个链路分担，应设置为根据目的 MAC 进行流量平衡。

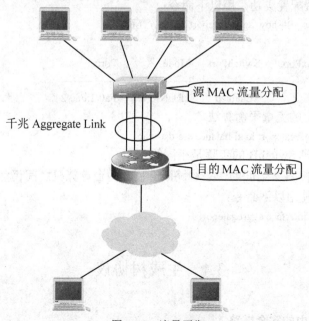

千兆 Aggregate Link

源 MAC 流量分配

目的 MAC 流量分配

图 3-12　流量平衡

通常应根据不同的网络环境设置合适的流量分配方式，以便能把流量较均匀地分配到各个链路上，充分利用网络的带宽。

3.3.3　链路聚合的实现

链路聚合的实现可分为两步：①在交换机上配置端口聚合；②配置 AP 上的流量平衡算法。下面以图 3-13 为例，介绍链路聚合的具体配置方法。目标是在 SwitchA 与 SwitchB 之间的 F0/1 与 F0/2 端口上配置链路聚合。

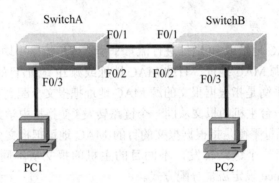

图 3-13　链路聚合拓扑图

首先，在交换机上配置端口聚合。

SwitchA(config)#interface aggregateport 1　　//建立 ap 1
SwitchA (config-if)#switchport mode trunk　　//设置 ap 1 的模式
SwitchA (config-if)#exit
SwitchA (config)#interface range fa 0/1-2　　//进入到 0/1-2
SwitchA (config-if-range)#port-group 1　　　//配置 0/1-2 属于 ap 1

配置完后，看是否配置成功，用以下命令：

SwitchA (config-if-range)#show aggregateport 1 s　　//查看

显示结果如下：

AggregatePort	MaxPorts	SwitchPort	Mode	Ports
AP1	4	Enabled	TRUNK	Fa0/1,Fa0/2

然后，配置 AP 上的流量平衡算法。

SwitchA (config)#aggregateport load-balance src-dst-mac

配置第二台交换机 SwitchB 的步骤是相同的。

经过测试，PC1 和 PC2 之间的一条线路断开后，两台计算机之间仍然可以通信。

若想删除 Ap1，使用以下命令：

SwitchA (config)#no interface aggregateport 1

3.4　生成树协议

3.4.1　交换网络中的冗余链路

在许多交换机或交换机设备组成的网络环境中，通常都会使用一些备份连接以提高网络的健壮性、稳定性。备份连接也称备份链路、冗余链路等。备份连接如图 3-14 所示，交换机

SW1 与交换机 SW3 的端口 1 之间的链路就是一个备份连接。在主链路（SW1 与 SW2 之间的链路或 SW2 到 SW3 之间的链路）出故障时，备份链路自动启用，从而提高网络的整体可靠性。

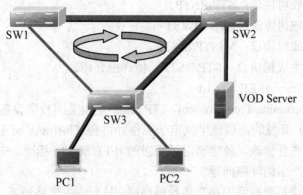

图 3-14　备份链路使网络存在环路

使用冗余链路能够为网络带来健壮性、稳定性和可靠性等好处，但是备份链路使网络存在环路。SW1-SW2-SW3 就是一个环路，环路是备份链路面临的最为严重的问题，环路将会导致广播风暴、多帧复制及 MAC 地址表的不稳定等问题。

（1）广播风暴。在一些较大型的网络中，当大量广播流（如 MAC 地址查询信息）同时在网络中传播时，就会发生数据包的碰撞。网络试图缓解这些碰撞并重传更多的数据包，结果导致全网的可用带宽减少，并最终使网络失去连接而瘫痪，这一过程称为广播风暴。

通常交换机对网络中的广播信息不会进行任何数据过滤，因为这些地址帧的信息不会出现在 MAC 层的源地址字段中。交换机总是直接将这些信息广播到所有端口，如果网络中存在环路，这些广播信息将在网络中不停地转发，直到导致交换机出现超负荷运转（如 CPU 过度使用，内存耗尽等）为止，最终将耗尽所有带宽资源、阻塞全网通信。

（2）多帧复制。如果网络中存在环路，目的主机可能会收到某个数据帧的多个副本，此时会导致上层协议在处理这些数据帧时无从选择，产生迷惑，不知道究竟该处理哪个帧。严重时还可能导致网络连接的中断。

（3）MAC 地址表的不稳定。当交换机连接不同网段时，将会出现通过不同端口接收到同一个广播帧的多个副本的问题。这一过程也会同时导致 MAC 地址表的多次刷新。这种持续的更新、刷新过程会严重耗费内存资源，影响该交换机的交换能力，同时降低整个网络的运行效率。严重时，将消耗掉整个网络资源，并最终造成网络瘫痪。

从以上可以看出，虽然备份链路带来许多好处，但同时环路的出现也带来了许多问题。所以在实际的局域网通信中，冗余链路的意思是准备两条以上的链路，当主链路不通时才启用备份链路。

3.4.2　生成树协议

为了解决冗余链路引起的问题，IEEE 通过了 IEEE 802.1d，即生成树协议。IEEE 802.1d 协议通过在交换机上运行一套复杂的算法使冗余端口置于"阻塞状态"，使得网络中的计算机在通信时只有一条链路生效，当这个链路出现故障时，IEEE 802.1d 协议将会重新计算出网络的最优链路，将处于阻塞状态的端口重新打开，从而确保网络连接稳定可靠。生成树协议和其他协议一样，是随着网络的不断发展而不断更新换代的。在生成树协议的发展过程中，旧的缺陷不断被克服，新的特性不断被开发出来。一般可以把生成树协议的发展过程划分为三代。

- 第一代生成树协议：STP/RSTP。
- 第二代生成树协议：PVST/PVST+。
- 第三代生成树协议：MISTP/MSTP。

下面对第一代生成树协议（STP/RSTP）做详细介绍。

1. 生成树协议——IEEE 802.1d

生成树协议（Spanning Tree Protocol，STP）最初是由美国数字设备公司（Digital Equipment Corporation，DEC）开发的，后经电气电子工程师协会（Institute of Electrical and Electronics Engineers，IEEE）进行修改，最终制定了相应的 IEEE 802.1d 标准。STP 的主要功能是为了解决由于备份链路所产生的环路问题。

STP 的主要思路是当网络中存在备份链路时，只允许主链路激活，如果主链路因故障而被断开，备用链路才会被打开。STP 检测到网络上存在环路时，自动断开环路链路。当交换机间存在多条链路时，交换机的生成树算法只启动最主要的一条链路，而将其他链路都阻塞掉，将这些链路变为备用链路。当主链路出现问题时，生成树协议将自动启用备用链路接替主链路的工作，不需要任何人工干预。众所周知，自然界中生长的树是不会出现环路的，如果网络也能够像一棵树一样生长就不会出现环路。于是，STP 中定义了根交换机（Root Bridge）、根端口（Root Port）、指定端口（Designated Port）和路径开销（Path Cost）等概念，目的就在于通过构造一棵自然树的方法达到阻塞冗余环路的目的，同时实现链路备份和路径最优化。用于构造这棵树的算法称为生成树算法（Spanning Tree Algorithm，SPA）。

（1）STP 的基本概念。

要实现这些功能，交换机之间必须进行一些信息交流，这些信息交流单元就称为桥协议数据单元（Bridge Protocol Data Unit，BPDU）。STP BPDU 是一种二层报文，目的 MAC 是组播地址 01-80-C2-00-00-00，所有支持 STP 的交换机都会接收并处理收到的 BPDU 报文。该报文的数据区中携带了用于生成树计算的所有有用信息。包括：

- Bridge ID：每个交换机唯一的桥 ID，由桥优先级和端口号组成。
- Root Path Cost：交换机到根交换机的路径花费，以下简称根路径花费。
- PortID：每个端口的 ID，由端口优先级和端口号组成。
- BPDU：交换机之间通过交换 BPDU 帧来获得建立最佳树拓扑结构所需要的信息。这些帧以组播地址 01-80-C2-00-00-00 为目的地址。

每个 BPDU 由以下要素组成：

- Root Bridge ID：本交换机所认为的根交换机 ID。
- Root Path Cost：本交换机的根路径花费。
- Bridge ID：本交换机的桥 ID。
- Port ID：发送该报文端口的 ID。
- Message age：报文已存活的时间。
- Forward-Delay Time、Hello Time、Max-Age Time：三个协议规定的时间参数。

其他还有一些诸如表示发现网络拓扑变化、本端口状态的标志位。

当交换机的一个端口收到高优先级的 BPDU 时，在该端口保存这些信息，同时向所有端口更新并传播信息。如果收到比自己低优先级的 BPDU，交换机就丢弃该信息。

这样的机制就使高优先级的信息在整个网络中进行传播，BPDU 的交流就有了下面的结果：

● 网络中选择了一个交换机作为根交换机（Root Bridge）。

● 除根交换机外的每个交换机都有一个根端口（Root Port），即提供最短路径到 Root Bridge 的端口。

● 每个交换机都计算出了到根交换机（Root Bridge）的最短路径。

● 每个 LAN 都有了指定交换机（Designated Bridge），位于该 LAN 与根交换机之间的最短路径中。指定交换机和 LAN 相连的端口称为指定端口（Designated Port）。

● 根端口（Root Port）和指定端口（Designated Port）进入转发（Forwarding）状态。

● 其他的冗余端口处于阻塞状态（Blocking State）。

（2）STP 的工作过程。

STP 的工作过程如图 3-15 所示。

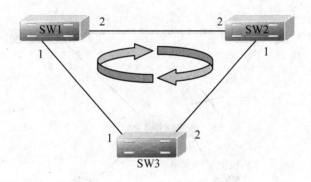

图 3-15　STP 的工作过程

首先进行根交换机的选举。选举依据是交换机优先级和交换机 MAC 地址组合成的桥 ID，桥 ID 最小的交换机将成为网络中的根交换机。在如图 3-14 所示的网络中，各交换机都以默认配置启动，在交换机优先级都一样（默认优先级为 32768）的情况下，MAC 地址最小的交换机成为根交换机，例如图 3-15 中的 SW1，它所有端口的角色都成为指定端口，进入转发状态。

然后，其他交换机将各自选择一条"最粗壮"的树枝作为到根交换机的路径，相应端口的角色就成为根端口。假设图 3-15 中的 SW2 和 SW1、SW3 之间的链路是千兆 GE 链路，SW1 和 SW3 之间的链路是百兆 FE 链路，SW3 从端口 1 到根交换机的路径开销的默认值是 19，而从端口 2 经过 SW2 到根交换机的路径开销是 4+4=8，所以端口 2 成为根端口，进入转发状态。同理，SW2 的端口 2 成为根端口，端口 1 成为指定端口，进入转发状态。

计算路径开销时，路径开销以时间为单位，如图 3-16 所示。计算标准如下：

带宽	IEEE 802.1d	IEEE 802.1w
10Mb/s	100	2000000
100Mb/s	19	200000
1000Mb/s	4	20000

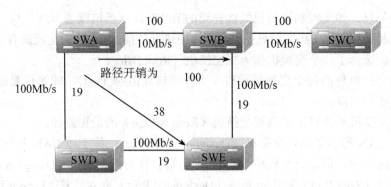

图 3-16 路径开销计算

根交换机和根端口都确定后一棵树就生成了，如图 3-17 中实线所示。下面的任务是裁剪冗余的环路。这个工作是通过阻塞非根交换机上的相应端口实现的，例如 SW3 的端口 1 的角色成为禁用端口，进入阻塞状态（如图中用"×"表示）。

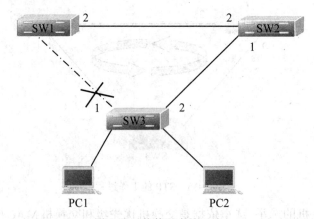

图 3-17 裁剪冗余的环路

（3）生成树的比较规则。

生成树的选举过程中，应遵循以下优先顺序选择最佳路径：

①比较 Root Path Cost；

②比较 Sender's Bridge ID；

③比较 Sender's Port ID；

④比较本交换机的 Port ID。

比较方法如图 3-18 所示。在图中，SWD 交换机为根交换机，假设图 3-18 中的所有链路均为百兆链路，且交换机均采用默认优先级 32768 和默认端口优先级 128。选择 C-ROOT 的最佳路径的步骤：因为交换机 A、B 的路径开销相等，比较交换机的 Root Path Cost，也就是 C-A-ROOT 和 C-B-ROOT 的路径开销，可以得知相等；比较交换机的 Sender's Bridge ID，即比较发送给 C"BPDU"信息的交换机 A 与交换机 B 的 Bridge ID，由图 3-18 可知，A 的 Bridge ID 小于 B 的 Bridge ID，故 C 的 8 端口成为根端口，而与 B 相连的端口被阻塞掉，最佳路径为 C-A-ROOT。

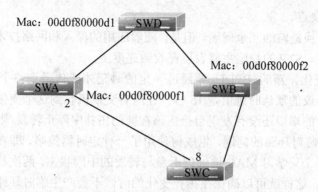

图 3-18　生成树的比较规则

如图 3-19 所示，如果交换机 A 与交换机 C 间增加了一条备份链路，而给 C 发送 BPDU 信息的都是 A，这时就要比较 Sender's Port ID 了，由于端口 1 与端口 2 的优先级相同（均为默认值），而编号为 1 的端口号更小更优先，故 C 的端口 7 成为根端口，端口 8 被阻塞掉，则最佳路径为 C-7-1-A-ROOT。

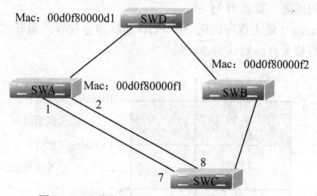

图 3-19　交换机 A 与 C 间增加一条备份链路

如图 3-20 所示，如果交换机 A、C 之间增加了一个 HUB 连接，这时就要比较本交换机的 Port ID，由于端口 6 和 7 的优先级相同，则端口编号小的端口 6 优先成为根端口，而端口 7、8 被阻塞掉，最佳路径为 C-6-HUB-1-ROOT。

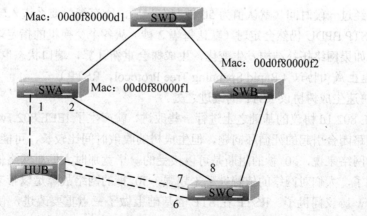

图 3-20　交换机 A、C 之间增加一个 HUB 连接

（4）STP 的缺点。

STP 解决了交换链路的冗余问题。但是，随着应用的深入和网络技术的发展，它的缺点在应用中也暴露出来。STP 的缺陷主要表现在收敛速度上。

当拓扑发生变化，新的 BPDU 要经过一定的时延才能传播到整个网络，这个时延称为 Forward Delay，协议的默认时延值是 15 秒。在所有交换机收到这个变化的消息之前，若旧拓扑结构中处于转发的端口还没有发现自己应该在新的拓扑中停止转发，则可能在网络中形成临时环路。为了解决临时环路的问题，生成树使用了一种定时器策略，即在端口从阻塞状态到转发状态中间加上一个只学习 MAC 地址但不参与转发的中间状态，两次状态切换的时间长度都是 Forward Delay，这样就可以确保在拓扑变化的时候不会产生临时环路。但是，这个看似良好的解决方案实际上带来的却是至少两倍 Forward Delay 的收敛时间。图 3-21 中描述了影响到整个生成树性能的三个计时器。

- Hello timer（BPDU 发送间隔）：定时发送 BPDU 报文的时间间隔，默认为 2 秒。
- Forward-Delay timer（发送延迟）：端口状态改变的时间间隔。当 RSTP 协议以兼容 STP 协议模式运行时，端口从 Listening 转向 Learning，或者从 Learning 转向 Forwarding 状态的时间间隔，默认为 15 秒。
- Max-Age timer（最大保留时间）：BPDU 报文消息生存的最长时间，超出这个时间，报文消息将被丢弃，默认为 20 秒。

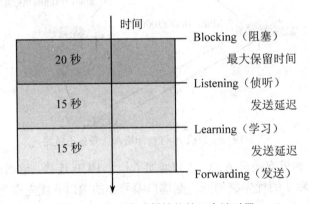

图 3-21   影响生成树性能的三个计时器

生成树经过一段时间（默认值为 50 秒左右）后，所有端口要么进入转发状态，要么进入阻塞状态。STP BPDU 仍然会定时（默认每隔 2 秒）从各个交换机的指定端口发出，以维护链路的状态。如果网络拓扑结构发生变化，生成树会重新计算，端口状态也会随之改变。

2. 快速生成树协议（Rapid Spanning Tree Protocol，RSTP）

（1）快速生成树协议 RSTP 的改进之处。

在 IEEE 802.1d 协议的基础之上进行一些改进，就产生了 IEEE 802.1w 协议。IEEE 802.1d 解决了因链路闭合引起的死循环问题，但生成树的收敛时间比较长，可能需要花费 50 秒钟。对于以前的网络来说，50 秒的阻断是可以接受的，毕竟那时人们对网络依赖性不强，但是现在情况不同了，人们对网络的依赖性越来越强，50 秒的网络故障足以带来巨大的损失，因此 IEEE 802.1w 协议问世了。RSTP 在 STP 的基础上做了三点重要改进，使得收敛速度快得多（最快 1 秒以内）。IEEE 802.1w 协议使收敛过程由原来的 50 秒减少为现在的大约 1 秒，因此

IEEE 802.1w 又称为"快速生成树协议"。

　　第一点改进：为根端口和指定端口设置了快速切换用的替换端口（Alternate Port）和备份端口（Backup Port）两种角色，当根端口/指定端口失效时，替换端口/备份端口就会无时延地进入转发状态。图 3-22 中的所有交换机都运行 RSTP，SwitchA 是根交换机，假设 SwitchB 的端口 1 是根端口，端口 2 将能够识别这种拓扑结构，成为根端口的替换端口，进入阻塞状态。在端口 1 所在链路失效的情况下，端口 2 能够立即进入转发状态，无需等待两倍的 Forward Delay 时间。

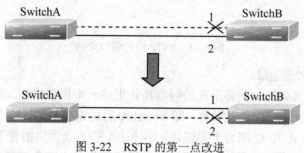

图 3-22　RSTP 的第一点改进

　　第二点改进：在只连接了两个交换端口的点对点链路中，指定端口只需与下游交换机进行一次握手就可以无时延地进入转发状态。如果是连接了三个以上交换机的共享链路，下游交换机不会响应上游指定端口发出的握手请求，只能等待两倍 Forward Delay 时间进入转发状态。

　　第三点改进：直接与终端相连而不是将其他交换机相连的端口定义为边缘端口（Edge Port）。边缘端口可以直接进入转发状态，不需要任何延时。由于交换机无法知道端口是否直接与终端相连，所以需要人工配置。

　　（2）端口角色和端口状态。

　　每个端口都在网络中扮演一个角色（Port Role），用来体现它在网络拓扑中的不同作用。

● Root Port：根端口，是指具有到根交换机最短路径的端口。
● Designated Port：指定端口，每个 LAN 通过该端口连接到根交换机。
● Alternate Port：根端口的替换口，一旦根端口失效，该端口就立刻变为根端口。
● Backup Port：指定端口的备份口，当一个交换机有两个端口都连接在一个 LAN 上，高优先级的端口为 Designated Port，低优先级的端口为 Backup Port。
● Undesignated Port：当前不处于活动状态的端口，OperState 为 down 的端口都被分配了这个角色。

　　RP=Root Port，DP=Designated Port，AP=Alternate Port，BP=Backup Port。在没有特别说明的情况下，端口优先级从左到右递减。

　　如图 3-23 所示为各个端口角色的示意图。

　　每个端口由三个状态（Port State）来表示是否转发数据包，从而控制整个生成树拓扑结构。

● Discarding：既不对收到的帧进行转发，也不进行源 MAC 地址学习。
● Learning：不对收到的帧进行转发，但进行源 MAC 地址学习，这是个过渡状态。
● Forwarding：既对收到的帧进行转发，也进行源 MAC 地址的学习。

　　对一个已经稳定的网络拓扑，只有 Root Port 和 Designated Port 才会进入 Forwarding 状态，其他端口只能处于 Discarding 状态。

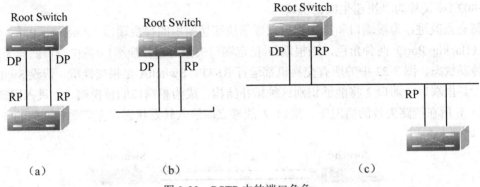

图 3-23　RSTP 中的端口角色

（3）网络拓扑树的生成。

下面说明 STP、RSTP 如何将杂乱的网络拓扑生成一个树型结构。如图 3-24 所示，假设 SwitchA、B、C 的 Bridge ID 是递增的，即 SwitchA 的优先级最高。A 与 B 间为千兆链路，B 和 C 间为百兆链路，A 和 C 间为十兆链路。SwitchA 作为该网络的骨干交换机，对 SwitchB 和 SwitchC 都做了链路冗余。显然，如果让这些链路都生效会产生广播风暴。

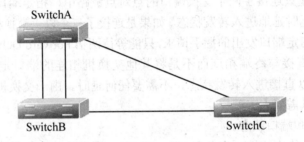

图 3-24　由三台交换机连接而成的环路拓扑

如果这三台交换机都打开了 Spanning Tree 协议，它们通过交换 BPDU 选出根交换机（Root Bridge）为 SwitchA。SwitchB 发现有两个端口都连在 SwitchA 上，它选出优先级最高的端口为 Root Port，另一个端口就被选为 Alternate Port。SwitchC 发现它既可以通过 B 到 A，也可以直接到 A，该交换机通过计算发现：即使通过 B 到 A 的链路花费也比直接到 A 的低，于是 SwitchC 选择与 B 相连的端口为 Root Port，与 A 相连的端口为 Alternate Port。选择好端口角色（Port Role）后，各个端口就进入相应的状态，如图 3-25 所示。

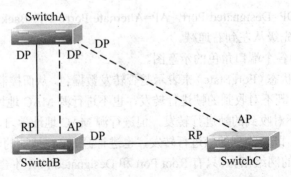

图 3-25　三台交换机都打开了 Spanning Tree 协议

如果 SwitchA 和 SwitchB 之间的活动链路出了故障，备份链路就会立即产生作用，如图 3-26 所示。

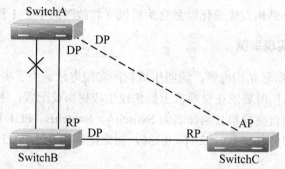

图 3-26 交换机 A 和交换机 B 之间的活动链路出了故障

如果 SwitchB 和 SwitchC 之间的链路出了故障，SwitchC 就会自动把 Alternate Port 转为 Root Port，如图 3-27 所示。

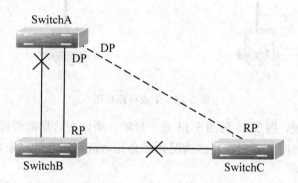

图 3-27 交换机 B、C 之间的活动链路出了故障

（4）RSTP 与 STP 的兼容性。

RSTP 保证了在交换机或端口发生故障后，能迅速地恢复网络连接。一个新的根端口可快速地转换到转发端口状态。局域网中的交换机之间显式的应答使指定的端口可以快速转换到转发端口状态。

在理想条件下，RSTP 应当是网络中使用的默认生成树协议。由于 STP 与 RSTP 之间的兼容性，使得由 STP 到 RSTP 的转换是无缝的。

RSTP 协议可以与 STP 协议完全兼容，RSTP 协议会根据收到的 BPDU 版本号自动判断与之相连的交换机是支持 STP 协议还是支持 RSTP 协议，如果是与 STP 交换机互联就只能按 STP 的 Forwarding 方法，过 30 秒再 Forwarding，无法发挥 RSTP 的最大功效。

（5）RSTP 的拓扑变化机制。

在 RSTP 中，拓扑结构变更只在非边缘端口进入转发状态时发生，当某条链路出现故障断开时，不会像 802.1d 一样引起拓扑结构变更。

802.1w 的拓扑结构变更通知（TCN）功能不同于 802.1d，它减少了数据的溢流。在 802.1d 中，TCN 被单播至根交换机，然后组播至所有交换机，802.1d 中 TCN 的接收使交换机转发表中的所有内容快速失效，无论交换机转发拓扑结构是否使转发表受到影响。

相比之下，RSTP 明确地告知交换机，溢出除了经由 TCN 接收端口了解到的内容外的所有内容，优化了该流程。TCN 行为的这一改变极大地降低了拓扑结构变更过程中 MAC 地址的溢出量，当网络拓扑结构发生变化以后立刻转发（收敛时间小于 1 秒）。

3.4.3 生成树的实现举例

在此，以图 3-28 所示结构为例，说明生成树的实现方法。为了提高网络的可靠性，用两条链路将交换机互连，同时要求在交换机上做快速生成树协议配置，使网络避免环路。以两台 S2126 交换机为例，两台交换机分别命名为 SwitchA、SwitchB。PC1 和 PC2 在同一网段，假设 IP 地址分别为 192.168.0.137、192.168.0.136，网络掩码为 255.255.255.0。

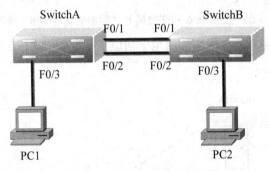

图 3-28　生成树拓扑图

通过观察不难发现，图 3-28 与图 3-13 是一样的，所以在这里需要提示的是，当看到网络拓扑图当中出现双链接时，要根据具体情况判断是冗余链路还是链路聚合，虽然形态上一致，但实现原理是不一样的。

在本案例中，有三个关键点：交换机 Trunk 端口的配置、配置生成树协议、设置交换机的优先级。

首先，对交换机进行基本配置。

Switch#configure terminal
Switch(config)#hostname SwitchA
SwitchA(config)#vlan 10
SwitchA(config)#interface fastethernet 0/3
SwitchA(config-if)#switchport access vlan 10
SwitchA(config-if)#exit
SwitchA(config)#interface range fastethernet 0/1-2
SwitchA(config-if-range)#switchport mode trunk

SwitchB 做与 SwitchA 相同的配置。

然后，配置快速生成树协议。

SwitchA#configure terminal
SwitchA(config)#spanning-tree
SwitchA(config)#spanning-tree mode rstp

验证测试：

SwitchA#show spanning-tree　　　　　　! 验证快速生成树协议已经开启

SwitchB 与 SwitchA 上述操作相同。

第三步，设置交换机的优先级，指定 SwitchA 为根交换机。

SwitchA(config)#spanning-tree priority 4096　　　! 设置交换机优先级为 4096

验证测试：

SwitchA#show spanning-tree　　　　　　　　　! 验证 SwitchA 的优先级

SwitchB 与 SwitchA 上述操作相同。

最后，按图 3-28 所示连接网络设备，并配置 PC1、PC2 的 IP 地址、子网掩码，进行验证测试。

验证交换机 SwitchB 的端口 1 和端口 2 的状态。

SwitchB#show spanning-tree interface fastethernet 0/1

SwitchB#show spanning-tree interface fastethernet 0/2

如果 SwitchA 与 SwitchB 的端口 F0/1 之间的链路 down 掉，验证交换机 SwitchB 的端口 2 的状态，并观察状态转换时间。

SwitchB#show spanning-tree interface fastethernet 0/2

如果 SwitchA 与 SwitchB 之间的一条链路 down 掉（如拔掉网线），验证 PC1 与 PC2 是否仍能互相 ping 通，并观察 ping 的丢包情况。

PC1 上：ping 192.168.0.136　　　　　　　! 观察连通性

PC1 上：ping 192.168.0.136 -t　　　　　　! 观察丢包情况

按照拓扑图连接网络时注意，两台交换机都配置快速生成树协议后，再将两台交换机连接起来。如果先连线再配置会造成广播风暴，影响交换机的正常工作。

3.5　交换技术综合应用案例

下面将综合有关交换技术设计一个组网案例，以此说明交换技术的应用与配置方法。

假设一中型公司有多个部门，其中包括销售部、市场推广部、财务部及总经理室等，现要组建自己的办公网络，组建需求如下：

（1）公司内部员工可以通过网络互相交流，各部门之间又相对独立。

（2）保证销售部门的员工能够全部接入网络，并且要保障接入交换机的工作效率。

（3）保证财务部门接入网络时不因线路问题而出现不能访问的情况。

（4）保证市场推广部利用网络高速传输文件。

为满足该公司的正常业务需要，可做以下设计：

（1）考虑该公司为中型规模，采用两层结构化设计，省略分布层，选用一中档三层交换机（SW-L3）作为核心层交换机，接入层交换机选用普通二层交换机（S2126），直接将接入交换机与三层交换机相连。

（2）为实现公司内部员工可以通过网络互相交流，各部门之间又相对独立，可以部门为单位划分 VLAN，如将销售部设为 VLAN 10，市场推广部设为 VLAN 2，财务部设为 VLAN 11，其他部门类推，在二层交换机上实现，并借助三层交换机实现 VLAN 之间的通信。

（3）为保证财务部门接入网络时不因线路问题而出现不能访问的情况，可在通向核心交换机的线路上采用冗余链路。

（4）在接入层上利用交换机堆叠技术保证销售部门的员工能够全部接入网络且保障接入交换机的工作效率。

（5）为使市场推广部利用网络高速传输文件，在通向核心层的链路上应用链路聚合技术。

（6）考虑到总经理在公司中的特殊性，可将总经理室主机（VLAN 99）直接接入网络核心层。

基于以上考虑，可得出网络组建方案如图 3-29 所示。

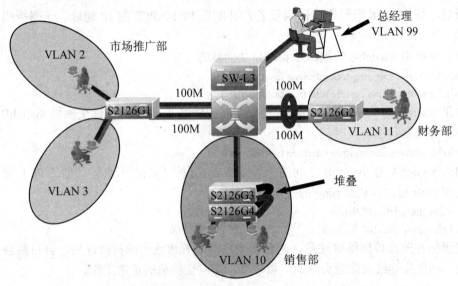

图 3-29　网络组建拓扑图

设计方案确定后，下面要做的事便是对各设备进行安装、连接及配置，使设备可正常工作。各设备的地址配置及接口连接情况可参考表 3-1，VLAN 分配情况见表 3-2。

表 3-1　设备地址及接口连接表

设备名称	设备地址	接口连接
SW-L3	VLAN 2：192.168.2.1/24	F0/1 连接 S2126G1 F0/1
	VLAN 3：192.168.3.1/24	F0/2 连接 S2126G1 F0/2
	VLAN 10：192.168.10.1/24	F0/23 连接 S2126G3 F0/23 F0/24 连接 S2126G3 F0/24
	VLAN 11：192.168.11.1/24	F0/11（VLAN 11）连接 S2126G2 F0/1
	VLAN 99：192.168.99.1/24	F0/9（VLAN 99）连接总经理 PC
S2126G1		F0/1 连接 SW-L3 F0/1
		F0/2 连接 SW-L3 F0/2
S2126G3		F0/23 连接 SW-L3 F0/23
		F0/24 连接 SW-L3 F0/24
S2126G2		F0/1 连接 SW-L3 F0/11
S2126G4		S2126G4 与 S2126G3 堆叠
总经理 PC	IP：192.168.99.99/24	网卡与 SW-L3 F0/9 连接

表 3-2 VLAN 分配表

设备名称	VLAN ID	接口分配
SW-L3	VLAN 11	F0/11（VLAN 11）
	VLAN 99	F0/9（VLAN 99）
S2126G1	VLAN 2	F0/3～F0/11
	VLAN 3	F0/12～F0/24
S2126G2	VLAN 11	F0/1～F0/22
S2126G3	VLAN 10	全部接口分配到 VLAN 10
S2126G4		

下面来看如何配置设备。

（1）划分 VLAN。

第 1 步：在相关交换机上创建 VLAN，并将接口划分到相关的 VLAN 中。

```
S2126G1(config)#vlan 2
S2126G1(config- vlan)#exit
S2126G1(config)#vlan 3
S2126G1(config- vlan)#exit
S2126G1(config)#interface range fastethernet 0/3-11
S2126G1(config-if-range)#switchport access vlan 2
S2126G1(config-if-range)#exit
S2126G1(config)#interface range fastethernet 0/12-24
S2126G1(config-if-range)#switchport access vlan 3
```

其他二层交换机配置略。

要注意的是，在三层交换机 SW-L3 上同样要建立相关 VLAN，并将相应接口加入到相应
VLAN。

第 2 步：在核心交换机上开启 VLAN 间的路由。

```
SW-L3(config)#interface vlan 2                       ！创建虚拟接口 VLAN 2
SW-L3(config-if)#ip address 192.168.2.1 255.255.255.0   ！为虚拟接口 VLAN 2 配置 IP
SW-L3(config-if)#no shutdown
SW-L3(config-if)#exit
SW-L3(config)#interface vlan 3
SW-L3(config-if)#ip address 192.168.3.1 255.255.255.0
SW-L3(config-if)#no shutdown
SW-L3(config-if)#exit
SW-L3(config)#interface vlan 10
SW-L3(config-if)#ip address 192.168.10.1 255.255.255.0
SW-L3(config-if)#no shutdown
SW-L3(config-if)#exit
SW-L3(config)#interface vlan 11
SW-L3(config-if)#ip address 192.168.11.1 255.255.255.0
SW-L3(config-if)#no shutdown
```

SW-L3(config-if)#exit

SW-L3(config)#interface vlan 99

SW-L3(config-if)#ip address 192.168.99.1 255.255.255.0

SW-L3(config-if)#no shutdown

SW-L3(config-if)#exit

说明： 虚拟接口的 IP 地址就是该接口所对应 VLAN 中的主机的网关地址。

（2）将销售部 S2126G3 与 S2126G4 上的堆叠模块用堆叠线缆连接起来。

这里不需要配置交换机，只需要根据堆叠规则对交换机正确连接就可以了。连接方式为：S2126G3 的 UP 端口与 S2126G4 的 DOWN 端口相连，S2126G3 的 DOWN 端口与 S2126G4 的 UP 端口相连。

（3）建立财务部冗余链路。

第 1 步：建立 S2126G2 与 SW-L3 之间的双链路。

S2126G2(config)#interface range fastethernet 0/1-2

S2126G2(config-if-range)#switchport mode trunk

SW-L3(config)#interface range fastethernet 0/1-2

SW-L3(config-if-range)#switchport mode trunk

第 2 步：S2126G2 与 SW-L3 运行快速生成树协议 RSTP。

S2126G2(config)#spannning-tree

S2126G2(config)#spanning-tree mode rstp

SW-L3(config)#spanning-tree

SW-L3(config)#spanning-tree mode rstp

（4）建立市场推广部聚合链路。

第 1 步：建立 S2126G1 与 SW-L3 之间的双链路。将 S2126G1 的 F0/1、F0/2 与 SW-L3 的 F0/1、F0/2 级联。

第 2 步：建立 S2126G1 与 SW-L3 之间的聚合链路。

S2126G1(config)#interface range fastethernet 0/1-2

S2126G1(config-if-range)#port-group 1

SW-L3(config)#interface range fastethernet 0/1-2

SW-L3(config-if-range)# port-group 1

至此，完成所有的设置，用户的需求已完全满足，可运行相关命令查看设置情况。

SW-L3#show spanning-tree　　　　　　　! 查看生成树协议

SW-L3#show aggregateport summary　　　! 查看聚合端口

SW-L3#show vlan　　　　　　　　　　　! 查看 VLAN

SW-L3#show ip route　　　　　　　　　! 查看路由表

为测试网络运行是否正常，可使用最经典的方法，在一台主机上运行 ping 命令，看是否能与目标主机 ping 通即可。

习题与思考题三

一、填空题

1. 由于交换机对多数端口的数据进行同时交换，这就要求交换机具有很宽的交换总线带宽，如果二层交换机有 N 个端口，每个端口的带宽是 M，交换机总线带宽超过＿＿＿＿＿＿，交换机就可以实现线速交换。

2．传统的交换技术是在 OSI 网络标准模型中的第二层（数据链路层）进行操作的，而第三层交换技术则在网络模型的＿＿＿＿＿＿层中实现数据包的高速转发。简单地说，第三层交换技术就是第二层交换技术加第三层转发技术，这是一种利用第三层协议中的信息来加强第二层交换功能的机制。

3．VLAN 标记字段的长度是＿＿＿＿＿＿字节，插入在以太网 MAC 帧的源地址字段和长度/类型字段之间。

4．下面对 VLAN 的描述，错误的是＿＿＿＿＿＿。

A．虚拟局域网 VLAN 是由一些局域网网段构成的与物理位置无关的逻辑组

B．这些网段具有某些共同的需求

C．每一个 VLAN 的帧都有一个明确的标识符，指明发送这个帧的工作站是属于哪一个 VLAN

D．VLAN 是一种新型局域网

5．链路聚合将将交换机上的多个端口在物理上连接起来，在逻辑上捆绑在一起形成一个拥有较大宽带的端口，形成一条干路，可以实现＿＿＿＿＿＿，并提供冗余链路。

二、简答题

1．试述二层交换与三层交换各自的特点。

2．三层交换机与路由器有何异同点？

3．VLAN 的划分方法有哪些？

4．说明 Port VLAN 和 Tag VLAN 的不同之处，并写出它们的配置方法。

5．简述 VLAN 之间进行通信的方法。

6．链路聚合的作用是什么？

7．生成树协议是为了解决什么问题？简要说明其工作原理。

8．请说出以下命令的作用：

（1）Switch (config)#aggregateport load-balance src-dst-mac

（2）Switch (config)# interface vlan 10

（3）SwitchA(config)#spanning-tree mode rstp

9．尝试为自己所在学校、企业或部门设计一个交换网络，并进行相应配置，使其满足所有用户的需求。

第4章 路由技术及配置

网络互联是由路由器完成的，路由技术是网络之间进行通信的关键技术。在学习本章之前，应首先掌握 IP 协议、IP 地址等基础知识。通过本章的学习，读者应该掌握以下内容：

● 路由器基础知识
● 路由表的构成与产生方式
● 路由选择协议
● 路由器的应用与配置方法

4.1　路由器的作用与构成

4.1.1　路由器的作用

路由是把信息从源主机传递到目的主机的行为，在这条路径上至少遇到一个中间结点。路由发生在第三层（网络层）。在网络中承担路由任务的结点，就是路由器，它是完成网络互联的重要设备，这种互联既可以是同种网络的互联，也可以是异种网络的互联，如图4-1所示。

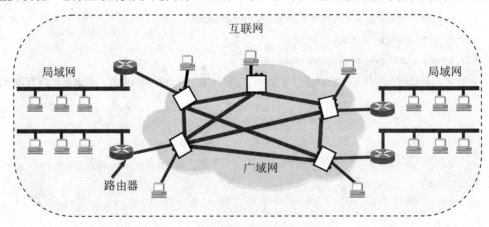

图 4-1　路由器完成异种网络互联

当一台主机要向另一台主机发送数据报时，先要检查目的主机是否与源主机在同一个网络上，如果是，就将数据报直接交付给目的主机而不需要经过路由器。如果不在同一网络上，则应将数据报发送给本网络上的某个路由器，由该路由器按照转发表指出的路由将数据报转发给下一个路由器。这就叫做间接交付。数据报传输路径上的最后一个路由器与目的主机在同一个网络中，由该路由器把数据报直接交付给目的主机。由这个过程可以看出，在同一网络内进行通信是不需要路由器的，而网络间通信时，路由器是必不可少的设备。直接交付与间接交付如图 4-2 所示。

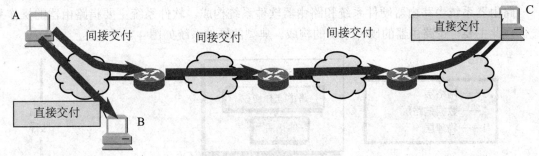

图 4-2　直接交付与间接交付

路由包含两个基本动作：确定最佳路径和通过网络传输信息，后者也称为数据转发。数据转发相对来说比较简单，而选择路径很复杂。

1. 路径选择

度量值（metric）是路由算法用以确定到达目的地最佳路径的计量标准，如路径长度。为了帮助选路，路由算法初始化并维护包含路径信息的路由表，路径信息根据使用的路由算法不同而不同。

路由表的产生有多种方式，可以是动态的，也可以是静态的，路由表将会在 4.2 节中详细介绍。当数据报到达路由器时，路由器会从数据报的 IP 头部解析出相关地址信息，与路由表中的信息比对，选出一条可到达目的主机的路径，如有多条路径存在，则选择一条最佳路径。在此环节，通往目的主机的下一跳路由器的 IP 地址便产生了。

2. 数据转发

数据转发算法相对而言较简单，对大多数路由协议是相同的。通过上面的路径选择环节，路由器得出下一跳路由器的 IP 地址，下一步便是通过 ARP 协议获取下一跳路由器的 MAC 地址，随之将数据报打包，将源 MAC 地址填充上自己的物理地址，将目的 MAC 地址变换为下一跳路由器的 MAC 地址，源 IP、目的 IP 保持不变写入数据报头中。继而完成转发动作，整个过程如图 4-3 所示。

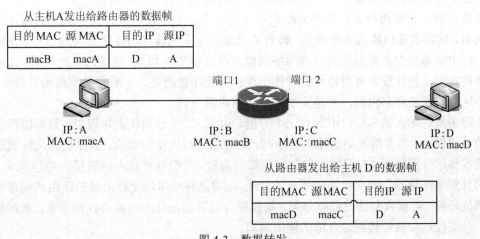

图 4-3　数据转发

4.1.2　路由器的构成

路由器系统由路由器硬件系统和路由器软件系统构成。软件系统主要指路由器的操作系统。在此主要讨论路由器的硬件系统的构成。典型的硬件系统如图 4-4 所示。

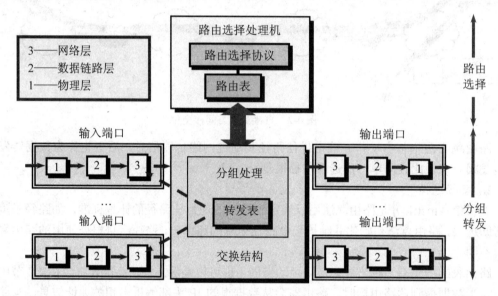

图 4-4　典型的路由器的结构

从图 4-4 可以看出，整个路由器结构可划分为两大部分，分别为路由选择部分和分组转发部分。

路由选择部分也叫做控制部分，其核心构件是路由选择处理机。路由选择处理机的任务是根据所选定的路由选择协议构造出路由表，同时经常或定期地和相邻路由器交换路由信息而不断地更新和维护路由表。

分组转发部分由三部分组成，分别为：交换结构、一组输入端口和一组输出端口。交换结构的作用是根据转发表对分组进行处理，将某个输入端口进入的分组从一个合适的输出端口转发出去。交换结构本身就是一种网络，但这种网络完全包含在路由器之中。

在路由器中存在两种表，分别为路由表与转发表。路由表一般仅包含从目的网络到下一跳的映射。转发表是由路由表得出的。转发表必须包含完成转发功能所必需的信息。在转发表的每一行中必须包含从要到达的目的网络到输出端口和某些 MAC 地址信息的映射。路由表总是用软件实现，但转发表可用特殊的硬件实现。需要注意的是，一般在讲到路由选择原理时，往往不区分转发表和路由表，而是笼统地使用路由表一词。

在路由器的输入输出端口中各有三个方框，用 1、2、3 分别代表物理层、数据链路层和网络层的处理模块。当有数据到达输入端口时，物理层进行比特的接收。数据链路层按照链路层协议接收传送分组的帧。在将帧的首部和尾部剥去后，分组就被送入网络层的处理模块。若接收到的分组是路由器之间交换路由信息的分组，则将这种分组送交路由器的路由选择部分的路由选择处理机。若接收到的是数据分组，则按照分组首部的目的地址查找转发表，根据得出的结果，分组经过交换结构到达合适的输出端口。

4.2　路由表

4.2.1　路由表的构成

路由器是互联网中的中转站，网络中的数据包通过路由器转发到目的网络。在路由器的内部都有一个路由表，正是由于路由表的存在，路由器可以依据它进行数据转发。

每个路由表中都存放着通向网络中任何一台主机或网络的路由信息列表。在支持分类 IP 地址的网络中，每条路由信息中最主要的是两个字段：目的网络地址和下一跳路由器的地址，通过图 4-5 可以看到路由器 R2 中的路由表信息。

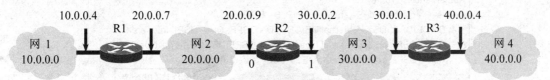

路由器 R2 的路由表

目的主机所在的网络	下一跳路由器的地址
20.0.0.0	直接交付，接口 0
30.0.0.0	直接交付，接口 1
10.0.0.0	20.0.0.7
40.0.0.0	30.0.0.1

图 4-5　路由器的路由表

当有数据报到达路由器 R2 时，路由器从数据报的首部提取目的站的 IP 地址 D，得出目的网络地址为 N。这时，路由器将 N 与路由表中"目的主机所在的网络"一列中的数值做一一对比，若匹配，说明路由表中有到达网络 N 的路由，则将数据报传送给路由表指明的下一跳路由器，如找不到匹配项，而路由表中有一个默认路由，则将数据报传送给路由表中所指明的默认路由器；否则，报告转发分组出错。

在"下一跳路由器的地址"中可以看到两种情况，一种是最普遍的情况，该地址中存放的是另一个路由器的地址，也就是数据需要下一跳路由器继续转发的情况；另一种是"直接交付，接口 X"，也就是网络 N 与此路由器直接相连，数据不需要再进行转发，路由器将数据报从指定接口 X 发出，直接交付给目的主机。

随着划分子网及无分类编址网络的出现，路由表中的字段又多了一项，变为：目的网络地址，子网掩码，下一跳路由器的地址，如表 4-1 所示。

表 4-1　路由表的构成

目的网络地址	子网掩码	下一跳路由器的地址
128.30.33.0	255.255.255.128	接口 0
128.30.33.128	255.255.255.128	接口 1
128.30.36.0	255.255.255.0	R2

这时，在数据报寻址过程中情况发生了变化。当有数据报到达路由器时，从收到的分组的首部提取目的 IP 地址 D。先用各网络的子网掩码和 D 逐位相"与"，看是否和相应的网络地址匹配。若匹配，则将分组直接交付，否则就是间接交付。对路由表中的每一行的子网掩码和 D 逐位相"与"，若其结果与该行的目的网络地址匹配，则将分组传送给该行指明的下一跳路由器；否则，若路由表中有一个默认路由，则将分组传送给路由表中指明的默认路由器，若没有默认路由，则报告转发分组出错。

路由表还可以包含其他信息，如 metric（度量值）、管理距离及路由的存活时间等。在不同厂家、不同型号的路由器中，路由表的表述形式有所不同，但信息含义是基本相同的。图 4-6 是在锐捷路由器上截得的一张路由表，通过它可以看到路由表中的信息状况。

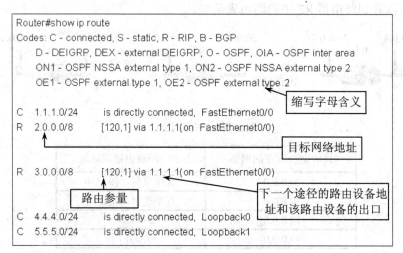

图 4-6　路由表实例

在图 4-6 中，Codes 描述的是部分表项的简称，如 R、B、O 分别表示三种不同的路由选择协议，C 表示直连路由，S 表示静态路由。Codes 下面的每一行都描述了一条路由表项，以第二行为例。

> R　　2.0.0.0/8　　[120,1]　　via 1.1.1.1(on FastEthernet0/0)

现将各表项含义解释如下：

- R：路由信息的来源（RIP）。
- 2.0.0.0/8：目标网络（或子网）。
- 120：管理距离，也就是路由的可信度。管理距离可以用来选择采用哪个 IP 路由协议。管理距离值越低，学到的路由越可信。
- 1：量度值（路由的可到达性）。
- via 1.1.1.1：下一跳地址（下个路由器）。
- on FastEthernet0/0：出站接口。

4.2.2　路由的分类

路由表中含有用以选择最佳路径的信息。但是路由表是怎样建立的呢？路由信息根据产生方式及作用的不同可分为以下几种。

1. 直连路由

直连路由是对一个路由器而言，通向与它直接相连的网络的路由。这种路由不需要特别设置，当为路由器的接口配置好 IP 地址后，直连路由便会出现在路由表中。比如，在图 4-7中，该路由器有三个以太网接口，分别为 F0、F1、F2，分别有链路通向三个网段，分别为192.168.1.0/24、192.168.2.0/24、192.168.3.0/24，为了使到达该路由器的数据能到达三个目标网段，只要将三个接口的 IP 地址设置好即可。

图 4-7　直连路由

现在分别把 F0 端口的 IP 地址设为 192.168.1.1/24，把 F1 端口的 IP 地址设为 192.168.2.1/24，把 F2 端口的 IP 地址设为 192.168.3.1/24，那么路由表中便会出现三条路由表项，如表 4-2 所示。

表 4-2　直连路由表项

路由信息来源	目的网络	出站接口
C	192.168.1.0	FastEthernet 0
C	192.168.2.0	FastEthernet 1
C	192.168.3.0	FastEthernet 2

路由表项有三个字段，分别为：路由方式、目标网段和出口，表 4-1 中的 C 即 connected，代表该路由为直连路由。第一行的意思是通向目标网段 192.168.1.0 要从 FastEthernet 0 转发，该网络直接与路由器相连。

2. 静态路由

静态路由指由网络管理员手工配置的路由信息。除非网络管理员干预，否则静态路由不会发生变化。由于静态路由不能对网络的改变做出反应，一般用于网络规模不大、拓扑结构固定的网络。静态路由的优点是简单、高效、可靠及保密性好。在所有的路由中，静态路由的优先级最高。默认情况下当动态路由与静态路由发生冲突时，以静态路由为准。

当网络的拓扑结构或链路的状态发生变化时，网络管理员需要手动修改路由表中相关的静态路由信息。静态路由信息在默认情况下是私有的，不会传递给其他的路由器。当然，网络管理员也可以通过对路由器进行设置使之成为共享的。

大型和复杂的网络环境通常不宜采用静态路由。一方面，网络管理员难以全面地了解整个网络的拓扑结构；另一方面，当网络的拓扑结构和链路状态发生变化时，路由器中的静态路由信息需要大范围地调整，这一工作的难度和复杂程度非常高。

静态路由的一般配置步骤如下：

（1）为路由器的每个接口配置 IP 地址。

（2）确定本路由器有哪些直连网段的路由信息。

（3）确定网络中有哪些属于本路由器的非直连网段。

（4）添加本路由器的非直连网段相关的路由信息。

以图 4-8 中的网络拓扑为例，各子网的掩码为 255.255.255.0，IP 地址已在图上标出。从图中可以看出，PC1、PC2 在两个网段中，要使 PC1 与 PC2 通信，中间要经过两个路由器转发数据。在路由器 A 和 B 的路由表中一定要有从 PC1 到 PC2 及从 PC2 到 PC1 的路由信息。现在可以用设置静态路由的方式填写路由表信息。

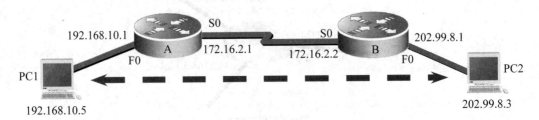

图 4-8   两机通信网络拓扑

按照上述静态路由的一般配置步骤，首先分别为路由器 A、B 的 F0、S0 端口设置如图 4-8 所示的 IP 地址，根据前面的学习可以知道，现在 A、B 两路由器中各会出现两条直连路由信息。对于 A 来说，192.168.10.0/24 与 172.16.2.0/24 为其直连网段，对于 B 来说，202.99.8.0/24 与 172.16.2.0/24 是其直连网段。同样可以看出，202.99.8.0/24 是 A 的非直连网段，192.168.10.0/24 是 B 的非直连网段。判断出这一点，下面要做的事就是添加路由器的非直连网段相关的路由信息了。

配置静态路由用命令 ip route：

router(config)#ip route[网络号][子网掩码][下一跳路由器的 IP 地址/本地接口]

具体到本例中，为路由器 A 配置静态路由的命令如下：

router(config)#ip route 202.99.8.0 255.255.255.0 172.16.2.2

或

router(config)#ip route 202.99.8.0 255.255.255.0 S0

3．动态路由

动态路由是由路由选择协议产生的，其产生是一个由路由器之间相互通信、传递路由信息、利用收到的路由信息更新路由表的过程。如果路由更新信息表明发生了网络变化，路由选择软件就会重新计算路由，并发出新的路由更新信息。这些信息通过各个网络，引起各路由器重新启动其路由算法，并更新各自的路由表以动态地反映网络拓扑结构变化。动态路由适用于网络规模大、网络拓扑结构复杂的网络。当然，各种动态路由协议会不同程度地占用网络带宽和 CPU 资源。

动态路由机制的运作依赖路由器的两个基本功能：对路由表的维护和路由器之间适时的路由信息交换。路由器之间的路由信息交换是基于路由选择协议实现的。路由选择协议将在下一节进行介绍。

4．默认路由

默认路由也称为缺省路由，是指路由表中未直接列出目标网络的路由选择项，它用于在不明确的情况下指示数据帧下一跳的方向。如果路由器配置了默认路由，则所有未指明目标网络的数据包都按默认路由进行转发。

默认路由一般使用在 stub 网络中（称末端或存根网络），stub 网络是只有一条出口路径的网络。使用默认路由来发送那些目标网络没有包含在路由表中的数据包。默认路由可以看作是静态路由的一种特殊情况。Internet 上大约 99.99% 的路由器上都存在一条默认路由！

配置默认路由使用如下命令：

router(config)#ip route 0.0.0.0 0.0.0.0 [下一跳路由器的 IP 地址/本地接口]

0.0.0.0 0.0.0.0 是默认路由的标识。

4.3　路由选择协议

4.3.1　基本概念

1. 理想的路由算法

路由选择协议的核心是路由算法，即需要何种算法来获得路由表中的各项目。一个理想的路由算法应具有以下特点：

（1）算法必须是正确和完整的。这里"正确"的含义是：沿着各路由表所指引的路由，分组一定能够最终到达目的网络和目的主机。

（2）算法在计算上应简单。进行路由选择的计算必然要增加分组的时延。因此，路由选择的计算不应使网络通信增加太多的额外开销。若为了计算合适的路由而必须使用网络其他路由器发来的大量状态信息时，开销就会过大。

（3）算法应能适应通信量和网络拓扑的变化，这就是说，要有自适应性。当网络中的通信量发生变化时，算法能自适应地改变路由以均衡各链路的负载。当某个或某些结点、链路发生故障不能正常工作，或者修理好了再投入运行时，算法也应能及时地改变路由。有时称这种自适应性为"稳健性"（robustness）。

（4）算法应具有稳定性。在网络通信量和网络拓扑相对稳定的情况下，路由算法应收敛于一个可以接受的解，而不是使得出的路由不停地变化。

（5）算法应是公平的。这就是说，算法对所有用户（除对少数优先级高的用户外）都是平等的。例如，若使某一对用户的端到端时延为最小，却不考虑其他的广大用户，这就明显地不符合公平性的要求。

（6）算法应是最佳的。这里的"最佳"指以最低的代价实现路由算法。这里需要特别注意的是，在研究路由选择时，需要给每一条链路指明一定的代价。这里的"代价"并不是指"钱"，而是由一个或几个因素综合决定的一个度量（metric），如链路长度、数据率、链路容量、是否要保密、传播时延等。由此可见，不存在一种绝对的最佳路由算法。所谓"最佳"只能是相对于某一种特定要求下得出的较为合理的选择而已。

2. 分层次的路由选择协议

因特网将整个互联网划分为许多较小的自治系统（Autonomous System，AS）。一个自治系统是一个互联网，其最重要的特点是自治系统有权自主地决定在本系统内采用何种路由选择协议。一个自治系统内的所有网络都属于一个行政单位，且其中所有的路由器在本自治系统内必须是连通的。这样因特网就把路由选择协议划分为两大类：

（1）内部网关协议 IGP（Interior Gateway Protocol）。即在一个自治系统内部使用的路由选择协议，目前这类路由选择协议使用得最多，如 RIP 和 OSPF 协议。

（2）外部网关协议 EGP（External Gateway Protocol）。若源站和目的站处在不同的自治系统中（这两个自治系统使用不同的内部网关协议），当数据报传到一个自治系统的边界时，就需要使用一种协议将路由选择信息传递到另一个自治系统中。这样的协议就是外部网关协议 EGP。在外部网关协议中目前使用最多的是 BGP-4。

4.3.2　内部网关协议 RIP

1. 工作原理

路由信息协议（Routing Information Protocol，RIP）是内部网关协议 IGP 中最先得到广泛使用的协议。RIP 是一种分布式的基于距离向量的路由选择协议，是因特网的标准协议，其最大优点就是简单。

RIP 协议要求网络中的每个路由器都要维护从它自己到其他每一个目的网络的距离。（因此，这是一组距离，即"距离向量"。）RIP 协议将"距离"定义如下：从一路由器到直接连接的网络的距离定义为 1。从一路由器到非直接连接的网络的距离定义为所经过的路由器数加 1。加 1 是因为到达目的网络后就进行直接交付，而到直接连接的网络的距离已经定义为 1。

RIP 协议的距离也称为跳数，每经过一个路由器，跳数就加 1。RIP 认为一个好的路由就是它通过的路由器的数目少，即距离短。RIP 允许一条路径最多只能包含 15 个路由器。因此距离的最大值为 16 时相当于不可达。可见 RIP 只适用于小型互联网。

RIP 协议有三个要点：

（1）仅和相邻路由器交换信息。

（2）交换的信息是当前本路由器所知道的全部信息，即自己的路由表。

（3）按固定的时间间隔交换路由信息。

这里要强调一点，路由器刚刚开始工作时，只知道到直接连接的网络的距离（此距离定义为 1）。以后，每个路由器也只和数目非常有限的相邻路由器交换并更新路由器信息。经过若干次的更新后，所有的路由器最终都会知道到达本自治系统中任意一个网络的最短距离和下一跳路由器的地址。RIP 协议的收敛（convergence）过程较快。所谓收敛就是在自治系统中所有的结点都得到正确的路由选择信息的过程。

路由表中最主要的信息是：到某个网络的距离（即最短距离），以及应经过的下一跳地址。路由表更新的原则是找出到每个目的网络的最短距离。这种更新算法又称为距离向量算法。

2. 路由信息协议的工作过程

RIP 协议是通过在路由器间相互传递 RIP 报文来交换路由信息的，RIP 报文主要包含以下信息：网络地址，子网掩码，下一跳路由器地址及距离（1～16 之间）。

当一个路由器收到相邻路由器（其地址为 X）的一个 RIP 报文时，便执行以下算法：

（1）先修改此 RIP 报文中的所有项目：将"下一跳"字段小的地址都改为 X，并将所有的"距离"字段的值加 1。

（2）对修改后的 RIP 报文中的每个项目，重复以下步骤：

若项目中的目的网络不在路由表中，则将该项目添加到路由表中。

否则：

若下一跳字段给出的路由器地址是同样的，则将收到的项目替换原路由器中的项目。

否则：

若收到的项目中的距离小于路由表中的距离，则进行更新。

否则：

什么也不做。

（3）若 3 分钟还没有收到相邻路由器的更新路由，则将此相邻路由器记为不可达的路由器，即将距离置为 16（距离为 16 表示不可达）。

（4）返回。

经过不断交换，所有路由器的信息达到平衡，路由表得到了更新。

3．RIP 协议的配置

以图 4-8 中的拓扑结构为例来说明 RIP 的配置方法。

首先配置好各路由器的接口 IP 地址及掩码等信息。接下来就可以在路由器上配置 RIP 协议了。以路由器 A 为例说明其配置方法：

```
RouterA(config)#router rip                   ！开启 RIP 协议进程
RouterA(config-router) #network 172.16.1.0   ！声明本设备的直连网段
RouterA(config-router) #network 172.16.2.0
RouterA(config-router)#version2              ！定义 RIP 协议 v2
RouterA(config-router)#no auto-summary       ！关闭路由信息的自动汇总功能
RouterA(config-router)#exit
RouterA(config)#
```

首先以 router rip 开启 RIP 协议进程，进入路由配置模式，然后声明设备的直连网段。默认情况下 RIP 使用版本 1，用 version2 可定义 RIP v2（比 RIP 在功能上要强大），同样地，默认情况下 RIP 会开启路由信息的自动汇总功能，也就是自动将部分网段在路由表中汇总为一个更大的网段的功能，用 no auto-summary 可关闭该选项。配置完成后退出该模式即可。这样路由器的 RIP 协议就启动了。路由器 B 的配置也是相同的。当 RIP 协议运行一段时间后，路由器便能掌握网络的全部路由信息了。

4.3.3　内部网关协议 OSPF

OSPF 协议的全称为开放式最短路径优先（Open Shortest Path First），它是为克服 RIP 的缺点在 1989 年被开发出来的。

1．OSPF 协议的主要特点

（1）使用分布式的链路状态协议。

（2）路由器发送的信息是本路由器与哪些路由器相邻，以及链路状态（距离、时延、带宽等）信息。

（3）当链路状态发生变化时用洪泛法向所有路由器发送。

（4）所有的路由器最终都能建立一个链路状态数据库。

（5）为了能够用于规模很大的网络，OSPF 将一个自治系统再划分为若干个更小的区域（area），一个区域内的路由器数不超过 200 个。

2. 自治系统内部的区域划分

划分区域的好处是将利用洪泛法交换链路状态信息的范围局限于每个区域而不是整个的自治系统，这就减少了整个网络的通信量。在一个区域内部的路由器只知道本区域的完整网络拓扑，而不知道其他区域的网络拓扑情况。

一个自治系统内部划分成若干区域与主干区域（Backbone Area），如图 4-9 所示，主干区域的标识符规定为 0.0.0.0，其作用是连接多个其他的下层区域，主干区域内部的路由器称为主干路由器（Backbone Router），连接各个区域的路由器称为区域边界路由器（Area Border Router）。区域边界路由器用于接收从其他区域来的信息。在主干区域内还要有一个路由器专门和该自治系统之外的其他自治系统交换路由信息，这种路由器称为自治系统边界路由器。

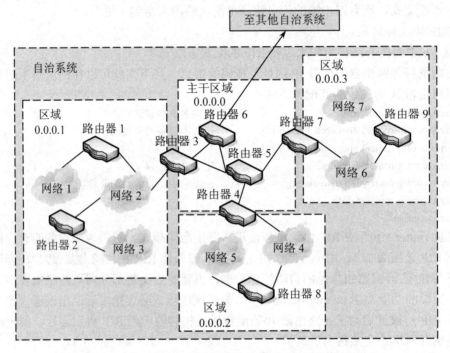

图 4-9　将一个自治系统划分为多个区域的结构示意图

3. OSPF 协议的执行过程

OSPF 协议的执行过程介绍如下。

（1）路由器的初始化过程。OSPF 让每个路由器用数据库描述分组，同相邻路由器交换本数据库中已有的链路状态摘要信息，路由器使用链路状态请求分组，向对方请求发送自己所缺少的某些链路状态项目的详细信息，通过一系列的分组交换，建立全网同步的链路数据库。

（2）网络运行过程。路由器的链路状态发生变化，该路由器就要使用链路状态更新分组，用洪泛法向全网更新链路状态。每个路由器计算出以本路由器为根的最短路径树，根据最短路径树更新路由表。

4.3.4　外部网关协议 BGP

1989 年公布了新的外部网关协议——边界网关协议 BGP。BGP 是不同自治系统的路由器之间交换路由信息的协议。目前版本是 1995 年发表的 BGP-4。

1. 外部网关协议设计的基本思路

BGP 使用的环境与内部网关协议不同。

（1）因特网的规模太大，使得自治系统之间的路由选择非常困难。

（2）对于自治系统之间的路由选择，要寻找最佳路由是很不现实的。

（3）自治系统之间的路由选择必须考虑有关政治、安全或经济方面的策略。

基于上述情况，BGP 只能力求寻找一条能够到达目的网络且比较好的路由，而并非要寻找一条最佳路由。

BGP-4 采用路由向量（Path Vector）路由选择协议。在配置 BGP 时，每一个自治系统的管理员要选择至少一个路由器作为该自治系统的"BGP 发言人"，每个 BGP 发言人除了必须运行 BGP 协议外，还必须运行该自治系统所使用的内部网关协议 OSPF 或 RIP；BGP 所交换的网络可达性信息就是要到达某个网络所要经过的一系列的自治系统，当 BGP 发言人互相交换了网络可达性信息后，各 BGP 发言人就根据所采用的策略，从接收到的路由信息中找出到达各自治系统的比较好的路由，如图 4-10 所示。

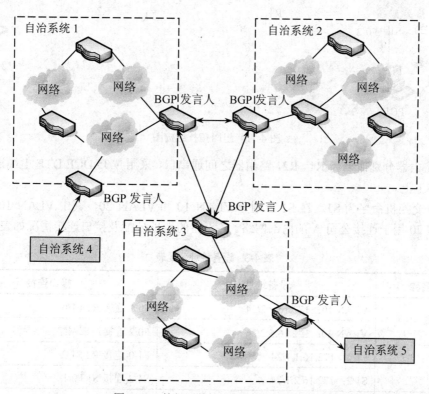

图 4-10 外部网关协议设计的基本思路

2. BGP 路由选择协议的工作过程

在 BGP 刚开始运行时，BGP 边界路由器与相邻的 BGP 边界路由器交换整个 BGP 路由表，以后只需要在发生变化时更新有变化的部分。当两个边界路由器属于两个不同的自治系统时，边界路由器之间定期地交换路由信息，维持相邻关系，当某个路由器或链路出现故障时，BGP 发言人可以从不止一个相邻边界路由器获得路由信息。BGP 路由选择协议在执行过程中使用了打开（open）、更新（update）、保活（keepalive）与通知（notification）4 种分组。

4.4 路由技术综合应用案例

下面用综合路由技术设计一个组网案例，以此说明路由技术的应用与配置方法。

现公司 A 与公司 B 有通信的需求，两个公司各有一个出口路由器，型号为锐捷 R1762。公司 A 的网络较为复杂，其核心交换机为一台型号为锐捷 S3550 的三层交换机，该交换机连到校园网的出口路由器，网络内部划分 VLAN。公司 B 为一个小型的二层交换网络。现做适当的规划与配置，实现两个公司间的相互通信。

由以上描述可得出拓扑结构图如图 4-11 所示。

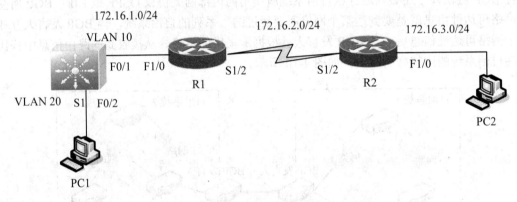

图 4-11　组网拓扑结构图

现将路由器分别命名为 R1、R2，路由器之间通串口，采用 V.35 DCE/DTE 电缆连接，DCE 端连接到 R1 上。

S3550 交换机命名为 S1，在 S1 上划分 VLAN 10 和 VLAN 20，其中 VLAN 10 用于连接 R1，VLAN 20 用于连接公司 A 的内部网络。各设备的地址分配及接口连接情况如表 4-3 所示。

表 4-3　设备地址分配表

设备名称	设备地址	接口连接
S1	VLAN 10：172.16.1.2/24	F0/1 连接 R1 F1/0
	VLAN 20：172.16.5.2/24	F0/2 连接内部网络
R1	F1/0：172.16.1.1/24	F1/0 连接 R2 S1/2
	S1/2：172.16.2.1/24	S1/2 连接 S1 F0/1
R2	F1/0：172.16.3.1/24	F1/0 连接内部网络
	S1/2：172.16.2.2/24	S1/2 连接 R1 S1/2

PC1、PC2 分别代表两个公司的内部网络的任意一台主机，假设 PC1 的 IP 地址和默认网关为 172.16.5.11 和 172.16.5.1，PC2 的 IP 地址和默认网关分别为 172.16.3.22 和 172.16.3.1，网络掩码都是 255.255.255.0。

在本方案中，采用 OSPF 作为网络选择协议。

规划完成后，下面所要做的便是配置了，共分以下几步：

1. 基本配置

（1）三层交换机的基本配置。

```
S1#configure terminal
S1(config)#vlan 10
S1(config-vlan)#exit
S1(config)#vlan 20
S1(config-vlan)#exit
S1(config)#interface f 0/1
S1(config-if)#switchport access vlan 10          ! 创建 VLAN 虚拟接口
S1(config-if)#exit
S1(config)#interface f 0/2
S1(config-if)#switchport access vlan 20
S1(config-if)#exit
S1(config) #interface vlan 10
S1(config-if) #ip address 172.16.1.2 255.255.255.0   ! 配置虚拟接口 IP
S1(config-if) #no shutdown
S1(config-if) #exit
S1(config) #interface vlan 20
S1(config-if) #ip address 172.16.5.2 255.255.255.0
S1(config-if) #no shutdown
S1(config-if) #exit
```

（2）路由器的基本配置。

```
R1(config)#interface fastethernet 1/0
R1(config-if)#ip address 172.16.1.1 255.255.255.0
R1(config-if)#no shutdown
R1(config-if)#exit
R1(config)#interface serial 1/2
R1(config-if)#ip address 172.16.2.1 255.255.255.0
R1(config-if)#clock rate 64000                    ! 为 DCE 设置时钟频率
R1(config-if)#no shutdown
R1(config-if)#exit


R2(config)#interface fastethernet 1/0
R2(config-if)#ip address 172.16.3.1 255.255.255.0
R2(config-if)#no shutdown
R2(config-if)#exit
R2(config)#interface serial 1/2
R2(config-if)#ip address 172.16.2.2 255.255.255.0
R2(config-if)#no shutdown
R2(config-if)#exit
```

2. 配置 OSPF 路由协议

OSPF 协议可将一个自治系统划分为多个区域,这里就将该网络划分为如图 4-12 所示的三个区域，R1 与 R2 之间连接的区域作为主干区域 Area 0。

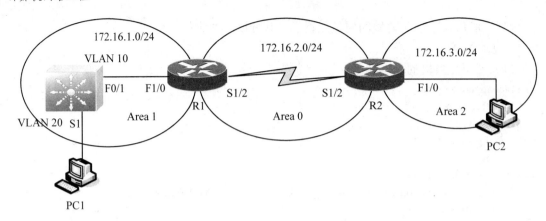

图 4-12　将网络划分为三个区域

（1）S1 配置 OSPF。

S1(config)#router ospf　　　　　　　　　　　　　　　! 开启 OSPF 路由协议进程
S1(config-router)#network 172.16.5.0　0.0.0.255 area 1　! 申请直连网段，分配区域号
S1(config-router)#network 172.16.1.0　0.0.0.255 area 1
S1(config-router)#end

（2）路由器配置 OSPF。

R1(config)#router ospf
R1(config-router)#network 172.16.1.0　0.0.0.255 area 1
R1(config-router)#network 172.16.2.0　0.0.0.255 area 0
R1(config-router)#end

R2(config)#router ospf
R2(config-router)#network 172.16.2.0　0.0.0.255 area 0
R2(config-router)#network 172.16.3.0　0.0.0.255 area 2
R2(config-router)#end

3．验证测试

通过运行以下命令，可以看到网络设置的 VLAN、IP 及路由表的配置情况。

S1#show vlan
S1#show ip route
S1#show running-config

R1#show ip interface brief
R1#show ip route
R1#show running-config

R2#show ip interface brief
R2#show ip route
R2#show running-config

为测试网络运行是否正常，在 PC1 上运行 ping 命令，看是否能与 PC2 ping 通即可。

习题与思考题四

一、填空题

1. 路由包含两个基本动作：确定最佳路径和通过网络传输信息，后者也称为_____。

2. 路由器的分组转发部分由三部分组成，分别为：交换结构、一组输入端口和一组输出端口。其中_____的作用是根据转发表对分组进行处理，将某个输入端口进入的分组从一个合适的输出端口转发出去。

3. 由于静态路由不能对网络的改变做出反应，一般用于_____的网络。

4. RIP 协议的距离也称为跳数，每经过一个路由器，跳数就加 1。RIP 认为一个好的路由就是它通过的路由器的数目少，即距离短。RIP 允许一条路径最多只能包含 15 个路由器。因此距离的最大值为 16 时相当于不可达。可见 RIP 只适用于_____型互联网。

二、选择题

1. 下面各层进行路由选择的是（　　　）。

    A．物理层　　　　　　　B．数据链路层　　　　C．网络层　　　　　　　D．传输层

2. 下面使用距离向量路由选择协议的是（　　　）。

    A．RIP　　　　　　　　B．OSPF　　　　　　　C．BGP　　　　　　　　D．EGP

3. 如果互联的局域网高层分别采用 TCP/IP 协议与 SPX/IPX 协议，那么可以选择的网络互联设备应该是（　　　）。

    A．路由器　　　　　　　B．集线器　　　　　　　C．网卡　　　　　　　　D．中继器

4. 在路由器互联的多个局域网中，通常要求每个局域网的（　　　）。

    A．数据链路层协议和物理层协议都必须相同

    B．数据链路层协议必须相同，而物理层协议可以不同

    C．数据链路层协议可以不同，而物理层协议必须相同

    D．数据链路层协议和物理层协议都可以不相同

5. 如果路由器通过以下 3 种方式皆可到达目的网络：通过 RIP、通过静态路由、通过默认路由，那么路由器会优先根据（　　　）进行转发数据包。

    A．RIP　　　　　　　　B．静态路由　　　　　　C．默认路由　　　　　　D．随机选择

三、简答题

1. 什么叫直接交付与间接交付？

2. 简述路由器的数据转发原理。

3. 路由表一般由哪些路由表项构成？各自的作用是什么？

4. 路由信息根据产生方式及作用的不同可分为哪几种？

5. 路由选择协议的作用是什么？常见的有哪几种？

6. 试述 RIP 协议与 OSPF 协议的相同点与不同点。

7. 通过本章的学习，试总结可以为路由器做哪些方面的配置，并熟练掌握这些配置方法。

第5章 无线局域网

　　无线局域网的应用日益广泛。本章将阐述无线局域网的定义、标准、拓扑结构、硬件设备等知识点，介绍在不同环境下无线局域网的各种连接方案，最后通过两个案例介绍无线局域网的组建方法。学完本章，读者应该可以掌握以下内容：

- 无线局域网的标准
- 无线局域网的拓扑结构
- 无线局域网的硬件设备
- 无线局域网的连接方案
- 无线局域网的组建

5.1　无线局域网的概述

　　随着通信技术的快速发展，无线网络在全球范围内迅速普及。凡是采用无线传输介质的计算机网络都可称为无线网，目前无线网多指传输速率高于 1MB 的无线计算机网络。其中，无线局域网成为重要的应用领域。

　　无线局域网（Wireless LAN，WLAN）包含两层含义，即"无线"和"局域网"。无线是指该类局域网采用无线电波或红外线作为传输介质来进行信息传递，利用微波取代传统局域网的有线电缆或光缆，使无线局域网的组建更加简洁、灵活、方便、快速和易于安装，支持移动办公。

　　无线局域网，一般用于宽带家庭，大楼内部以及园区内部，典型距离覆盖几十米至几百米，目前采用的技术主要是 802.11a/b/g 系列。WLAN 利用无线技术在空中传输数据、语音和视频信号，作为传统布线网络的一种替代方案或延伸。图 5-1 为无线和有线技术相结合的应用图。

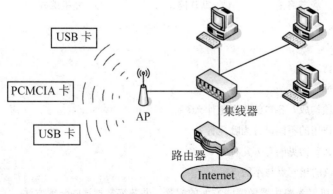

图 5-1　无线和有线技术在局域网中的应用

无线局域网的出现使得原来有线网络遇到的问题迎刃而解，它可以使用户任意对有线网络进行扩展和延伸。只要在有线网络的基础上通过无线接入点、无线网桥、无线网卡等无线设备即可使无线通信得以实现。在不进行传统布线的同时，提供有线局域网的所有功能，并能够随着用户的需要随意的更改或扩展网络，并实现移动应用。

无线局域网具有以下优点：

（1）可移动性。由于没有线缆的限制，用户可以在不同的地方移动工作，网络用户不管在任何无线局域网覆盖的地方都可以实时地访问信息。

（2）布线容易。由于不需要布线，消除了穿墙或过天花板布线的繁琐工作，因此安装容易，建网时间可大大缩短。

（3）组网灵活。无线局域网可以组成多种拓扑结构，可以十分容易地从少数用户的点对点模式扩展到上千用户的基础架构网络。

（4）成本优势。这种优势体现在用户网络需要租用大量的电信专线进行通信的时候，自行组建的 WLAN 会为用户节约大量的租用费用。在需要频繁移动和变化的动态环境中，无线局域网的投资更有回报。

但无线局域网也存在一些缺点，如功率受限、覆盖范围较小、整体移动性较差；一般工作在自由频段，容易受到干扰；属于第二层技术规范，上层业务体系不够完善。

无线局域网目前主要使用在以下领域：

（1）移动办公的环境：大型企业、医院等拥有移动工作人员的应用环境；

（2）难以布线的环境：历史建筑、校园、工厂车间、城市建筑群、大型的仓库等不能布线或者难于布线的环境；

（3）频繁变化的环境：活动的办公室、零售商店、售票点、医院或是野外勘测、试验、军事、公安和银行金融等，以及流动办公、网络结构经常变化或者临时组建的局域网；

（4）公共场所：航空公司、机场、货运公司、码头、展览和交易会等；

（5）小型网络用户：办公室、家庭办公室（SOHU）用户。

5.2　无线局域网的标准

无线局域网有多个标准，主要有蓝牙（Bluetooth）、HomeRF、HiperLAN 和 IEEE 802.11。目前应用的最为普遍的是 IEEE 组织于 1997 年 6 月批准的 802.11 标准。

5.2.1　WLAN 802.11 系列标准

无线局域网采用的 802.11 系列标准是由 IEEE 802 标准委员会制定的。1990 年 IEEE 802 标准化委员会成立 IEEE 802.11 无线局域网标准工作组，最初的无线局域网标准是 IEEE 802.11 于 1997 年正式发布，该标准定义了物理层和介质访问控制（MAC）规范。物理层定义了数据传输的信号特征和调制，工作在 2.4GHz～2.483GHz 频段。这一最初的无线局域网标准主要用于难以布线的环境或移动环境中计算机的无线接入，由于传输速率最高只能达到 2Mb/s，所以，它主要用于进行数据存取的业务。但随着无线局域网应用的不断深入，人们越来越认识到，2Mb/s 的连接速率远远不能满足实际的应用需求，于是 IEEE 802 标准委员会推出了一系列高速的新无线局域网标准，现分别介绍如下：

（1）IEEE 802.11b。在 WLAN 的发展历史中，真正的 WLAN 标准是从 1999 年 9 月正式发布的 IEEE 802.11b 开始的。该标准规定无线局域网工作在 2.4GHz～2.483GHz 频段，数据传输速率达到 11Mb/s。该标准是对 IEEE 802.11 的一个补充，采用点对点模式和基本模式两种运作模式，在数据传输速率方面可以根据实际情况在 11Mb/s、5.5Mb/s、2Mb/s、1Mb/s 的不同速率间自动切换，而且在 2 Mb/s、1 Mb/s 速率时与 IEEE 802.11 兼容。IEEE 802.11b 使用直接序列 DS（Direct Sequence）作为协议。

IEEE 802.11b 工作于免费的 2.4GHz 频段，所以其产品价格非常低廉，采用 IEEE 802.11b 标准的产品已经广泛地投入市场，在许多领域得到广泛应用。

（2）IEEE 802.11a。虽然 IEEE 802.11b 标准的 11Mb/s 传输速率比 IEEE 802.11 的 2Mb/s 有了几倍的提高，但这也只是理论数值，在实际应用环境中的有效速率还不到理论值的一半。为了继续提高传输速率，IEEE 802 工作小组继续进行下一个标准的开发，就是 2001 年底发布的 IEEE 802.11a。

IEEE 802.11a 标准的工作频段为商用的 5GHz，数据传输速率达到 54Mb/s，传输距离控制在 10～100m（室内）。IEEE 802.11a 采用正交频分复用的独特扩频技术，可提供 25Mb/s 的无线 ATM 接口和 10Mb/s 的以太网无线帧结构接口以及 TDD/TDMA 的空中接口；支持语音、数据、图像业务；一个扇区可接入多个用户，每个用户可带多个用户终端。

（3）IEEE 802.11g。虽然 IEEE 802.11a 标准的速度已比较高，但由于 IEEE 802.11b 与 IEEE 802.11a 两个标准的工作频段不一样，相互不兼容，致使一些购买 IEEE 802.11b 标准的无线网络设备在新的 IEEE 802.11a 网络中不能用，于是推出一个兼容两个标准的新标准就成了当务之急。IEEE 802 工作小组于 2003 年 6 月推出了 IEEE 802.11g。

IEEE 802.11g 拥有 IEEE 802.11a 的传输速率，安全性较 IEEE 802.11b 更好，采用两种调制方式，含有 IEEE 802.11a 中采用的 OFDM 与 IEEE 802.11b 中采用的 CCK，做到了两者的兼容。虽然 IEEE 802.11a 较适用于企业，但无线局域网运营商为了兼顾现有 IEEE 802.11b 设备的投资，选用 IEEE 802.11g 的可能性极大。由于 IEEE 802.11g 标准同样工作于 IEEE 802.11b 标准所用的 2.4GHz 免费频段，所以采用此标准的无线网络设备同样具有较低的价格。另外，它的传输速率可达到 IEEE 802.11a 标准所具有的 54Mb/s，而且可根据具体的网络环境采用高速网络传输速率，以达到最佳的网络连接性能。所以说 IEEE 802.11g 标准同时具有前两个标准的主要优点，是一个非常具有发展前途的无线网络标准。

在一些主流的无线局域网设备厂商中，除了可以见到以上三种标准的产品外，还可能见到诸如 802.11a+、802.11b+、802.11g+等增强版产品，它们的传输速率在对应的原有标准速率上翻倍，分别为 22Mb/s、108Mb/s、108Mb/s。

5.2.2　无线局域网的其他标准

目前广泛应用的无线局域网技术标准还有红外线、蓝牙技术、家庭网络 HomeRF 和 Hiper-平共处 LAN 高性能无线局域网标准。

1. 红外线无线局域网

红外线数据通信的主要协议是红外数据协会（Infrared Data Association，IrDA）协议集。IrDA 是 1993 年成立的标准化团体，目标是制定低功率、定向型、短距离、点对点或点对多点的红外线数据通信标准。IrDA 标准的数据传输速率达到 4Mb/s，而在最新的 IrDA 扩充标准——

甚快速红外线（Very Fast IR，VFIR）中规定数据传输速率提高到了 16Mb/s。

2. 蓝牙（Bluetooth）

蓝牙（Bluetooth）是 1998 年由爱立信、诺基亚、IBM、Intel 和东芝等多家公司联合宣布的一项技术标准计划。蓝牙技术的目的是实现笔记本电脑、各种便携移动通信设备之间在近距离的连接。它是一种低成本、短距离的无线连接技术，因为其技术开放、成本低、采用 2.4GHz 无线跳频技术、组网能力强、传输速率比较高（相比红外线），其传输速率为 720kb/s（千位/秒），因此，是实现家庭网络或个人区域网的较好选择。在手机、数码摄像机等数码产品传输数据时，使用蓝牙技术较多。在现实生活中，蓝牙技术已得到较广的应用，如 PDA、笔记本电脑、移动通信设备、摄像机等都开始使用蓝牙功能。

3. HomeRF

HomeRF 工作组成立于 1977 年，是由美国家用射频委员会领导的。它的目的是在消费者能够承受的前提下，建设家庭语音、数据内联网。HomeRF 主要是为家庭网络设计的，它类似于蓝牙技术，在 2.4GHz 频段提供 1.6Mb/s 的带宽。HomeRF 可以被集成到一个特定的网络架构中，也可以被集成在一个住宅内，支持 SWAP 协议，可以有连接点控制。但是 HomeRF 技术的应用只局限于家庭多媒体方面。

4. 高性能无线局域网（HiperLAN）

HiperLAN 是由欧洲电信标准化协会（ETSI）的宽带无线电接入网络（BRAN）小组着手制定的 Hiper 接入标准，已推出了 HiperLAN/1 和 HiperLAN/2 两种标准。已经推出的 HiperLAN/1 对应于 IEEE 802.11b 标准，HiperLAN/2 对应于 IEEE 802.11a 标准。HiperLAN/1 工作在 5GHz 频段，它的覆盖范围较小，约为 50m，支持同步和异步语音传输，支持 2Mb/s 的视频传输和 10Mb/s 的数据传输。HiperLAN/2 工作在 5GHz 频段，支持高达 54Mb/s 的数据传输，因此它支持多媒体应用的性能更高。

5.3 无线局域网的硬件设备

无线局域网的设备主要包括无线网卡、无线访问点（Access Point，AP）、无线桥接设备（Bridging）、无线宽带路由器（Wireless Broadband Router）和天线等。

1. 无线网卡

WLAN 网卡的作用与有线网卡一样，WLAN 主机通过 WLAN 网卡发送和接收无线信号。无线网卡主要包括 NIC 单元、扩频通信机和天线三个功能模块。NIC 单元完成数据链路层功能，如建立主机与物理层之间的连接、载波侦听。扩频通信机实现无线电信号的接收与发射，同时负责无线信号的差错判断与处理。

目前符合 IEEE 802.11 标准的无线网卡大致有 USB 无线网卡、PCMCIA 无线网卡和 PCI 无线网卡这三类。

（1）USB 无线网卡。USB 接口无线网卡适用于笔记本电脑和台式机，支持热插拔。USB 无线网卡的体形一般比较细小，便于携带和安装。为了便于收发信号，USB 无线网卡一般带有一支可折叠的小天线。USB 无线网卡的特点是使用和安装非常方便。图 5-2 所示为 USB 无线网卡的外形。

（2）PCMCIA 无线网卡。这类网卡主要适用于笔记本电脑，支持热插拔，可以非常方便地实现移动式无线接入。PCMCIA 无线网卡也属于即插即用的类型，当搜索连接到可用的无线网络时，卡上的 line 信号灯就会亮起来。图 5-3 所示为 PCMCIA 无线网卡的外形。

图 5-2　USB 无线网卡　　　　　　　　　　图 5-3　PCMCIA 无线网卡

（3）PCI 无线网卡。这种类型的无线网卡为台式机专用，在无线网络发展之初使用得较为普遍，当时笔记本尚未成为主流。选择 PCI 接口的原因便在于台式机主板上的插槽。台式机可能会因为主板集成显卡而没有 AGP 插槽，也可能因为型号较早而没有 PCI-E 插槽，但 PCI 插槽却是台式机必不可少的。因此，选择 PCI 接口能向前兼容老式台式机，也可以向后支持新台式机产品。

需要强调的是 PCI 接口的无线网卡有两种，一种是独立 PCI 无线网卡；另一种是 PCMCIA-PCI 转接卡。前者是真正全功能的无线网卡；后者只是一个转接卡，其本身并不能提供无线接入功能，其上面有 PCMCIA 接口，插入 PCMCIA 的无线网卡就变成了 PCI 的无线网卡。目前市场上常见的 PCI 无线网卡都是前者，而 PCI 无线网卡转接卡只适合于已有 PCMCIA 无线网卡或拥有很多 PCMCIA 设备而又想在台式机上使用的用户。图 5-4 所示为 PCI 无线网卡的外形。

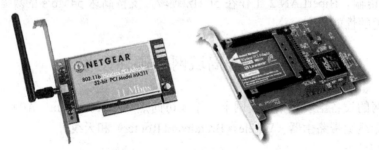

图 5-4　PCI 无线网卡

2. 无线访问点（AP）

无线访问点 AP 负责其所有关联的无线客户端之间的数据通信，也负责将无线客户端桥接到有线以太网，是架构无线局域网模式的中心设备。无线访问点还兼有网络管理的功能，可对无线结点实施控制。无线访问点都带有天线，天线分为内置式和外置式，无线接入点（Wireless Access Point，AP）就相当于传统网络中的集线器（HUB）。AP 相当于一个连接有线网络和无线网络的桥梁，其主要作用是将各无线网络客户端连接到一起，然后将无线网络接入以太网。AP 的室内覆盖范围一般是 30～100m。如图 5-5 所示是一款外置天线的无线访问点。

3. 无线桥接设备

无线桥接设备（如图 5-6 所示）用于将分布在不同地方的局域网进行连接，可分为点对点的桥接（将两个局域网互联）和点对多点的桥接（将多个局域网互联）两种方式。

图 5-5　无线访问点

图 5-6　无线网桥

　　无线网桥的应用使 WLAN 不需要租用专线或者自己布线，就可以把网络扩展到以前难以到达的用户那里，应用时只需要把一个网桥连接到局域网 A 上，把另一个网桥连接到另一座楼里面的局域网 B 上就可以了，另外 WLAN 网络也非常适合连接多个建筑物、临时教室和临时网络。如果网络需求或地点发生改变，无线楼到楼网桥可以很方便地重新布署。

　　4. 无线宽带路由器

　　无线宽带路由器集成了有线宽带路由器和无线 AP 的功能，合二为一（即有线路由器加AP），既能实现宽带接入共享，具有多种宽带接入能力可以让一个局域网内的所有用户共用一个宽带账号访问 Internet，又能轻松拥有无线局域网的功能，方便用户在小型办公区域、家庭和公众运营网络等场合快速构建高速共享的无线与有线融合网络。

　　通过与各种无线网卡配合，无线宽带路由器就可以以无线方式连接成不同拓扑结构的局域网，从而共享网络资源，形式灵活方便。无线宽带路由器的外形如图 5-7 所示。

图 5-7　无线宽带路由器

　　5. 高增益天线

　　当计算机与无线 AP 或其他计算机相距较远时，随着信号的减弱，传输速率会明显下降，或者甚至根本无法实现与 AP 或其他计算机之间通信，此时，就必须借助于无线天线对所接收或发送的信号进行增益。

　　无线局域网使用频率较高的 2.4GHz 或 5GHz 的微波频段，它所使用的天线与一般收音机、电视机或移动电话所用的天线不同，设计和构造都有自身的特点。天线的功能是将载有源数据的高频电流，通过天线本身的特性转换成电磁波而发送出去，发送的距离与发射的功率同天线的增益成正向比例。天线的增益用分贝表示，分贝愈高，所能发送的距离也就愈远。无线天线有许多种类型，根据放置位置的不同，可分为室内天线和室外天线。室外天线的类型比较多，一种是锅状的定向天线，一种是棒状的全向天线。定向天线在某一指向上的发送信号的强度远远大于其他方向，适合于长距离使用；全向天线的发送强度在各个方向上均相同，适合于区域性的应用。图 5-8 中所示为天线的外形。

图 5-8　天线

5.4　无线局域网的拓扑结构

在无线局域网 WLAN 中，主要的网络结构只有两种：一种是类似于对等网的 Ad-Hoc 结构，另一种是类似于星型结构的 Infrastructure 结构。

1．无 AP（Access Point）的 Ad-Hoc 模式

Ad-Hoc 对等 WLAN 模式仅适用于数量较少的计算机无线互联（通常在 5 台主机之内）。由于这一模式没有中心管理单元，所以这种网络在可管理性和扩展性方面受到一定的限制，连接性能也不是很好。而且各无线结点之间只能单点通信，不能实现交换连接，就像有线网络中的对等网一样。这种无线网络模式通常只适用于临时的无线应用环境，如小型会议室、SOHO 家庭无线网络等。它是独立的，不需要与其他网络连接，其网络拓扑结构如图 5-9 所示。当然实际上此拓扑结构也可以通过第二块网卡与其他有线网络进行连接，通常是在台式机上进行。

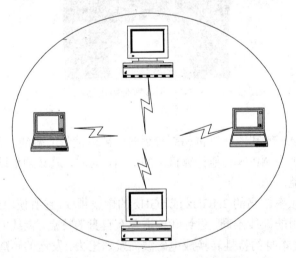

图 5-9　无 AP 的 Ad-Hoc 拓扑结构

2．基于 AP 的 Infrastructure 结构

这种基于无线 AP 的基础结构模式其实与有线网络中的星型拓扑相似，其中的无线 AP 相当于有线网络中的交换机，起着集中连接的作用。在这种结构中，除了需要像在 Ad-Hoc 对等结构中一样在每台主机上安装无线网卡外，还需要一个 AP 接入设备，俗称"AP 访问

点"。这个 AP 设备用于集中连接所有无线结点并对其进行集中管理。一般的无线 AP 还提供一个有线以太网接口，用于与有线网络、工作站和路由设备的连接。这种基础结构网络如图 5-10 所示。

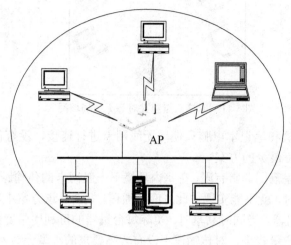

图 5-10　基于 AP 的 Infrastructure 拓扑结构

　　这种网络结构主要有易于扩展、便于集中管理、能提供用户身份验证等优势，其数据传输性能也明显高于 Ad-Hoc 模式，可用于组建规模较大的无线局域网。

　　如今，一个网络往往并非以单一拓扑结构出现，在一个实际网络中，其结构可能是上述多种网络拓扑形式的混合。在一些庞大复杂的应用系统中，有时需要将各种拓扑结构的局域网连接在一起而结合成复合型的拓扑结构。比如，拓扑结构可以以"层次+网状结构（ATM 的多路由、快速以太网的冗余线路备份）"的形式出现，通常采用主干网加子网（LAN）的结构进行设计。子网通过交换/集线设备，上连主干网络下连用户计算机，远程用户通过终端访问服务器与系统相连。

5.5　无线局域网的连接方案

5.5.1　独立无线局域网方案

　　所谓独立无线局域网，是指无线局域网内的计算机之间构成一个独立的网络，没有与其他无线局域网或以太网相互连接，这也是最简单的无线局域网联网方案。

1. 无接入点独立对等无线局域网

　　无接入点独立对等无线局域网方案使用的网络设备只有无线网卡。通过在一组客户机上加装无线网卡，实现计算机之间的直接通信，无需基站或网络基础架构干预，构建成最简单的无线局域网。

　　如图 5-11 所示，其中任何一台计算机可以兼作文件服务器、打印服务器以及共享 Internet 时的代理服务器。共享 Internet 连接时，只需要其中一台工作站连接 Internet，而其他软件协议的设置和有线局域网相同。

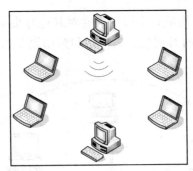

图 5-11　无接入点独立对等无线局域网

在该方案中，台式机和笔记本电脑只使用无线网卡进行连接，没有任何其他接入设备，在无线局域网中属于投资最少的方案。

但该方案的网络覆盖范围非常有限，在室内环境下一般网卡的传输距离通常为 30m 左右，当超过此有效传输距离时，就不能实现彼此之间的通信。另外，该方案中所有的计算机共享连接的带宽，若是有五台机器，当同时共享时，实际每台机器的可利用带宽只有标准带宽的 1/5，所以此方案只适用于用户量较少，对传输速率没有较高要求的小型无线网络。

在此方案中，还要注意无线局域网中距离与传输速率的关系。

当两台无线通信设备（如装有无线网卡的计算机）相互靠近时，它们将以两个接口所支持的最高传输速率进行通信。如果相互移开达到一定距离，并导致在最高速率下通信失败，无线通信设备将以相同的数据传输速率重新传输"丢失的报文"，如果再次失败，无线接口将自动切换到另一种较低的传输速率，然后再次尝试传输，直到重新连接成功。而当两个无线通信设备再次相互靠近时，无线接口又将自动提高传输速率，以达到尽可能最高的传输速率并提供可靠通信。这就是无线局域网接口的自动选择传输速率机制。这样，数据传输速率越低，无线范围越大，从而有助于传输报文。而当使用多家供应商或制造商提供的产品组成无线局域网时，无线客户机网络接口将自动调整其传输速率，以保证网络正常运行。无线接口将根据网络中不同厂商产品的标准，以尽可能最高的传输速率进行工作。

2. 有接入点独立对等无线局域网

有接入点独立对等无线局域网与无接入点独立对等无线局域网非常相似，所有连入网络的计算机都装有一块无线网卡，不同点是有接入点独立对等无线局域网加入了一个无线访问点（Access Point，AP），如图 5-12 所示。

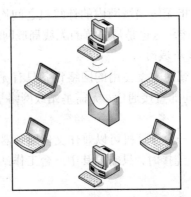

图 5-12　有接入点独立对等无线局域网

无线访问点类似于有线网络中的集线器，可以对网络信号进行放大处理，一个工作站到另外一个工作站的信号都可以经过 AP 放大并进行中继，因此，有 AP 的独立对等无线局域网覆盖范围是无 AP 的独立对等无线局域网的两倍，在室内通常有半径为 60m 左右的范围。

虽然相比无 AP 的独立对等无线局域网增大了覆盖范围，但该方案仍旧属于共享式接入，所有计算机之间的通信仍然共享无线局域网的带宽。这也是为什么众多 AP 产品能够支持 256 个接入点，但建议在网络中使用的客户机总数不超过 30 个的原因。

5.5.2　无线以太网和有线 LAN 互联

在实际的组网工作中，单纯使用独立无线局域网的情况并不常见，大多数情况都是在现有工作状况良好的以太网上加装无线网络设备，为现有的网络增加移动办公功能，这样的网络架构有力地保护了现有投资。在这种架构中，最重要的问题就是如何在无线局域网与有线 LAN 之间实现互联互通。

无线局域网和有线 LAN 的互联实际上相当方便。只需在现有的有线 LAN 中接入一个无线访问点（AP），再使用此访问点构建另一部分的无线网络即可，如图 5-13 所示。AP 在无线网络的工作站和有线 LAN 之间起网桥的作用，实现有线与无线的无缝集成，既允许无线工作站访问有线网络的资源，也允许有线网络共享无线工作站中的信息。

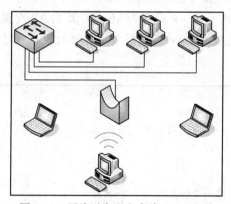

图 5-13　无线以太网和有线 LAN 互联

此外，也可以在任意一台有线 LAN 的工作站上加装一块无线网卡，通过 Windows 内置的软路由来实现桥接器的功能。

5.5.3　多接入点无线连接方案

1.　点对点无线连接方案

当网络规模较大，或者两个有线局域网相隔较远，布线困难时，可以采用点对点的无线网络连接方案。

采用点对点连接方案时，需要在两个需要互联的网段之间各安装一个 AP 设备，并将一个 AP 设置为 Master（主结点），另一个设置为 Slave（从结点）。

由于点对点连接一般距离较远，所以必须安装无线天线，因为只有两个 AP，所以最好都采用定向天线。点对点无线连接方案如图 5-14 所示。

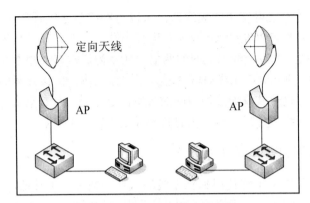

图 5-14　点对点无线连接方案

　　点对点的连接方案既可以实现两个网段之间的互联，也可以实现有线主干的扩展。

2. 点对多点无线连接方案

　　随着网络规模的扩大，如一个公司拥有两三个甚至更多的分布式局域办公网络，这些网络之间的互联就成为较大的问题，特别是当公司分布于几个临近的大楼中，并且布线不便时。这时，无线局域网点对多点的连接方案就成为最为有效的解决方案之一，只需要在每个网段中都安装一个 AP 和无线天线，即可实现网段之间的互联或有线主干网络的扩展。

　　在此连接方案中，需要将一个 AP 设置为 Master，其他 AP 设置为 Slave，并且设置为 Master 的结点必须采用全向无线天线，Slave 则最好采用定向天线。点对多点无线连接方案如图 5-15 所示。

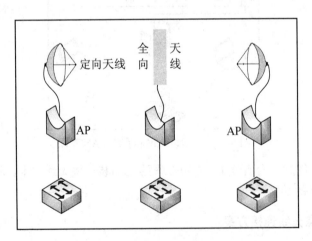

图 5-15　点对多点无线连接方案

3. 无线中继方案

　　当两个局域网络间的距离超过无线局域网产品所允许的最大传输距离，或者在两网络之间有较高或较大干扰的建筑物存在时，可以在两个网络之间或建筑物上架设一个户外的无线 AP，实现信号的中继，以扩大无线网络的覆盖范围。

　　作为中继站，无线 AP 需要设置为 Master，并且使用双向或全向天线。无线中断方案如图 5-16 所示。

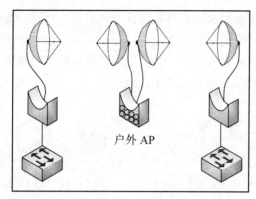

图 5-16　无线中继方案

4. 无线漫游方案

在网络跨度很大的大型企业中部署无线局域网，考虑到某些员工可能需要完全的移动能力，就可以采用无线漫游的连接方案，使装有无线网卡的移动终端能够实现如手机般的漫游功能。

无线漫游方案需要建立多个单元网络，而基站设备也必须通过有线基站连接。

无线漫游方案的 AP 除具有网桥功能外，还具有传递功能。当某一员工使用便携工作站在局域无线漫游的设备范围内移动时，这种传递功能可以将工作站从一个 AP "传递" 给下一个 AP，这一切对于用户来说都是透明的。在此期间，用户的网络连接以及数据传输都保持原来的状态，根本感觉不到接入点已经发生了变化，这就是所谓的无缝漫游。无线漫游方案如图 5-17 所示。

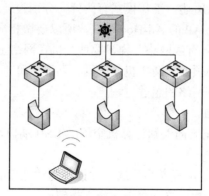

图 5-17　无线漫游方案

5.6　无线局域网的组建

在了解无线局域网的标准、结构、设备及连接方案等知识之后，接下来就需要利用前面的这些知识来构建无线局域网了。下面通过两个实例分别介绍 Ad-Hoc 架构与 Infrastructure 架构的 WLAN 的构建方法。

5.6.1　Ad-Hoc 无线网络的组建

假设你是某公司的网管，一天公司的业务员打电话给你，要给客户共享一个资料，当时现场没有交换机，且公司同事与客户均没有移动存储设备，只有一条直连网线，但同事与客户的网卡不支持网线自适应功能，在获知这些情况的同时你了解到现场有两块锐捷公司的 RG-WG54U 型号的外置 USB 无线网卡，所以你决定指导同事用两块无线网卡进行联络，完成同事与客户的资料共享。网络拓扑如图 5-18 所示。

PC1：192.168.1.1/24　　　PC2：192.168.1.2/24

图 5-18　Ad-Hoc 无线网络拓扑

Ad-Hoc 来源于拉丁文，意思是为了专门的目的而设立的，在无线网络中主要应用于在笔记本之间通过无线网卡共享数据，无线网卡通过设置相同的 SSID 信息及相同的信道信息，最终实现通过移动设备进行通信。

在本案例中，有以下几个要点：

● 安装无线网卡驱动。无线网卡同普通网卡一样，需要驱动程序的支持，没有驱动程序是无法工作的。一般无线网卡的自带光盘中都附有驱动程序。

● 设置 SSID。SSID 是 Service Set Identifier 的缩写，意思是服务集标识。简单地说，SSID 就是一个无线局域网的名称，只有设置相同 SSID 值的计算机间才能互相通信。所以想让 PC1 与 PC2 正常通信，必须使二者拥有相同的 SSID 标识。

● 设置工作模式。如前所述，工作模式有两种，分别为：Ad-Hoc 与 Infrastructure。在这里，需要设置为无 AP 的 Ad-Hoc 模式，所以要做相应的选择。

● 配置 TCP/IP 属性。同有线网络一样，要使主机在网络上有合法的身份，IP 地址等信息是不可缺少的，必须要使两主机属于同一网段才可正常通信。

下面，分步介绍无线对等网络的组建过程。

步骤 1：安装 RG-WG54U。

（1）把 RG-WG54U 适配器插入到计算机空闲的 USB 端口，系统会自动搜索到新硬件并且提示安装设备的驱动程序。

（2）选择"从列表或指定位置安装"选项并插入驱动光盘或软盘，选择驱动所在的相应位置（软驱或者指定的位置），然后单击"下一步"按钮。

（3）计算机将会找到设备的驱动程序，按照屏幕指示安装 54Mb/s 无线 USB 适配器，单击"下一步"按钮。

（4）单击"完成"按钮结束安装，屏幕的右下角出现无线网络已连接的图标，包括速率和信号强度，如图 5-19 所示。

步骤 2：设置 PC2 无线网卡之间相连的 SSID 为 ruijie。

首先，进入"网络连接"窗口，右击无线网络连接图标，单击"属性"选项，如图 5-20 所示，进入"无线网络连接 属性"对话框的"无线网络配置"选项卡，如图 5-21 所示。

图 5-19　无线网络已连接的图标

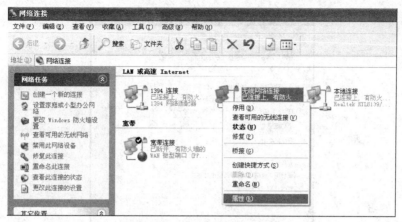

图 5-20　"网络连接"窗口

单击"添加"按钮，添加一个新的 SSID 为 ruijie，注意：对 PC1 要进行同样的操作。

单击"高级"按钮，在"高级"对话框中选择"仅计算机到计算机（特定）"单选按钮，如图 5-22 所示，或者可以通过 RG-WG54U 产品中的无线网络配置软件，选择 Ad-Hoc 模式。

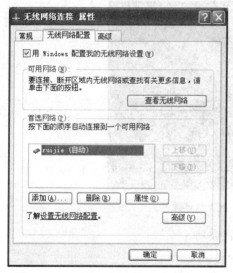

图 5-21　"无线网络连接 属性"对话框

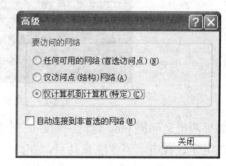

图 5-22　高级选项

步骤 3：设置 PC2 无线网卡的 IP 地址。

选中"网上邻居"右击，在快捷菜单中单击"属性"选项，在"网络连接"窗口中选中"本地连接"右击，在快捷菜单中单击"属性"选项，在打开的"本地连接 属性"对话框中选中"Internet 协议（TCP/IP）"，单击"属性"按钮，进入"Internet 协议（TCP/IP）属性"对话框，输入 IP 地址等信息，如图 5-23 所示。

步骤 4：配置 PC1 的相关属性。

PC1 的配置方法与 PC2 完全一致，但 PC1 的 IP 地址要设置为 192.168.1.1/24，否则与 PC2 的地址会有冲突。

步骤 5：测试 PC2 与 PC1 的连通性。

使用 ping 命令，输入 ping 192.168.1.1，如图 5-24 所示。

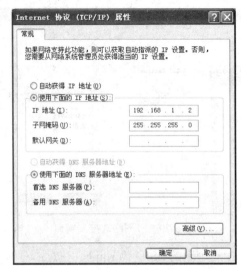

图 5-23   TCP/IP 属性

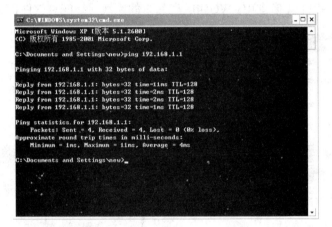

图 5-24   测试 PC2 与 PC1 的连通性

如果两机之间能 ping 通，说明临时网络已组建成功。

在组建过程中，需要注意几点，在此强调一下：

（1）两台移动设备的无线网卡的 SSID 必须一致。

（2）RG-WG54U 无线网卡默认的信道为 1，如遇其他系列网卡，则要根据实际情况调整无线网卡的信道，使多块无线网卡的信道一致。

（3）注意要将两块无线网卡的 IP 地址设置为同一网段。

（4）无线网卡通过 Ad-Hoc 方式互联，对两块网卡的距离有限制，使用前应明了最大距离限制。

5.6.2   Infrastructure 无线网络的组建

Infrastructure 是无线网络搭建的基础模式。移动设备通过无线网卡或者内置无线模块与无线 AP 取得联系，多台移动设备可以通过一个无线 AP 来构建无线局域网，实现多台移动设备的互联。无线 AP 覆盖范围一般为 100～300 米，适合移动设备灵活的接入网络。

Infrastructure 无线网的组建要比 Ad-Hoc 方式复杂一些, 下面通过一案例进行介绍: 假设你是某网络公司的技术工程师, 现有一客户提出进行网络部署的需求, 但不巧的是, 该客户的办公地点是一栋比较古老的建筑, 不适合进行有线网络的部署, 为了使得局域网用户能够正常通信并且实现资源共享, 建议用户使用 RG-WG54P 架设无线局域网。拓扑结构及参数信息如图 5-25 所示。

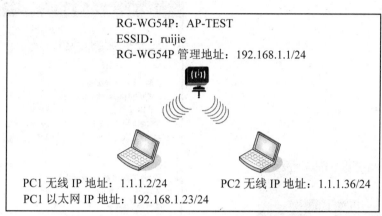

图 5-25　拓扑结构及参数信息图

在本案例中, 需要分三步完成组建:

- 安装无线网卡驱动程序。是指安装 PC1、PC2 的无线网卡驱动程序。安装无线网卡驱动程序的过程与 Ad-Hoc 模式中所讲是一样的。
- 安装和设置 AP。这一步是组网过程中的重点, 要想设置 AP, 必须建立正确的连接, 配置正确的参数。当登录到 AP 之后, 需要设置 SSID、信道及工作模式等参数。
- 设置客户端。客户端, 也就是网络中进行资源共享的用户主机。在此, 要做选择接入网点, 设置 SSID、信道、工作模式及配置 IP 地址等工作。

下面分步介绍 Infrastructure 无线局域网的组建过程。

步骤 1: 安装 RG-WG54U。

(1) 把 RG-WG54U 适配器插入到计算机空闲的 USB 端口, 系统会自动搜索到新硬件并且提示安装设备的驱动程序。

(2) 选择 "从列表或指定位置安装" 选项并插入驱动光盘或软盘, 选择驱动所在的相应位置(软驱或者指定的位置), 然后单击 "下一步" 按钮。

(3) 计算机将会找到设备的驱动程序, 按照屏幕指示安装 54Mb/s 无线 USB 适配器, 单击 "下一步" 按钮。

(4) 单击 "完成" 按钮结束安装, 屏幕的右下角出现无线网络已连接的图标, 包括速率和信号强度, 如图 5-26 所示。

步骤 2: 配置 RG-WG54P 的基本信息。

首先, 要对 AP 设备进行配置, 配置时一定要注意正确的连接方式。由于 RG-WG54P 有一个供电的适配器是支持以太网供电的, 故需正确地按图 5-27 所示进行连接。适配器除电源外有两个口, 一口连接 AP, 一口连接配置主机。

图 5-26　无线网络已连接的图标

然后，选中 PC1 的"网上邻居"右击，在快捷菜单中单击"属性"选项，在"网络连接"窗口中选中"本地连接"右击，在快捷菜单中单击"属性"选项，在打开的"本地连接 属性"对话框中选中"Internet 协议（TCP/IP）"，单击"属性"按钮，进入配置主机的"TCP/IP 属性"对话框，如图 5-28 所示进行 IP 地址等信息的配置。

图 5-27　AP 配置连接图

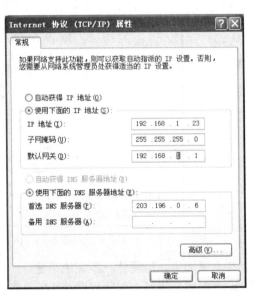

图 5-28　"TCP/IP 属性"对话框

设置 PC1 的以太网接口地址为 192.168.1.23/24，因为 RG-WG54P 的管理地址默认为192.168.1.1/24，需要将二者设置到同一网段中。

从 IE 浏览器中输入 http://192.168.1.1，转到 RG-WG54P 的登录界面，如图 5-29 所示，输入默认密码为 default，单击"登录"按钮，打开如图 5-30 所示的 RG-WG54P 管理界面。

图 5-29　RG-WG54P 的登录界面

图 5-30　RG-WG54P 的管理界面

单击"配置"选项，显示 RG-WG54P 的常规信息界面，如图 5-31 所示。

图 5-31　RG-WG54P 的常规信息界面

在图 5-31 所示界面中修改"接入点名称"为 AP-TEST（此名称为任意设置），设置"无线模式"为 AP，ESSID 为 ruijie（ESSID 名称可任意设置），"信道/频段"为 CH 01/2412MHz，

"模式"为"混合模式"(此模式可根据无线网卡类型进行具体设置)。

步骤3:单击图5-31中的"应用"按钮,使RG-WG54P应用新的设置,配置完成后,在如图5-32所示的界面中单击"确定"按钮,使配置生效。

图5-32 配置更新提示

步骤4:在如图5-33所示的对话框中为PC1与PC2安装RG-WG54U的配置软件,设置SSID为ruijie,模式为Infrastructure。

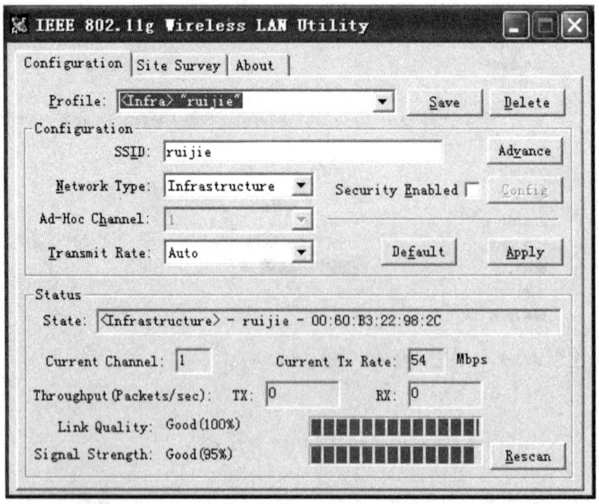

图5-33 在RG-WG54U配置软件中设置参数

步骤5:单击图5-33中的Apply按钮,将PC1与PC2的RG-WG54P网卡加入到ruijie的ESSID,如图5-34所示。

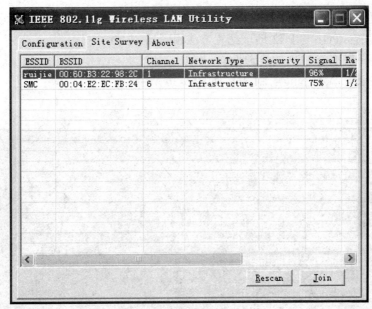

图 5-34　查找选择接入点

选中 ruijie，然后单击右下角的 Join 按钮。

步骤 6：设置 PC1 与 PC2 的无线网络 IP 地址。

选中"网上邻居"右击，在快捷菜单中单击"属性"选项，在"网络连接"窗口中选中"本地连接"右击，在快捷菜单中单击"属性"选项，在打开的"本地连接 属性"对话框中选中"Internet 协议（TCP/IP）"，单击"属性"按钮，进入"Internet 协议（TCP/IP）属性"对话框，输入 PC2 的 IP 地址等信息，如图 5-35 所示。

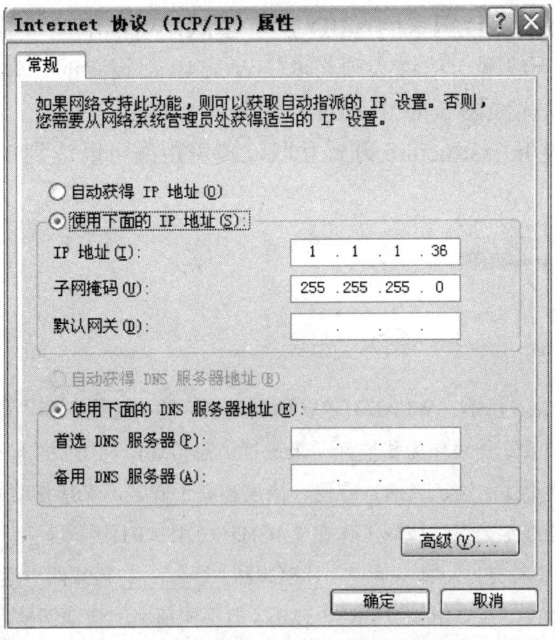

图 5-35　设置 PC2 的无线网络 IP 地址

配置 PC1 地址为 1.1.1.2/24，PC2 地址为 1.1.1.36/24，保证在同一网段即可（图 5-35 所示为 PC2 的地址配置，PC1 与 PC2 地址配置方法相同）。

步骤 7：测试 PC1 与 PC2 的连通性。

使用 ping 命令，输入 ping 1.1.1.36，如图 5-36 所示。

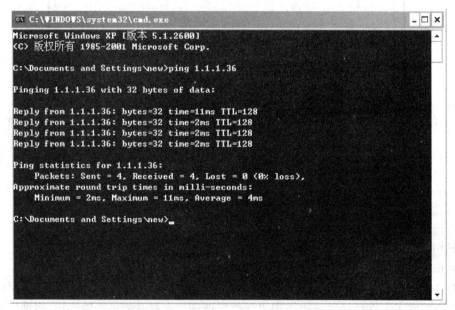

图 5-36　测试 PC1 与 PC2 的连通性

如果 PC1 1.1.1.2 ping 1.1.1.36 可正常通信，说明建网成功。

在组网过程中，需注意以下几点：

（1）两台移动设备的无线网卡的 SSID 必须与 RG-WG54P 上设置的一致。

（2）RG-WG54U 无线网卡信道必须与 RG-WG54P 上设置的一致。

（3）注意要将两块无线网卡的 IP 地址设置为同一网段。

（4）无线网卡通过 Infrastructure 方式互联，覆盖距离可以达到 100～300m。

习题与思考题五

一、填空题

1. 无线局域网（Wireless LAN，WLAN）包含两层含义，即"无线"和"局域网"。其中_____是指该类局域网采用无线电波或红外线作为传输介质来进行信息传递，利用微波取代传统局域网的有线电缆或光缆，使无线局域网的组建更加简洁、灵活、方便、快速和易于安装，支持移动办公。

2. IEEE 802.11b 标准规定无线局域网工作在 2.4GHz～2.483GHz 频段，数据传输速率达到 11Mb/s。该标准是对 IEEE 802.11 的一个补充，采用_____模式和_____模式两种运作模式，在数据传输速率方面可以根据实际情况在 11Mb/s、5.5Mb/s、2Mb/s、1Mb/s 的不同速率间自动切换，而且在 2Mb/s、1Mb/s 速率时与 IEEE 802.11 兼容。

3．无线访问点 AP 负责其所有关联的无线客户端之间的数据通信，也负责将无线客户端桥接到有线以太网，是架构无线局域网模式的_____设备。

4．在无线局域网（802.11）的退避机制中，下面哪种情况不使用退避算法_____。

　　A．检测到信道是空闲的，并且这个数据帧是要发送的第一个数据帧

　　B．在发送第一个帧之前检测到信道处于忙态

　　C．在每一次的重传后

　　D．在每一次的成功发送后

二、简答题

1．无线局域网主要应用在哪些领域？

2．无线局域网与传统有线局域网相比具有哪些显著特点？

3．无线网卡按接口分类，可以分为哪几类？

4．如果要组建 Infrastructure 架构的 WLAN，需要哪些最基本的配置？

5．有一用户家里同时有几台电脑，已开通有线宽带网络（ADSL、小区 LAN 等），现只有一台电脑可以上网，该用户想实现无线共享上网，请帮其实现。

第6章　网络布线技术

在进行局域网布线与设备连接之前，要对局域网组网范围内的建筑物分布、建筑物层数及长度、网络信息结点的位置以及室内插座方位进行调查和定位，规划出最佳的布线路线方案。为此，要遵照一定的方法进行。本章介绍普遍采用的方法——结构化布线。通过本章的学习，应该掌握以下内容：

- 结构化布线系统的划分及设计等级
- 结构化布线系统中各子系统的布线方法
- 楼间布线方法
- 办公室内的设备连接
- 设备间的连接
- 布线系统的测试与验收

随着计算机技术的不断发展，局域网络技术在办公自动化与工厂自动化环境中得到了广泛应用。在完成网络结构设计后，如何完成网络布线就成了一个十分重要的问题。据统计，局域网出现的网络故障中，有 75%以上是由网络传输介质引起的。因此，解决好网络布线问题将对提高网络系统的可靠性和稳定性起到很重要的作用。

20 世纪 90 年代以来，支持 10Base-T、100Base-T 和 1000Base-T 的非屏蔽双绞线 UTP 得到了广泛应用。采用双绞线作为网络的传输介质，其最大优点是连接方便、可靠、扩展灵活。同时，双绞线不仅能用于计算机通信，而且能完成电话通信与控制信息传输。电话通信比计算机通信出现的早得多，在铺设电话线路方面早就有了各种各样的方法与标准，人们很自然地想到将电话线路的连接方法应用于网络布线之中。这样就产生了专门用于计算机网络的结构化布线系统。因此，从某种意义上说，结构化布线系统并非什么新概念，它是将传统的电话、供电等系统所用的方法借鉴到计算机网络布线之中，并使之适应计算机网络与控制信息传输的要求。

6.1　结构化布线方法

现代办公楼所提供的办公室多数为开放式办公环境，包括常见的模块化设备间、教室、培训设施和商店。这些办公室布置常用在许多有着为办公人员提供紧凑办公空间需求的大中型企业，各办公小间形成了相似类型的模块化设备布置。

现代的模块化办公室用模块化设备设计和模块化墙形成了带有内部办公桌的小间，它们有效地取代了固定墙办公室并完全取代了开阔的办公桌"池"。这种布置通过消除封闭的办公室更加有效地利用了办公室空间，并提供了相对独立的较安全、个性化的空间。

由于使用了模块化墙而不是固定墙来分隔各工作人员的工作空间，因此，整个楼层的办公区域可以很容易地进行重新设置，设备组件很容易动来动去，即组件很容易以和初始装配相同的方法拆散，再根据需要移动并重新配置成满足个性化要求的办公室。

这些开放的办公室非常灵活的特性意味着用在其他办公环境中的固定布线是不可行的。另外，模块化设备经常在布线到位后很长时间才最后一步放进房间，存在一些使局域网变得复杂和为布线安装者制造麻烦的其他问题，因此，需要有一种标准的布线方法来解决这些问题。

美国电话电报（AT&T）公司的贝尔（Bell）实验室的专家们经过多年的研究，在办公楼和工厂试验成功的基础上，于 20 世纪 80 年代末率先推出了 SYSTIMATMPDS（建筑与建筑群综合布线系统），现在已推出结构化布线系统 SCS。结构化布线是一种预布线，它能够适应较长一段时间的需求。

6.1.1　结构化布线子系统划分

一个完整的结构化布线系统一般由以下六个部分组成：

- 工作区子系统；
- 水平子系统；
- 垂直干线子系统；
- 设备间子系统；
- 管理间子系统；
- 建筑群子系统。

对于上述的六个部分，不同的结构化布线系统产品的叫法有所不同。例如有的把工作区子系统叫做用户端子系统；把水平子系统叫做平面楼层子系统；把设备间子系统叫做机房子系统。无论采用什么名称，一个完整的结构化布线系统都是由这六部分组成，各部分的功能与相互间的关系也是相同的。六个组成部分相互配合，就可以形成结构灵活、适合多种传输介质与多种信息传输的结构化布线系统。如图 6-1 所示为结构化布线系统的示意图。

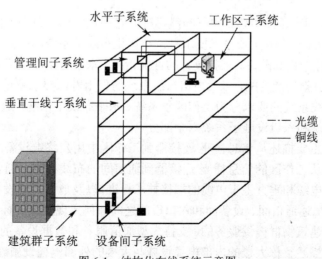

图 6-1　结构化布线系统示意图

6.1.2 结构化布线设计等级

综合布线系统的设计等级有三种，应根据需要选择适当等级的综合布线系统，其分级应符合以下要求。

1. 基本型

适用于综合布线系统中配置标准较低的场合，传输介质为铜芯电缆。基本型综合布线系统的配置为：

- 每个工作区有一个信息插座。
- 每个工作区的配线电缆为一条 4 对屏蔽双绞线。
- 完全采用夹接式交接硬件。
- 每个工作区的干线电缆至少有 2 对双绞线。

2. 增强型

适用于综合布线系统中中等配置标准的场合，传输介质为铜芯电缆。增强型综合布线系统的配置为：

- 每个工作区有两个以上的信息插座。
- 每个工作区的配线电缆为一条 4 对屏蔽双绞线。
- 采用夹接式或插接式交接硬件。
- 每个工作区的干线电缆至少有 3 对双绞线。

3. 综合型

适用于综合布线系统中配置标准较高的场合，采用光缆和铜芯电缆混合组网。综合型综合布线系统的配置为：

- 在基本型和增强型综合布线系统的基础上增设光缆系统。
- 在每个基本型工作区的干线电缆中至少配有 2 对双绞线。
- 在每个增强型工作区的干线电缆中至少配有 3 对双绞线。

6.1.3 结构化布线标准

TIA/EIA 568A 标准是商用建筑电信布线标准，它规定的适用范围是面向办公环境的布线系统。TIA/EIA 568A 标准的主要技术要求有：结构化布线子系统、办公环境中电信布线的最小要求、建议的拓扑结构和距离、连接硬件的性能指标、水平电缆和主干布线的介质类型和性能指标、连接器和引脚功能分配，以及电信布线系统的使用寿命要求超过十年。TIA/EIA 568A 标准按照结构化布线系统的要求分为工作区子系统、水平布线子系统、通信间子系统、主干子系统、设备间子系统和入口设施子系统六个部分。

工作区子系统主要描述从信息插座/连接器到工作区中用户终端设备之间的布线标准。水平布线子系统描述从工作区的信息插座/连接器到通信间的布线标准。通信间子系统描述建筑物内用于端接水平电缆和垂直主干电缆的端接技术标准，以及放置通信设备和端接设备的房间标准。主干子系统描述通信间、设备间和入口设施之间如何实现互连的标准。设备间子系统描述为整栋建筑物或建筑物群提供服务的、支持大型通信服务和数据设备的特定房间的标准。入口设施子系统主要描述整栋大楼的内部电缆设施与大楼的外部电缆设施连接的标准。

结构化布线系统是一个能够支持任意用户选择的语音、数据、图形图像应用的电信布线系统。系统应能支持语音、图形、图像、数据多媒体、安全监控、传感等各种信息的传输，支持 UTP、光纤、STP、同轴电缆等各种传输载体，支持多用户多类型产品的应用，支持高速网络的应用。

结构化布线系统具有以下特点：

（1）实用性。能支持多种数据通信、多媒体技术及信息管理系统等，能够适应现代和未来技术的发展。

（2）灵活性。任意信息点能够连接不同类型的设备，如微机、打印机、终端、服务器、监视器等。

（3）开放性。能够支持任意厂家的任意网络产品，支持任意网络结构，如总线型、星型、环型等。

（4）模块化。所有的接插件都是积木式的标准件，方便使用、管理和扩充。

（5）扩展性。实施后的结构化布线系统是可扩充的，以便将来有更大需求时很容易将设备安装接入。

（6）经济性。一次性投资，长期受益，维护费用低，使整体投资达到最少。

按照一般划分，结构化布线系统包括六个子系统：工作区子系统、水平子系统、垂直干线子系统、设备间子系统、管理间子系统、建筑群子系统，下面将分别讲述。

6.2 结构化布线中的子系统

6.2.1 工作区子系统布线方法

工作区子系统由终端设备连接到信息插座的跳线组成。它包括信息插座、信息模块、网卡和连接所需的跳线，并在终端设备和输入/输出（I/O）之间搭接，相当于电话配线系统中连接话机的用户线及话机终端的部分。典型的终端连接系统如图 6-2 所示。终端设备可以是电话、微机或数据终端，也可以是仪器仪表、传感器的探测器等。

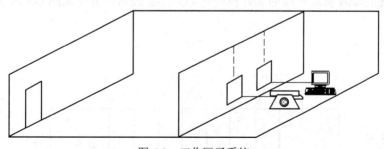

图 6-2　工作区子系统

一个独立的工作区通常至少由一部电话机和一台计算机终端设备组成。设计的等级有基本型、增强型、综合型。目前普遍采用增强型设计等级，这为语音点与数据点互换奠定了基础。

工作区可支持电话机、数据终端、微型计算机、电视机、用于监视及控制等的终端设备的设置和安装。

工作区设计要考虑以下内容：

（1）工作区内线槽要布置得合理、美观。

（2）信息插座要设计在距离地面 30cm 以上。

（3）信息插座与计算机设备的距离保持在 5m 范围内。

（4）购买的网卡类型接口要与线缆类型接口保持一致。

（5）所有工作区所需的信息模块、信息插座、面板的数量。

（6）RJ-45 接口所需的数量。

RJ-45 接口的需求量一般用下述公式计算：

$$m = n \times 4 + n \times 4 \times 15\%$$

其中：m——RJ-45 接口的总需求量；

　　　n——信息点的总量；

　　　$n \times 4 \times 15\%$——留有的余量。

信息模块的需求量一般为：

$$m = n + n \times 3\%$$

其中：m——信息模块的总需求量；

　　　n——信息点的总量；

　　　$n \times 3\%$——余量。

每个工作区至少要配置一个插座盒。对于难以再增加插座盒的工作区，至少要安装两个分离的插座盒。信息插座是终端（工作站）与水平子系统连接的接口。

每个对线电缆必须都终接在工作区的一个 8 脚（针）模块化插座（插头）上。

综合布线系统可采用不同厂家的信息插座和信息插头。这些信息插座和信息插头基本上都是一样的。在终端（工作站）一端，将跳线的 8 针 RJ-45 插头插入网卡；在信息插座一端，将跳线的 RJ-45 插头连接到插座上。

8 针模块化信息输入/输出（I/O）插座是为所有的综合布线系统推荐的标准 I/O 插座。它的 8 针结构为单一 I/O 配置提供了支持数据、语音、图像或三者的组合所需的灵活性。

RJ-45 插头与信息模块压线时有两种方式：

（1）按照 T568B 标准布线的 8 针模块化 I/O 引线/线对的分配如图 6-3 所示。

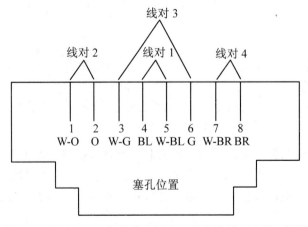

图 6-3　按照 T568B 标准信息插座 8 针引线/线对安排正视图

为了允许在交叉连接外进行线路管理，不同服务用的信号出现在规定的导线对上。为此，8 针引线 I/O 插座已在内部接好线。8 针插座将工作站一侧的特定引线（工作区布线）接到建筑物布线电缆（水平布线）上的特定双绞线对上。I/O 引针（脚）与线对分配如表 6-1 所示。

表 6-1　引脚与线对的分配

水平子系统布线	信息插座	工作区布线
4 线对电缆 到蓝色场区	IO	带 8 针模块化插头的 4 对线 工作站软线到终端设备 （或在需要时到适配器）

对于模拟式语音终端，行业的标准作法是将触点信号和振铃信号置入工作站软线（即 4 对软线的引针 4 和 5）的两个中央导体上。剩余的引针分配给数据信号和配件的远地电源线使用。引针 1、2、3 和 6 用于传送数据信号，并与 4 对电缆中的线对 2 和 3 相连。引针 7 和 8 直接连通，并留作配件电源使用。凡未确定用户需要和尚未对具体设计作出承诺时，建议在每个工作区安装两个 I/O。这样，在设备间或配线间的交叉连接场区不仅可灵活地进行系统配置，而且容易管理。虽然适配器和其他设备可用在一种允许安排公共接口的 I/O 环境之中，但在作出设计承诺之前，必须仔细考虑将要集成的设备类型和传输信号类型。在作出上述决定时必须考虑下面三个因素：

- 每种设计选择方案在经济上的最佳折衷。
- 系统管理的一些比较难以捉摸的因素。
- 在布线系统寿命期间移动和重新布置所产生的影响。

RS-232-C 终端设备的信号是不遵守这些分配的。例如，有 3 对线的 RS 设备以完全不同的方式使用 I/O：

- 引针 1：振铃指示（RI）。
- 引针 2：数据载体检测（CDC）/数据就绪（DSR）/清除发送（CTS）。
- 引针 3：数据终端准备（DTR）。
- 引针 4：信号接地（SG）。
- 引针 5：接收数据（RD）。
- 引针 6：发送数据（TD）。
- 引针 7 和引针 8：在需要控制时，分别用作清除发送（CTS）和请求发送（RTS）。

标准端接信息插座线对的标准颜色如表 6-2 所示。

表 6-2 颜色标准

导线种类	颜色	缩写
线对 1	白色－蓝色+蓝色	W－BLBL
线对 2	白色－橙色+橙色	W－OO
线对 3	白色－绿色+绿色	W－GG
线对 4	白色－棕色+棕色	W－BRBR

（2）按照 T568 A（ISDN）标准布线的 8 针模块化引针与线对的分配如图 6-4 所示。

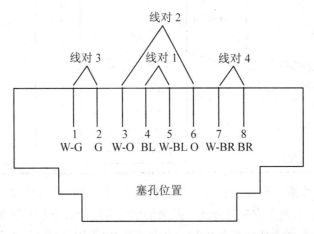

图 6-4 按照 T568 A 标准信息插座 8 针引线/线对安排正视图

6.2.2 水平子系统布线方法

6.2.2.1 水平子系统概述

水平子系统的设计涉及到水平子系统的传输介质和部件集成，主要确定 6 点内容：

（1）线路走向。

（2）线缆、槽、管的数量和类型。

（3）电缆的类型和长度。

（4）订购电缆和线槽。

（5）如果打吊杆走线槽，需要用多少根吊杆。

（6）如果不用吊杆走线槽，需要用多少根托架。

确定线路走向一般要由用户、设计人员、施工人员到现场根据建筑物的物理位置和施工难易程度来确立。信息插座的数量和类型、电缆的类型和长度一般在总体设计时便已确立，但考虑到产品质量和施工人员的误操作等因素，在订购时要留有余地。订购电缆时，必须考虑：

（1）介质布线方法和电缆走向。

（2）到设备间的接线距离。

（3）留有端接容差。

电缆的计算公式有 3 种，现将 3 种方法提供给读者参考。

（1）订货总量（总长度 m）=所需总长+所需总长×10%+n×6。

其中：所需总长——n 条布线电缆所需的理论长度；

所需总长×10%——备用部分；

n×6——端接容差。

（2）整幢楼的用线量=N×C。

其中：N——楼层数；

C——每层楼用线量，$C=[0.55×(L+S)+6]×n$；

L——本楼层离水平间最远的信息点距离；

S——本楼层离水平间最近的信息点距离；

n——本楼层的信息插座总数；

0.55——备用系数；

6——端接容差。

（3）总长度=$A+B/2×N×3.3×1.2$。

其中：A——最短信息点长度；

B——最长信息点长度；

N——楼内需要安装的信息点数；

3.3——系数 3.3，将米（m）换算成英尺（ft）；

1.2——余量参数（余量）。

（4）用线箱数=总长度/1000+1。

双绞线一般以箱为单位订购。设计人员可用（1）～（3）这 3 种算法之一来确定所需电缆长度。在水平布线通道内，关于电信电缆与分支电源电缆要说明以下几点：

（1）屏蔽的电源导体（电缆）与电信电缆并线时不需要分隔。

（2）可以用电源管道障碍（金属或非金属）来分隔电信电缆与电源电缆。

（3）对非屏蔽的电源电缆，与电信电缆的最小距离为 10cm。

（4）在工作站的信息口或间隔点，电信电缆与电源电缆的距离最小应为 6cm。

水平间设计的最后需确定水平间与干线接合的配线管理设备。

打吊杆走线槽时，一般一对吊杆间距 1m 左右。吊杆的总量应为水平干线的长度（m）×2（根）。

使用托架走线槽时，一般是间隔 1～1.5m 安装一个托架，托架的需求量应根据水平干线的实际长度计算。托架应根据线槽走向的实际情况选定。一般有两种情况：

（1）水平线槽不贴墙，则需要订购托架。

（2）水平线贴墙走，则可购买角钢自做托架。

在水平干线布线系统中常用的线缆有 4 种：

（1）100Ω非屏蔽双绞线（UTP）电缆。

（2）100Ω屏蔽双绞线（STP）电缆。

（3）50Ω同轴电缆。

（4）62.5/125μm 光纤电缆。

6.2.2.2 水平子系统布线方案

水平布线用于将电缆线从管理间子系统的配线间接到每一楼层的工作区的信息输入/输出（I/O）插座上。设计者要根据建筑物的结构特点，从路由（线）最短、造价最低、施工方便、布线规范等方面考虑。由于建筑物中的管线比较多，往往要遇到一些矛盾，所以，设计水平子系统时必须折中考虑，优选最佳的水平布线方案。一般可采用三种类型：

（1）直接埋管式。

（2）先走吊顶内线槽，再走支管到信息出口的方式。

（3）适合大开间及后打隔断的地面线槽方式。

其余方式都是这三种方式的改良型或综合型。现对上述方式进行讨论。

1. 直接埋管线槽方式

直接埋管布线方式如图 6-5 所示，由一系列密封在现浇混凝土里的金属布线管道或金属馈线走线槽组成。这些金属管道或金属线槽从水平间向信息插座的位置辐射。根据通信和电源布线的要求、地板厚度和占用的地板空间等条件，直接埋管布线方式可能要采用厚壁镀锌管或薄型电线管。这种方式在老式的设计中非常普遍。

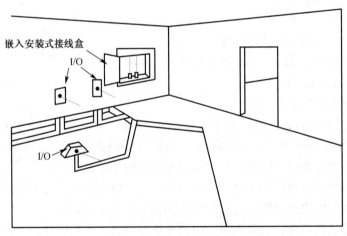

图 6-5　直接埋管布线方式

现代楼宇不仅有较多的电话语音点和计算机数据点，而且语音点与数据点可能要求互换，以增加综合布线系统使用的灵活性。因此综合布线的水平线缆比较粗，如三类 4 对非屏蔽双绞线的外径为 1.7mm，截面积为 $17.34mm^2$，五类 4 对非屏蔽双绞线的外径为 5.6mm，截面积为 $24.65mm^2$，对于目前使用较多的 SC 镀锌钢管及阻燃高强度 PVC 管，建议容量为 70%。

对于新建的办公楼宇，要求 8～10m² 内拥有一对语音、数据点，要求稍差的是 10～12m² 内拥有一对语音、数据点。设计布线时，要充分考虑到这一点。

2. 先走线槽再走支管方式

线槽由金属或阻燃高强度 PVC 材料制成，有单件扣合式和双件扣合式两种类型。

线槽通常悬挂在天花板上方的区域，用在大型建筑物或布线系统比较复杂而需要有额外支持物的场合。用横梁式线槽将电缆引向所要布线的区域。由弱电井出来的缆线先走吊顶内的线槽，到各房间后,经分支线槽从横梁式电缆管道分叉后将电缆穿过一段支管引向墙柱或墙壁，贴墙而下到本层的信息出口（或贴墙而上，在上一层楼板钻一个孔，将电缆引到上一层的信息出口），最后端接在用户的插座上，如图 6-6 所示。在设计、安装线槽时应多方考虑，尽量将线槽放在走廊的吊顶内，并且到各房间的支管应适当集中至检修孔附近，便于维护。如果是新楼宇，应赶在走廊吊顶前施工，这样不仅减少布线工时，还利于已穿线缆的保护，不影响房内装修；一般走廊处于中间位置，布线的平均距离最短，节约线缆费用，可提高综合布线系统的性能（线越短传输的质量越高）。尽量避免线槽进入房间，否则不仅费钱，而且影响房间装修，不利于以后的维护。

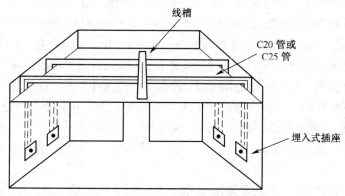

图 6-6　先走线再走支管布线方式

弱电线槽能走综合布线系统、公用天线系统、闭路电视系统（24V 以内）及楼宇自控系统信号线等弱电线缆，可降低工程造价。同时由于支管经房间内吊顶贴墙而下至信息出口，在吊顶与其他的系统管线交叉施工，减少了工程协调量。

3．地面线槽方式

地面线槽方式是指弱电井出来的线走地面线槽到地面出线盒或由分线盒出来的支管到墙上的信息出口。由于地面出线盒或分线盒、柱体直接走地面垫层，因此这种方式适用于大开间或需要打隔断的场合。

地面线槽方式将长方形的线槽打在地面垫层中，每隔 4～8m 拉一个过线盒或出线盒（在支路上出线盒起分线盒的作用），直到信息出口的出线盒。线槽有两种规格，分别为 70 型和 50 型。70 型外型尺寸为 70mm×25mm，有效截面积为 1470mm^2，占空比取 30%，可穿插 24 根水平线（三、五类线混用）；50 型外形尺寸为 50mm×25mm，有效截面积为 960mm^2，可穿插 15 根水平线。分线盒与过线盒均由两槽或三槽分线盒拼接而成。

地面线槽方式有如下优点：

（1）用地面线槽方式，信息出口离弱电井的距离不限。地面线槽每 4～8m 接一个分线盒或出线盒，布线时拉线非常容易，因此距离不限。强、弱电可以同路由。强、弱电可以走同路由相邻的地面线槽，而且可接到同一线盒内的各自插座。当然，地面线槽必须接地屏蔽，产品质量也要过关。

（2）适用于大开间或需打隔断的场合。如交易大厅面积大，计算机离墙较远，用较长的线接墙上的网络出口及电源插座显然是不合适的。这时在地面线槽的附近留一个出线盒，联网及取电就都解决了。又如一个楼层要出售，需视办公家具确定房间的大小与位置来打隔断，这时离办公家具搬入和住人的时间已经比较近了，为了不影响工期，采用地面线槽方式是最好的方法。

（3）地面线槽方式可以提高商业楼宇的档次。大开间办公是现代流行的管理模式，只有高档楼宇才能提供这种无杂乱有序线缆状况的大开间办公室。

地面线槽方式的缺点也很明显，主要体现在如下几个方面：

（1）地面线槽做在地面垫层中，需要至少 6.5cm 以上的垫层厚度，这对于尽量减少挡板及垫层厚度是不利的。

（2）由于地面线槽做在地面垫层中，如果楼板较薄，有可能在装潢吊顶过程中被吊杆打中，影响使用。

（3）不适合楼层中信息点特别多的场合。如果一个楼层中有 500 个信息点，按 70 号线槽穿 25 根线算，需 20 根 70 号线槽，线槽之间有一定空隙，每根线槽大约占 100mm 宽度，20 根线槽就要占 2.0m 的宽度，除门可走 6~10 根线槽外，还需开 1.0~1.4m 的洞，但弱电井的墙一般是承重墙，开这样大的洞是不允许的。另外地面线槽多了，被吊杆打中的机会就会相应增大。因此建议超过 300 个信息点时，应同时用地面线槽与吊顶内线槽两种方式，以减轻地面线槽的压力。

（4）不适合石质地面。地面出线盒宛如大理石地面长出了几只不合时宜的眼睛，地面线槽的路径应避免经过石质地面或不在其上放出线盒与分线盒。

（5）造价昂贵。地面出线盒为了美观，盒盖是铜的，一个出线槽盒的售价为 300~400 元。这是墙上出线盒所不能比拟的。

总体而言，地面线槽方式的造价是吊顶内线槽方式的 3~5 倍。目前地面线槽方式大多数用在资金充裕的金融业楼宇中。在选型与设计中还应注意以下几点：

（1）选型时，应选择那些有工程经验的厂家，其产品要通过国家电气屏蔽检验，避免强、弱电同路对数据产生影响；敷设地面线槽时，厂家应派技术人员现场指导，避免打上垫层后再发现问题而影响工期。

（2）应尽量根据甲方提供的办公家具布置图进行设计，避免地面线槽出口被办公家具挡住，无办公家具图时，地面线槽应均匀地布放在地面出口；对有防静电地板的房间，只需布放一个分线盒即可，出线盒敷设在静电地板下。

（3）地面线槽的主干部分尽量打在走廊的垫层中。楼层信息点较多时，应同时采用地面管道与吊顶内线槽相结合的布线方式。

6.2.3　垂直干线子系统布线方法

6.2.3.1　垂直干线子系统设计简述

垂直干线子系统的任务是通过建筑物内部的传输电缆，把各个服务接线间的信号传送到设备间，直到传送到最终接口，再通往外部网络。它既要满足当前的需要，又要适应今后的发展。垂直干线子系统包括：

（1）供各条干线接线间的电缆走线用的竖向或横向通道。

（2）主设备间与计算机中心间的电缆。

设计时要确定以下几点：

（1）每层楼的干线要求。

（2）整座楼的干线要求。

（3）从楼层到设备间的干线电缆路由。

（4）干线接线间的接合方法。

（5）干线电缆的长度。

（6）敷设附加横向电缆时的支撑结构。

在敷设电缆时，对不同的介质电缆要区别对待。

1. 光纤电缆

光纤电缆的敷设应注意以下几点：

（1）光纤电缆敷设时不应该绞接。

（2）光纤电缆在室内布线时要走线槽。

（3）光纤电缆在地下管道中穿过时要用 PVC 管。

（4）光纤电缆需要拐弯时，其曲率半径不能小于 30cm。

（5）光纤电缆的室外裸露部分要加铁管保护，铁管要固定牢固。

（6）光纤电缆不要拉得太紧或太松，并要有一定的膨胀收缩余量。

（7）光纤电缆埋地时，要加铁管保护。

2. 同轴粗电缆

同轴粗电缆的敷设应注意以下几点：

（1）同轴粗电缆敷设时不应扭曲，要保持自然平直。

（2）粗缆在拐弯时，其弯角曲率半径不应小于 30cm。

（3）粗缆接头安装要牢靠。

（4）粗缆布线时必须走线槽。

（5）粗缆的两端必须加终接器，其中一端应接地。

（6）粗缆上连接的用户间隔必须在 2.5m 以上。

（7）粗缆室外部分的安装与光纤电缆室外部分的安装相同。

3. 双绞线

双绞线的敷设应注意以下几点：

（1）双绞线敷设时线要平直，走线槽，不要扭曲。

（2）双绞线的两端点要标号。

（3）双绞线的室外部分要加套管，严禁搭接在树干上。

（4）双绞线不要拐硬弯。

4. 同轴细缆

同轴细缆的敷设与同轴粗电缆有以下几点不同：

（1）细缆弯曲半径不应小于 20cm。

（2）细缆上各站点的距离不小于 0.5m。

（3）一般细缆的长度为 183m，粗缆为 500m。

6.2.3.2　垂直干线子系统的结构

垂直干线子系统的结构是一个星型结构，如图 6-7 所示。垂直干线子系统负责把各个管理间的干线连接到设备间。

图 6-7　垂直干线子系统星型结构

6.2.3.3 垂直干线子系统的设计方法

确定从管理间到设备间的干线路由，应选择干线段最短、最安全和最经济的路由，在大楼内通常有如下两种方法：

（1）电缆孔方法。干线通道中所用的电缆孔是很短的管道，通常用直径为 10cm 的钢性金属管做成。它们嵌在混凝土地板中，是在浇注混凝土地板时嵌入的，比地板表面高出 2.5～10cm。电缆往往捆在钢绳上，钢绳又固定到墙上已铆好的金属条上。当配线间上下都对齐时，一般采用电缆孔方法，如图 6-8 所示。

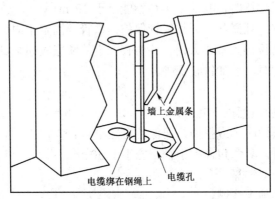

图 6-8　电缆孔方法

（2）电缆井方法。电缆井方法常用于干线通道。电缆井是指在每层楼板上开出的一些方孔，使电缆可以穿过这些电缆井从某楼层伸到相邻的楼层，如图 6-9 所示。电缆井的大小依所用电缆的数量而定。与电缆孔方法一样，电缆也是捆在或箍在支撑用的钢绳上，钢绳靠墙上金属条或地板三角架固定住。离电缆井很近的墙上的立式金属架可以支撑很多电缆。电缆井的选择非常灵活，可以让粗细不同的各种电缆以任意组合方式通过。电缆井方法虽然比电缆孔方法灵活，但在原有建筑物中开电缆井安装电缆造价较高，它的另一个缺点是使用的电缆井很难防火。如果在安装过程中没有采取措施防止损坏楼板支撑件，则楼板的结构完整性将受到破坏。在多层楼房中，经常需要使用干线电缆的横向通道才能从设备间连接到干线通道，以及在各个楼层上从二级交接间连接到任意一个配线间。记住，横向走线需要寻找一个易于安装的方便通道，因而两个端点之间很少是一条直线。

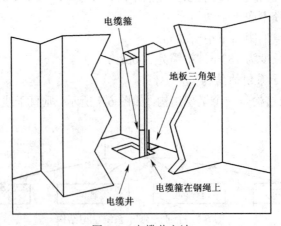

图 6-9　电缆井方法

6.2.4　设备间子系统设计

设备间子系统是一个公用设备的存放场所，也是设备日常管理的地方，在设计设备间时应注意：

（1）设备间应设在干线综合体的中间位置。

（2）应可能靠近建筑物电缆引入区和网络接口。

（3）设备间应在服务电梯附近，便于装运笨重设备。

（4）设备间内要注意：

● 室内无尘土，通风良好，要有较好的照明亮度。

● 要安装符合机房规范的消防系统。

● 要使用防火门，墙壁应使用阻燃漆。

● 要提供合适的门锁，至少要有一个安全通道。

（5）防止可能的水害（如暴雨成灾、自来水管爆裂等）带来的灾害。

（6）防止易燃易爆物的接近和电磁场的干扰。

（7）设备间空间（从地面到天花板）应保持 2.55m 高度的无障碍空间，门高为 2.1m，宽为 0.9m，地板承重能力不能低于 500kg/m^2。

设备间在设计时必须把握下述要素：

（1）最低高度。

（2）房间大小。

（3）照明设施。

（4）地板负重。

（5）电气插座。

（6）配电中心。

（7）管道位置。

（8）楼内气温控制。

（9）门的大小、方向与位置。

（10）端接空间。

（11）接地要求。

（12）备用电源。

（13）保护设施。

（14）消防设施。

6.2.4.1　设备间子系统设计概述

设备间的主要设备有数字程控交换机、计算机等，对于它的使用面积，必须有一个通盘考虑。目前，设备间的使用面积可由两种方法进行确定。

方法一：面积 $S = K \sum S_i$（i=1，2，…，n）。

其中：S——设备间使用的总面积，m^2。

　　　K——系数，每一个设备预占的面积，一般 K 选取 5、6、7（根据设备大小）。

　　　$\sum$——求和。

S_i——各设备件分别占用的面积。

i——变量 $i=1$，2，…，n，n 代表设备间内的设备总数。

方法二：面积 $S=KA$。

其中：S——设备间使用的总面积，m^2。

　　　　K——系数，同方法一。

　　　　A——设备间所有设备的总数。

6.2.4.2　设备间子系统设计的环境考虑

设计设备间子系统时要对环境问题认真考虑。

1. 温度和湿度

网络设备间对温度和湿度是有要求的，一般将温度和湿度分为 A、B、C 三级，设备间可按某一级执行，也可按某些级综合执行。具体指标见表 6-3。

表6-3　设备间温度和湿度指标

级别 指标 项目	A 级		B 级	C 级
	夏季	冬季		
温度（℃） 相对湿度（%）	22±4 40～65	18±4 35～70	12～30 30～80	8～35 25～85
温度变化率（℃/h）	<5 不凝露		>5 不凝露	<15 不凝露

2. 尘埃

设备对设备间内的尘埃量是有要求的，一般可分为 A、B 两级。具体指标见表 6-4。

表6-4　尘埃量度表

级别 指标 项目	A 级	B 级
粒度（μm） 个数（粒/dm³）	>0.5 <10 000	>0.5 <18 000

注：A 级相当于 30 万粒/ft³，B 级相当于 50 万粒/ft³。

设备间的温度、湿度和尘埃对微电子设备的正常运行及使用寿命都有很大影响。过高的室温会使元件失效率急剧增加，使用寿命下降；过低的室温会使磁介等发脆，容易断裂。温度的波动会产生"电噪声"，使微电子设备不能正常运行。相对湿度过低，容易产生静电，对微电子设备造成干扰；相对湿度过高会使微电子设备内部焊点和插座的接触电阻增大。尘埃或纤维性颗粒积聚，微生物的作用还会使导线被腐蚀断掉。所以在设计设备间时，除了按 GB 2998—89《计算站场地技术条件》执行外，还应根据具体情况选择合适的空调系统。

热量主要由如下几个方面产生：

（1）设备发热。

（2）设备间外围结构发热。

（3）室内工作人员发热。

（4）照明灯具发热。

（5）室外补充新鲜空气带入的热量。

计算出上列总发热量再乘以系数 1.1，就可以作为空调负荷，据此选择空调设备。

3．照明

设备间内在距地面 0.8m 处照度不应低于 200lx。还应设置事故照明，在距地面 0.8m 处，照度不应低于 5lx。

4．噪声

设备间的噪声应小于 70dB。如果长时间在 70～80dB 噪声的环境下工作，不但影响人的身心健康和工作效率，还可能造成人为的噪声事故。

5．电磁场干扰

设备间内无线电干扰场强，在频率为 0.15～1000MHz 范围内不应大于 120A/m。设备间内磁场干扰场强不大于 800A/m（相当于 100e）。

6．供电

设备间供电电源应满足下列要求：

● 频率：50Hz。

● 电压：380V/220V。

● 相数：三相五线制或三相四线制/单相三线制。

依据设备的性能允许以上参数的变动范围如表 6-5 所示。

表6-5　设备的性能允许电源变动范围

项目　指标　级别	A 级	B 级	C 级
电压变动（%）	-5～+5	-10～+7	-15～+10
频率变化（Hz）	-0.2～+0.2	-0.5～+0.5	-1～+1
波形失真率（%）	<±5	<±5	<±10

设备间内供电容量是将设备间内存放的每台设备用电量的标称值相加后，再乘以系数得到的。从电源室（房）到设备间使用的电缆，除应符合 GBJ232－82《电气装置安装工程施工及验收规范》中的配线工程规定外，载流量应减少 50%。设备间内设备用的配电柜应设置在设备间内，并应采取防触电措施。设备间内的各种电力电缆应为耐燃铜芯屏蔽电缆。各电力电缆（如空调设备、电源设备所用的电缆等）、供电电缆不得与双绞线走向平行。交叉时，应尽量以接近于垂直的角度交叉，并采取防延燃措施。各设备应选用铜芯电缆，严禁铜、铝混用。

7．安全

设备间的安全可分为三个基本类别：

（1）对设备间的安全有严格的要求，有完善的设备间安全措施。

（2）对设备间的安全有较严格的要求，有较完善的设备间安全措施。

（3）对设备间的安全有基本的要求，有基本的设备间安全措施。

设备间的安全要求详见表 6-6。

表 6-6　设备间的安全要求

级别 指标 项目	C 级	B 级	A 级
场地选择	—	@	@
防火	@	@	@
内部装修	—	@	b
供配电系统	@	@	b
空调系统	@	@	b
火灾报警及消防设施	@	@	b
防水	—	@	b
防静电	—	@	b
防雷电	—	@	b
防鼠害	—	@	b
电磁波的防护	—	@	@

注：—，无要求；@，有要求或增加要求；b，要求。

根据设备间的要求，设备间安全可按某一类执行，也可按某些类综合执行。

8. 建筑物防火与内部装修

建筑物防火等级分为 3 类。

A 类，其建筑物的耐火等级必须符合 GB 50045－95《高层民用建筑设计防火规范》中规定的一级耐火等级。

B 类，其建筑物的耐火等级必须符合 GB 50045－95 中规定的二级耐火等级。与 A、B 类安全设备间相关的其余基本工作房间及辅助房间，其建筑物的耐火等级不应低于 GB 50016－2006《建筑设计防火规范》中规定的二级耐火等级。

C 类，其建筑物的耐火等级应符合 GB 50016－2006 中规定的二级耐火等级。与 C 类设备间相关的其余基本工作房间及辅助房间，其建筑物的耐火等级不应低于 GB 50016－2006 中规定的三级耐火等级。

内部装修：根据 A、B、C 三类等级要求，设备间进行装修时，装饰材料应符合 GB 50016－2006 中规定的难燃材料或非燃材料，应能防潮、吸噪、不起尘、抗静电等。

9. 地面

为了方便表面敷设电缆线和电源线，设备间地面最好采用抗静电活动地板，其系统电阻应在 $1 \sim 10\Omega$ 之间，具体要求应符合 GB 50174－93《电子计算机房用地板技术条件》标准。带有走线口的活动地板称为异形地板。其走线应做到光滑，防止损伤电线、电缆。设备间地面所需异形地板的块数可根据设备间所需引线的数量来确定。设备间地面切忌铺地毯，其原因为：一是容易产生静电；二是容易积灰。放置活动地板的设备间的建筑地面应平整、光洁、防潮、防尘。

10. 墙面

墙面应选择不易产生尘埃，也不易吸附尘埃的材料。目前大多数情况是在平滑的墙壁上涂阻燃漆，或在平滑的墙壁上覆盖耐火的胶合板。

11．顶棚

为了吸噪及布置照明灯具，设备顶棚一般在建筑物梁下加一层吊顶。吊顶材料应满足防火要求。目前，国内大多数采用铝合金或轻钢作龙骨，安装吸声铝合金板、难燃铝塑板、喷塑石英板等。

12．隔断

根据设备间放置的设备及工作需要，可用玻璃将设备间隔成若干个房间。隔断可以选用防火的铝合金或轻钢作龙骨，安装 10mm 厚玻璃。或从地面至 1.2m 处安装难燃双塑板，1.2m 以上安装 10mm 厚玻璃。

13．火灾报警及灭火设施

A、B 类设备间应设置火灾报警装置。在机房内、基本工作房间、活动地板下、吊顶地板下、吊顶上方、主要空调管道中及易燃物附近部位应设置烟感和温感探测器。

A 类设备间内设置卤代烷 1211 或 1301 自动灭火系统，并备有手提式卤代烷 1211 或 1301 灭火器。

B 类设备间在条件许可的情况下，应设置卤代烷 1211 或 1301 自动消防系统，并备有卤代烷 1211、1301 灭火器。

C 类设备间应备有手提式卤代烷 1211 或 1301 灭火器。

A、B、C 类设备间除纸介质等易燃物质外，禁止使用水、干粉或泡沫等易产生二次破坏的灭火剂。

6.2.5　管理间布线方法

6.2.5.1　管理间子系统设备部件

当今许多大楼在综合布线时考虑在每一楼层都设立一个管理间，用来管理该层的信息点，摒弃了以往几层共享一个管理间子系统的做法，这也是布线的发展趋势之一。

作为管理间一般有以下设备：

- 机柜。
- 集线器。
- 信息点集线面板。
- 语音点 S110 集线面板。
- 集线器的整压电源线。

作为管理间子系统，应根据管理的信息点的多少安排使用房间的大小。如果信息点多，就应该考虑单独设立一个房间来放置；信息点少时，就没有必要单独设立一个管理间，可选用墙上型机柜来处理该子系统。

6.2.5.2　管理间子系统的交连硬件部件

在管理间子系统中，信息点的线缆通过数据接线面板进行管理，而语音点的线缆是通过 110 交连硬件进行管理的。信息点的接线面板有 12 口、24 口、48 口等几种，应根据信息点的多少配备集线面板。现重点介绍语音点的 110 交连硬件。

110 型交连硬件是 AT＆T 公司为卫星接线间、干线接线间和设备的连线端接而选定的 PDS 标准。110 型交连硬件分两大类，分别为：110A 和 110P。这两种硬件的电气功能完全相同，但其规模和所占用的墙空间或面板大小有所不同，每种硬件各有优点。110A 与 110P 管理的线路数据相同，但 110A 占有的空间只有 110P 或老式的 66 接线块结构的 1/3 左右，并且价格也较低。

1. 选择 110 型硬件

（1）110 型硬件有两类，分别为 110A 和 110P。110A，跨接线管理类；110P，插入线管理类。

（2）所有的接线块每行均端接 25 对线。

（3）3、4 或 5 对线的连接决定了线路的模块系数。

（4）连接块与连接插件配合使用。连接插件有 4 对线和 5 对线之分，如图 6-10 所示。110P 硬件的外观简洁，便于使用插入线而不用跨接线，因而对管理人员技术水平要求不高。但 110P 硬件不能垂直叠放在一起，也不能用于 2000 条线路以上的管理间或设备间。

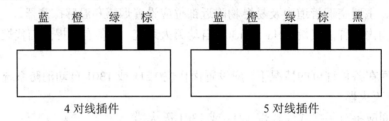

图 6-10　连接插件

2. 110 型交连硬件的组成

（1）100 型对线的接线块，配有或不配有安装脚。

（2）3、4 或 5 对线的 110C 连接块。

（3）188B1 或 188B2 底板。

（4）188A 定位器。

（5）188UT1-50 标记带（空白带）。

（6）色标不干胶线路标志。

（7）XLBET 框架。

（8）交连跨接线。

3. 110 型接线块

110 型接线块是阻燃的模制塑料件，其上面装有若干齿形条，足够用于端接 25 对线。接线块正面从左到右均有色标，以区分各条输入线。这些线放入齿形的槽缝里，再与连接块结合。利用 788J12 工具，就可以把连接块的连线冲压到 110C 连接上。

4. 110C 连接块

连接块上装有夹子，当连接块推入齿形时，这些夹子就切开连线的绝缘层。连接块的顶部用于交叉连接，顶部的连线通过连接块与齿形条内的连线相连。110C 连接块有 3 对线、4 对线和 5 对线三种规格。

5. 110A 用的底板

188B1 底板用于承受和支持连接块之间的水平方向跨接线。188B2 底板支脚使线缆可以在底板后面通过。

6. 110 接线块与 66 接线块的比较

110 系统的高密度设计使得它占用的墙空间远小于类似的 66 型连接块占用的空间，使用 110 系统可以节省 53%的墙空间。

7. 110P 硬件

110P 硬件包括若干个 100 对线的接线块，块与块之间由安装于后面板上的水平插入线过线槽隔开。110P 型硬件有 300 对线或 900 对线的终端块，既有现场端接的，也有连接器的。110P 型终端块由垂直交替叠放的 110 型接线块、水平跨接线组成，过线槽位于接线之上。终端块的下部是半封闭管道。现场端接的硬件必须经过组装（把过线槽和接线块固定到后面板上），带连接器的终端块均已组装完毕，随时可安装于现场。

8. 110P 交连硬件的组成

110P 交连硬件由以下几个部分组成。

（1）安装于终端块面板上的 100 对线的 110D 型接线块。

（2）188C2 和 188D2 垂直底板。

（3）188E2 水平跨接线过线槽。

（4）管道组件。

（5）3、4 或 5 对线的连接块。

（6）插入线。

（7）名牌标签/标记带。

6.2.5.3　管理间子系统的交接形式

在不同类型的建筑物中管理间子系统常采用单点管理单交接、单点管理双交接和双点管理双交接三种方式。

1. 单点管理单交接

这种方式使用的场合较少，结构图如图 6-11 所示。

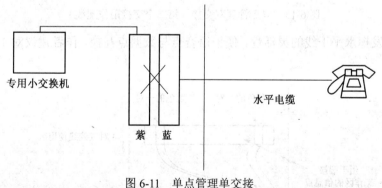

图 6-11　单点管理单交接

2. 单点管理双交接

管理间子系统宜采用单点管理双交接。单点管理位于设备间里面的交换设备或互联设备附近，通过线路不进行跳线管理，直接连至用户工作区或配线间中的第二个接线交接区。如果没有配线间，第二个交接可放在用户间的墙壁上，如图 6-12 所示。

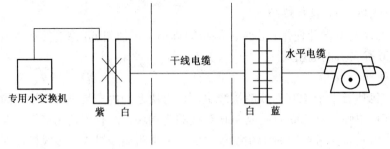

图 6-12 单点管理双交接（第二个交接在管理间用硬接线实现）

用于构造交接场的硬件所处的地点、结构和类型决定综合布线系统的管理方式。交接场的结构取决于工作区、综合布线规模和选用的硬件。

3. 双点管理双交接

当在低矮而又宽阔的建筑物里管理规模较大、复杂（如机场、大型商场）的布线系统时，多采用二级交接间，设置双点管理双交接。双点管理除了在设备间里有一个管理点之外，在配线间仍为一级管理交接（跳线）。在二级交接间或用户房间的墙壁上还有第二个可管理的交接。双交接要经过二级交接的设备。第二个交接可能是一个连接块，它对一个接线块或多个终端块（其配线场与站场各自独立）的配线和站场进行组合，如图 6-13 所示。

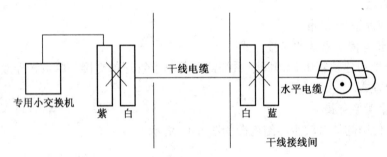

图 6-13 双点管理双交接（第二个交接用作配线）

为了充分发挥水平干线的灵活性，便于语音点与数据点互换，作者建议对 110 的使用如图 6-14 所示。

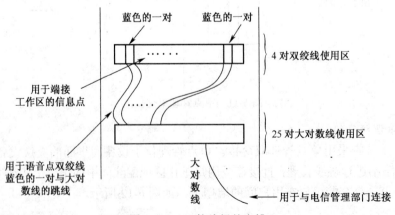

图 6-14 110 接线场的安排

6.2.6　建筑群子系统布线方法

建筑群子系统也称楼宇管理子系统。一个企业或某政府机关可能分散在几幢相邻建筑物或不相邻建筑物内办公。但彼此之间的语音、数据、图像和监控等系统可用传输介质和各种支持设备（硬件）连接在一起。连接各建筑物之间的传输介质和各种支持设备（硬件）组成一个建筑群综合布线系统。连接各建筑物之间的线缆组成建筑群子系统。

6.2.6.1　AT＆T 推荐的建筑群子系统设计

建筑群子系统布线时，AT＆T 公司的 PDS 系统推荐的设计步骤如下：

（1）确定敷设现场的特点。

（2）确定电缆系统的一般参数。

（3）确定建筑物的电缆入口。

（4）确定明显障碍物的位置。

（5）确定主电缆路由和备用电缆路由。

（6）选择所需电缆类型和规格。

（7）确定每种选择方案所需的劳务成本。

（8）确定每种选择方案的材料成本。

（9）选择最经济、最实用的设计方案。

1．确定敷设现场的特点

需确定的敷设现场的特点包括：

（1）整个工地的大小。

（2）工地的地界。

（3）共有多少座建筑物。

2．确定电缆系统的一般参数

需确定的电缆系统的一般参数包括：

（1）起点位置。

（2）端接点位置。

（3）涉及的建筑物和每座建筑物的层数。

（4）每个端接点所需的双绞线对数。

（5）有多个端接点的每座建筑物所需的双绞线总对数。

3．确定建筑物的电缆入口

在确定建筑物电缆入口时应考虑：

（1）对于现有建筑物，要确定各个入口管道的位置；每座建筑物有多少入口管道可供使用；入口管道的数目是否满足系统的需要。

（2）如果入口管道不够用，则要确定在移走或重新布置某些电缆时是否能腾出某些入口管道；在不够用的情况下应另装多少入口管道。

（3）如果建筑物尚未建起来，则要根据选定的电缆路由完善电缆系统设计，并标出入口管道的位置；选定入口管道的规格、长度和材料；在建筑物施工过程中安装好入口管道。建筑物入口管道的位置应便于连接公用设备、根据需要在墙上穿过一根或多根管道。查阅当地的建筑法规，了解对承重墙穿孔有无特殊要求。所有易燃材料（如聚丙烯管道、聚乙烯管道）应端接在建筑物的外面。外线电缆的聚丙烯护皮可以例外，只要它在建筑物内部的长度（包括多余电缆的卷曲部分）不超过 15m，如果外线电缆延伸到建筑物内部的长度超过 15m，就应使用合适的电缆入口器材，在入口管道中填入防水和气密性很好的密封胶，如 B 型管道密封胶。

4．确定明显障碍物的位置

（1）确定土壤类型：砂质土、粘土、砾土等。

（2）确定电缆的布线方法。

（3）确定地下公用设施的位置。

（4）查清拟定的电缆路由中沿线各个障碍物的位置或地理条件：

● 铺路区。

● 桥梁。

● 铁路。

● 树林。

● 池塘。

● 河流。

● 山丘。

● 砾石土。

● 截留井。

● 人孔（人字形孔道）。

● 其他。

（5）确定对管道的要求。

5．确定主电缆路由和备用电缆路由

确定主电缆路由和备用电缆路由时应考虑：

（1）对于每一种待定的路由，确定可能的电缆结构。

（2）所有建筑物共用一根电缆。

（3）对所有建筑物进行分组，每组单独分配一根电缆。

（4）每座建筑物单用一根电缆。

（5）查清在电缆路由中哪些地方需要获准后才能通过。

（6）比较每个路由的优缺点，从而选定最佳路由方案。

6．选择所需电缆的类型和规格

（1）确定电缆长度。

（2）画出最终的结构图。

（3）画出所选定路由的位置和挖沟详图，包括公用道路图或任何需要经审批才能动用的地区草图。

（4）确定入口管道的规格。

（5）选择每种设计方案所需的专用电缆。

（6）参考《AT&T SYSTIMAX PDS 部件指南》中电缆部分关于线号、双绞线对数和长度的资料时，应确保其符合相关要求。

（7）应保证电缆可进入入口管道。

（8）如果需用管道，应选择其规格和材料。

（9）如果需用钢管，应选择其规格、长度和类型。

7. 确定每种方案所需的劳务成本

确定每种布线方案所需的劳务成本的步骤为：

（1）确定布线时间。

- 包括迁移或改变道路、草坪、树木等所花的时间。
- 如果使用管道区，应包括敷设管道和穿电缆的时间。
- 确定电缆接合时间。
- 确定其他时间，例如拿掉旧电缆、避开障碍物所需的时间。

（2）计算总时间。

（3）计算每种设计方案的成本。

（4）总时间乘以当地的工时费。

8. 确定每种方案所需的材料成本

（1）确定电缆成本。

- 确定每英尺（米）的成本。
- 参考有关布线材料价格表。
- 针对每根电缆查清每 100 英尺的成本。
- 将上述成本除以 100。
- 将每米（英尺）的成本乘以米（英尺）数。

（2）确定所有支持结构的成本。

- 查清并列出所有的支持结构。
- 根据价格表查明每项用品的单价。
- 将单价乘以所需的数量。

（3）确定所有支撑硬件的成本。

对于所有的支撑硬件，重复（2）项所列的三个步骤。

9. 选择最经济、最实用的设计方案

（1）把每种选择方案的劳务费成本加在一起，得到每种方案的总成本。

（2）比较各种方案的总成本，选择成本较低者。

（3）确定最经济方案是否有重大缺点，以致抵消了经济上的优点。如果发生这种情况，应取消此方案，考虑经济性较好的设计方案。

如果牵涉到干线电缆，应把有关的成本和设计规范也列进来。

6.2.6.2　电缆布线方法

在建筑群子系统中，电缆布线方法有 4 种。

1. 架空电缆布线

架空安装方法通常只用于现有电线杆，而且电缆的走法不是主要考虑内容的场合，从电线杆至建筑物的架空进线距离不超过 30m 为宜。建筑物的电缆入口可以是穿墙的电缆孔或管道。入口管道的最小口径为 50mm。建议另设一根同样口径的备用管道，如果架空线的净空间有问题，可以使用天线杆型的入口。该天线的支架一般不应高于屋顶 1200mm。如果再高，就应使用拉绳固定。此外，天线型入口杆高出屋顶的净空间应有 2400mm，该高度正好使工人可摸到电缆。

通信电缆与电力电缆之间的距离必须符合我国室外架空线缆的有关标准。

架空电缆通常穿入建筑物外墙上的 U 形钢保护套，然后向下（或向上）延伸，从电缆孔进入建筑物内部，如图 6-15 所示，电缆入口的孔径一般为 50mm，建筑物到最近处的电线杆的距离通常小于 30m。

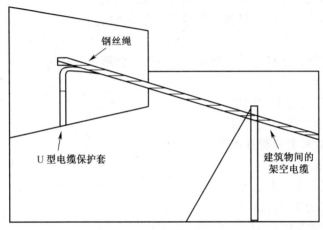

图 6-15   架空布线法

2. 直埋电缆布线

直埋布线法优于架空布线法，影响选择此法的主要因素如下：

（1）初始价格。

（2）维护费。

（3）服务可靠。

（4）安全性。

（5）外观。

切不要把任何一个直埋施工结构的设计或方法看作是提供直埋布线的最好方法或唯一方法。在选择某个设计或几种设计的组合时，重要的是采取灵活的、思路开阔的方法。这种方法既要适用，又要经济，还能可靠地提供服务。直埋布线的选取地址和布局实际上需针对每项作业对象专门设计，而且必须对各种方案进行工程研究后再作出决定。工程的可行性决定了哪种是最实际的方案。

在选择最灵活、最经济的直埋布线线路时，主要考虑的物理因素如下：

（1）土质和地下状况。

（2）天然障碍物，如树林、石头以及不利的地形。

（3）其他公用设施（如下水道、水管、气管、电缆）的位置。

（4）现有或未来的障碍或可产生障碍的情况，如游泳池、表土存储场或修路。

由于布线的发展趋势是让各种设施不出现在人们的视野里，所以，语音电缆和电力电缆埋在一起将日趋普遍，这样的共用结构要求有关部门从筹划阶段直到施工完毕，以至在未来的维护工作中密切合作，这种协作会增加一些成本。这种共用结构也日益需要用户的合作。PDS为改善所有公用部门的合作而提供的建筑性方法将有助于使这种结构既吸引人，又很经济。

请遵守所有的法令和公共法则。有关直埋电缆所需的各种许可证书应妥善保存，以便在施工过程中可立即取用。

需要申请许可证书的事项如下：

（1）挖开街道路面。

（2）关闭通行道路。

（3）把材料堆放在街道上。

（4）使用炸药。

（5）在街道和铁路下面推进钢管。

（6）电缆穿越河流。

3．管道系统电缆布线

管道系统的设计方法就是把直埋电缆设计原则与管道设计步骤结合在一起。当考虑建筑群管道系统时，还要考虑接合井。

在建筑群管道系统中，接合井的平均间距约为 180m，或者在主结合点处设置接合井。接合井可以是预制的，也可以是现场浇筑的。应在结构方案中标明使用哪一种接合井。

预制接合井是较佳的选择。现场浇筑的接合井只在下述几种情况下才允许使用：

（1）该处的接合井需要重建。

（2）该处需要使用特殊的结构或设计方案。

（3）该处的地下或头顶空间有障碍物，因而无法使用预制接合井。

（4）作业地点的条件（例如沼泽地或土壤不稳固等）不适于安装预制入孔。

4．隧道内电缆布线

在建筑物之间通常有地下通道，大多是用来供暖供水的，利用这些通道来敷设电缆不仅成本低，而且可利用原有的安全设施。如考虑到暖气泄漏等情况，电缆安装时应与供气、供水、供暖的管道保持一定的距离，安装在尽可能高的地方，可根据民用建筑设施的有关条例进行施工。

6.2.6.3　四种建筑群布线方法比较

在 6.2.6.2 节中叙述了管道内、直埋、架空、隧道四种建筑群布线方法，它们的优缺点如表 6-7 所示。

表 6-7　四种建筑群布线方法的优缺点

方法	优点	缺点
管道内	提供最佳的机构保护 任何时候都可敷设电缆 电缆的敷设、扩充和加固都很容易	挖沟、开管道和入孔的成本很高
直埋	保持建筑物的外貌 提供某种程度的机构保护	挖沟成本高 难以安排电缆的敷设位置 难以更换和加固
架空	如果本来就有电线杆，则成本最低	没有提供任何机械保护 灵活性差 安全性差 影响建筑物美观
隧道	保持建筑物的外貌，如果本来就有隧道，则成本最低、安全	热量或漏泄的热水可能会损坏电缆，可能被水淹没

网络设计师在设计时，不但自己要有一个清醒的认识，还要把这些情况向用户说明。

6.3 居民楼布线

实际上，前面介绍的布线方法是以办公楼结构的建筑物为环境。对于居民楼这样的按门栋结构排列的建筑物，上述的布线方法不完全适用。但是，其仍具有普遍的参考价值。因为两种结构建筑物的空间关系恰好对称，即居民楼的垂直子系统相当于办公楼的水平子系统，而居民楼的水平子系统相当于办公楼的垂直子系统。

居民楼布线一般按照如图 6-16 所示的结构设计。

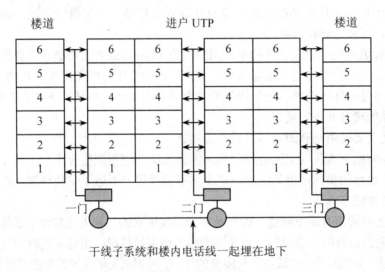

图 6-16 居民楼布线

图中矩形阴影框代表以下两种情形：

（1）设备间机柜。由于居民楼或公寓没有多余的房间作为配线间，因此，机柜直接摆放在楼道内。尤其是建筑结构与办公楼相似的学生公寓或单身宿舍，经常采用这种做法。

（2）外挂交换机。在不需要机柜时，交换机直接外挂在底层楼道外墙上的简易金属机箱内。

图中圆形阴影代表地下设备井，每个楼栋的交换机与中心交换机的连接通过井内的转接设备和管道实现。

6.4 办公室内的设备连接

本章介绍的结构化布线方法在工作区墙上只预留安装了一至两个 RJ-45 插头。当办公室内计算机数量较多，且都要联网时，显然墙上的插座不够用。如何实现让一个插头为多台机器服务呢？可以采用下面的方法。

（1）把办公室内的多台计算机连接到室内的一台交换机上，构成一个办公室内的局域网。

（2）把办公室交换机连接到墙上的 RJ-45 插头上，这样，办公室内的所有计算机既可以实现办公室内的联网，又可以通过楼内的网线连接到其他办公室的计算机了，如图 6-17 所示。

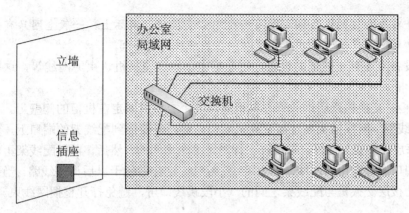

图 6-17 办公室接入楼内局域网

上述方法简单易行，不需要花费很大的成本，但需要注意以下问题：

（1）在办公室内联网时，要注意交换机的摆放位置，避免因布线影响办公室的整洁。另外，要注意交换机的配电，防止触电。

（2）办公室的交换机与墙上的插头连接时要使用交换机上的 Uplink 端口。该端口是专用于与其他设备连接的，墙上插头的另一端连接的是楼层交换机。

（3）选购办公室的交换机时要保证其端口数量够用，换句话说，端口数量要大于（至少等于）办公室内现有机器的数量，最好有一定的富裕量。

（4）一般在网络布线结束后，网络可以使用之前，每层楼内办公室墙上的插头都被网络管理员划分到一个 IP 子网中，通过该插头连接到网上的计算机在设置 IP 地址时要使用网络管理员规定的子网号，主机号可以自己设定。这样就产生了一个问题，办公室内联网的多台计算机怎样设置 IP 地址？有两种作法：第一种方法，按照全网的规定设置。此时，子网的地址数量要够用。当地址不够用时，要使用第二种方法。第二种方法是给办公室内的计算机分配自己定义的私有 IP 地址，可以不遵守全网的规定，给交换机与墙上插头连接的 Uplink 端口分配全网规定的地址，让它代表办公室内的计算机与其他外部的计算机通信，但这种方法需要使用路由设备。

6.5 设备间的连接

6.5.1 设备的种类

设备间内的设备种类比较复杂，由于用途不同，其性能的差别较大。设备间内的设备主要包括以下两种：

（1）楼层交换机。每一层楼在设备间有一个楼层交换机，它通过水平布线子系统与此楼层各个房间的插座相连。楼层交换机的端口数量一般稍多于楼层中办公室的插座数量的总和。楼层交换机端口的数据率是 10/100Mb/s（自适应），即当插座相连的网卡是 10Mb/s 时，端口工作在 10Mb/s；当网卡工作在 100Mb/s 时，端口工作在 100Mb/s。

（2）中心交换机。它用于连接各个楼的局域网。各个楼的局域网之间的通信要经过中心交换机。它的性能要比楼层交换机高一个档次。

　　注意: 并非每个楼的设备间都要有一个中心交换机, 实际上, 一般全网只有一台中心交换机, 它可以单独放在一个地方, 也可以放在某栋楼的设备间。

　　另外, 设备间还有一些辅助设备, 用于配电、固定交换机、束缚网线等, 这些设备包括以下两种。

　　(1) 机柜。交换机逐层地放置在机柜里, 每个交换机固定在机柜的侧壁上。

　　(2) 配线架。网线插头在连接交换机端口之前, 先要插到配线架的端口上, 然后把网线一束束地 (每层楼一束) 捆好, 每根线上标明是哪个房间的。然后, 再把配线架上的端口与交换机的对应端口通过专用的网线 (称为跳线) 连接。这样做便于以后调整线路。当要调整线路时, 只需改动楼层交换机与配线架之间的一小段跳线即可, 避免打开整捆网线束。

6.5.2　设备连接的类型与方法

　　在结构化布线系统内有 6 种连接类型。

　　(1) 房间插座到楼层配线间配线架的连接。该连接使用双绞线。有时, 当楼层结构允许而且楼层工作区信息插座数量较少时, 也可以不设楼层配线间, 水平子系统的网线直接进入干线子系统。

　　(2) 楼层配线间到设备间配线架的连接, 由干线子系统网线连接。

　　(3) 配线架到楼层交换机的跳接。

　　(4) 楼层交换机之间的级联 (同级设备之间的连接)。

　　(5) 楼层交换机到中心交换机的上联。

　　(6) 可能存在的中心交换机与其他网络的外部设备的连接, 例如与广域网的接入设备连接。

　　这 6 种连接的示意图如图 6-18 所示。

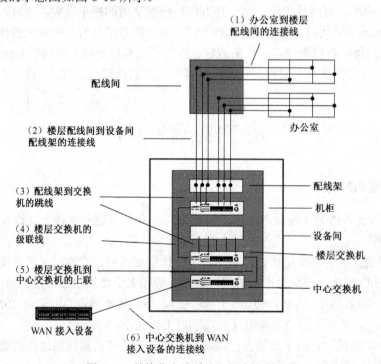

图 6-18　结构化布线系统内的连接类型

结构化布线系统各设备之间的连接方法如下：

1. 房间插座到楼层配线架的连接方法

房间内的计算机通过室内工作区网线连接到墙上的局域网插座，从而接入楼内的局域网。水平子系统的网线一般在楼道顶部的塑料走线槽内。走线槽从楼层配线间延伸到楼道的两端，它在每个房间的楼道外墙有一个穿孔，工作区网线通过墙壁的穿孔和布线槽的穿孔进入布线槽，进而连接到楼层配线间。

2. 楼层配线架到设备间配线架的连接方法

楼层配线架到设备间配线架的连接通过垂直子系统网线实现。垂直子系统网线可以是水平子系统网线的延伸，此时，配线架只起到走线和固定的作用。这种做法要求信息插座到设备间配线架的距离小于 100m。如果距离大于 100m，则楼层配线间要提供中继器，水平子系统网线与垂直子系统网线之间需要通过中继器转接。当楼层配线架与设备间配线架之间的距离较大时（185～500m），可以使用同轴电缆。

3. 设备间配线架到设备间内楼层交换机的跳接方法

双绞线在连接信息插座和配线架端口之前要在两端标识房间号。连接到配线架时，要记录所在的端口号。网线插头插到配线架以后，要把双绞线固定好，做法是一层楼的网线捆成一束，然后固定在金属走线槽里，再引入机柜。

用跳线（双绞线）把配线架上的另一组（与已连接双绞线的端口对应的）端口连接到交换机上的端口，并记录哪个房间使用了哪个端口。跳线一般是比较软的、带颜色的双绞线，而且 RJ-45 的插头比水平子系统使用的 UTP 双绞线的插头长一些，一般带护套。

4. 楼层交换机的级联方法

楼层交换机垂直排列在机柜里，它们之间通过 Uplink 端口级联，作法是：用跳线的一头连接一个楼层交换机的 Uplink 端口，用跳线的另一头连接另一个交换机的普通端口。

5. 楼层交换机到中心交换机的上联方法

并非每个楼层交换机都要与中心交换机连接，常用的作法是楼层交换机先级联在一起，形成一个楼内扩展式局域网，然后再通过某台楼层交换机的 Uplink 端口连接到中心交换机的普通端口。

提示：由于中心交换机还要连接其他楼的局域网，如果一个楼内的楼层交换机都要独立连接到中心交换机的话，一个楼内楼层间的通信势必要经过中心交换机，这样就要占用中心交换机的资源，带来不必要的资源浪费，影响整个网络的性能。因此，楼层交换机到中心交换机的上联方法按照先级联再上联的作法，把楼内的通信限制在楼层交换机之间，而不必通过中心交换机。

6. 中心交换机与广域网接入设备的连接方法

当中心交换机要进行更远距离的通信时，就需要使用广域网接入设备。中心交换机与广域网接入设备连接的作法是把中心交换机的广域网端口与广域网接入设备上的端口连接。

6.6 布线系统的测试与验收

作为网络综合布线系统，在物理上主要验收的方面如下：

（1）工作区子系统的验收。对于众多的工作区不可能逐一验收，而是由甲方抽样挑选工作间。

工作区子系统验收的重点有：

- 线槽走向、布线是否美观大方，符合规范。
- 信息插座是否按规范进行安装。
- 信息插座的安装是否做到一样高、平、牢固。
- 信息面板是否都固定牢靠。

（2）水平干线子系统的验收。

水平干线子系统验收的主要验收点有：

- 槽安装是否符合规范。
- 槽与槽、槽与槽盖是否接合良好。
- 托架、吊杆是否安装牢靠。
- 水平干线与垂直干线、工作区交接处是否出现裸线，有没有按规范做。
- 水平干线槽内的线缆有没有固定。

（3）垂直干线子系统的验收。

垂直干线子系统的验收除了类似于水平干线子系统的验收内容外，还要检查楼层与楼层之间的洞口是否封闭，以防火灾出现时成为一个隐患点；线缆是否按间隔要求固定；拐弯线缆是否留有弧度。

（4）管理间、设备间子系统的验收。

管理间、设备间子系统主要需检查设备安装是否规范整洁。

验收不一定要等工程结束时才进行，有的内容往往是可以随时验收的，现把网络布线系统的物理验收归纳如下：

1. 施工过程中甲方需要检查的事项

（1）环境要求。

- 地面、墙面、天花板内、电源插座、信息模块座、接地装置等要素的设计与要求。
- 设备间、管理间的设计。
- 竖井、线槽、打洞位置的要求。
- 施工队伍以及施工设备。
- 活动地板的敷设。

（2）施工材料的检查。

- 双绞线、光缆是否按方案规定的要求购买。
- 塑料槽管、金属槽是否按方案规定的要求购买。
- 机房设备如机柜、集线器、接线面板等是否按方案规定的要求购买。
- 信息模块、座、盖是否按方案规定的要求购买。

（3）安全、防火要求。

- 器材是否靠近火源。
- 器材堆放是否安全防盗。
- 发生火情时能否及时提供消防设施。

2. 检查设备安装

（1）机柜与配线面板的安装。

- 在机柜安装时要检查机柜安装的位置是否正确；规格、型号、外观是否符合要求。

- 跳线制作是否规范，配线面板的接线是否美观整洁。
（2）信息模块的安装。
- 信息插座的安装位置是否规范。
- 信息插座、盖的安装是否平、直、正。
- 信息插座、盖是否用螺丝拧紧。
- 标志是否齐全。

3. 双绞线电缆和光缆的安装
（1）桥架和线槽的安装。
- 位置是否正确。
- 安装是否符合要求。
- 接地是否正确。
（2）线缆布放。
- 线缆规格、路由是否正确。
- 对线缆的标号是否正确。
- 线缆拐弯处是否符合规范规定。
- 竖井的线槽、线固定是否牢靠。
- 是否存在裸线。
- 竖井层与楼层之间是否采取了防火措施。

4. 室外光缆的布线
（1）架空布线。
- 架设竖杆位置是否正确。
- 吊线规格、垂度、高度是否符合要求。
- 卡挂钩的间隔是否符合要求。
（2）管道布线。
- 管孔大小、管孔位置是否合适。
- 线缆规格。
- 线缆走向路由。
- 防护设施。
（3）挖沟布线（直埋）。
- 光缆规格。
- 敷设位置、深度。
- 是否加了防护铁管。
- 回填土复原是否夯实。
（4）隧道内布线。
- 线缆规格。
- 安装位置、路由。
- 设计是否符合规范。

5. 线缆终端安装
（1）信息插座的安装是否符合规范。

（2）配线架压线是否符合规范。

（3）光纤头制作是否符合要求。

（4）光纤插座是否符合规范。

（5）各类线路是否符合规范。

上述 5 点均应在施工过程中由甲方和督导人员随工检查。发现不合格的地方，做到随时返工，如果完工后再检查，出现问题就不好处理了。

习题与思考题六

一、填空题

1．通常认为一个完整的结构化布线系统一般由以下六个部分组成，分别是：_____、_____、_____、_____、_____、_____。

2．_____子系统主要描述从信息插座/连接器连接到工作区中用户终端设备之间的布线标准。

3．网络设备间对温度和湿度是有要求的，一般将温度和湿度分为_____、_____、_____三级，设备间可按某一级执行，也可按某些级综合执行。

二、简答题

1．说明结构化布线系统的组成。

2．结构化布线包括哪些设计等级？

3．结构化布线的主要标准是什么？

4．简述各个子系统的设计步骤。

5．简述楼与楼之间应如何走线。

6．简述办公室内设备的连接方法。

7．简述设备间内设备的连接方法。

8．简述布线验收应注意的问题有哪些。

第 7 章　搭建网络服务及配置

本章学习目标

　　为客户提供服务是组建网络的最终目的，搭建网络服务是网络组建的重要环节之一。网络服务包括很多种，本章对 DNS、DHCP、WINS 等组建网络必需的几种服务器进行简要分析，并对网络服务器的配置及网络资源共享的方法进行介绍。通过本章的学习，应该掌握以下内容：
- 基本网络服务规划与部署
- 网络服务器的配置与使用
- 从工作站登录到服务器的方法
- 网络资源共享的方法

7.1　网络服务概述

7.1.1　网络操作系统

　　网络操作系统的英文缩写为 NOS（Network Operating System），是使网络上各计算机方便而有效地共享网络资源，为网络用户提供所需的各种服务软件和有关规程的集合。

　　网络操作系统除了具有通常操作系统所具有的处理机管理、存储器管理、设备管理和文件管理功能外，还应具有两种功能，即提供高效、可靠的网络通信的能力和提供多种网络服务的能力，如远程作业录入并进行处理的服务功能、文件传输服务功能、电子邮件服务功能、远程打印服务功能等。

　　网络操作系统与一般操作系统的不同在于它们提供的服务有差别。一般来说，网络操作系统偏重于将与网络活动相关的特性加以优化，即经过网络来管理诸如共享数据文件、应用软件和外部设备之类的资源。一般操作系统则偏重于优化用户与系统的接口，以及在其上运行的应用。网络操作系统可定义为整个网络管理的一种程序。

　　网络操作系统管理的资源有：由其他工作站访问的文件系统，在网络操作系统上运行的计算机的存储器，加载和执行的共享应用程序，对共享网络设备的输入/输出，以及在网络操作系统进程之间的 CPU 调度，如图 7-1 所示。

　　一个典型的网络操作系统一般具有以下特征：

　　（1）硬件独立。网络操作系统可以在不同的网络硬件上运行，支持多种网络接口卡。

　　（2）多用户支持。在多用户环境下，网络操作系统给应用程序和数据文件提供了足够的、标准化的保护。它能够支持多用户共享网络资源，包括磁盘处理、打印机处理、网络通信处理等面向用户的处理程序和多用户的系统核心调度程序。

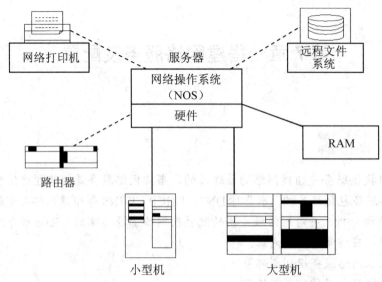

图 7-1　网络操作系统管理的资源

（3）网络管理。网络操作系统支持网络实用程序及其管理功能，如系统备份、安全管理、容错、性能控制等。

（4）安全和存取控制。对用户资源进行控制，并提供控制用户对网络访问的方法。

（5）用户界面。网络操作系统提供给用户丰富的界面功能，具有多种网络控制方式。

（6）桥/路由连接。为了提供网络的互联性，网络操作系统具有多种复杂的桥接和路由功能，可以将相同或不同的网络接口卡及不同协议与不同拓扑结构的网络连接起来。

7.1.2　域控制器

1. 活动目录

活动目录（Active Directory，AD）是存储网络上对象的相关信息并使该信息可供用户和网络管理员使用的目录服务。Active Directory 可以存储各种对象的有关信息，并使该信息易于管理员和用户查找及使用，它使用结构化的数据存储作为目录信息的逻辑层次结构的基础，同时将安全性集成到 Active Directory 中，通过网络登录，系统管理员能够管理整个网络中的目录数据和单位，而且获得授权的网络用户也可以访问网络上的任意地方的资源。

活动目录包括两个方面：目录和与目录相关的服务。目录是存储各种对象的一个物理上的容器，从静态角度理解，活动目录与以前了解的"目录"和"文件夹"没有本质区别，仅仅是一个对象，是一个实体；目录服务是使目录中的所有信息和资源发挥作用的服务，活动目录是一个分布式的目录服务，信息可以分散在多台不同的计算机上，保证用户能够快速访问，因为多台机器上有相同的信息，所以在信息容器方面具有很强的控制能力，正因如此，不管用户从何处访问或信息处在何处，都能为用户提供统一的视图。

Active Directory 的功能很多，在此仅把它的主要功能列举如下：

（1）简化管理。Active Directory 以层次结构组织域中的资源。域是指在一个单一的域名称下的服务器和其他网络资源的逻辑组合，是网络中基本的复制和安全单元。每个域包含一个或多个域控制器。为了简化管理，所有域中的域控制器都是平等的，用户可以在任何域控制器上进行修改，这种更新可以复制到域中所有的其他域控制器上。

Active Directory 通过提供对网络上所有对象的单点管理进一步简化了管理。因为 Active Directory 提供了对网络上所有资源的单点登录，管理员可以登录到一台计算机来管理网络中任意计算机上的管理对象。

（2）增强信息的安全性。安装 Active Directory 后，信息的安全性完全与 Active Directory 集成，用户授权管理和目录进入控制已经整合在 Active Directory 中。Active Directory 集中控制用户授权。Active Directory 还可以提供存储和应用程序作用域的安全策略，提供安全策略的存储和应用范围。安全策略可包含账户信息，如域范围内的密码限制或对特定域资源的访问权等。

（3）智能的信息复制能力。信息复制为目录提供了信息可用性、容错、负载平衡和性能优势。Active Directory 使用多主机复制，允许在任何域控制器上而不是单个主域控制器上同步更新目录。多主机模式具有更大的容错能力，因为使用多域控制器，即使任何单独的域控制器停止工作也可继续复制。由于进行多主机复制，它们将更新目录的单个副本，在域控制器上创建或修改目录信息后，新创建或更改的信息将发送到域中所有其他的域控制器中，所以其目录信息是最新的。域控制器需要最新的目录信息，但是要做到高效率，必须把自身的更新限制在只有新建或更改目录信息的时候，以免在网络高峰期进行同步而影响网络速度。在域控制器之间不加选择地交换目录信息能够迅速搞垮任何网络。通过 Active Directory 就能达到只复制更改的目录信息，而不至于大量增加域控制器的负荷的目的。

（4）与 DNS 集成紧密。Active Directory 使用域名系统（DNS）为服务器目录命名，DNS 是将更容易理解的主机名转换为数字 IP 地址的 Internet 标准服务，在 TCP/IP 网络中利用计算机之间的相互识别和通信。Active Directory 必须有 DNS 服务的支持才能正常工作。

（5）灵活的查询功能。任何用户可使用"开始"菜单、"网上邻居"或"Active Directory 用户和计算机"上的"搜索"命令，通过对象属性快速查找网络上的对象。如用户可通过名字、姓氏、电子邮件地址、办公室位置或用户账户的其他属性查找用户，反之亦然。

2．域

微软公司把域定义为用户和计算机组成的一个逻辑组。但这个定义同样适用于工作组（或对等型）网络。更好的定义应该是：域是由集中共享的账户数据管理的用户和计算机的逻辑组构成的集合。域（Domain）是 Windows 网络中独立运行的单位，域之间相互访问则需要建立信任关系（即 Trust Relation）。信任关系是连接在域与域之间的桥梁。当一个域与其他域建立了信任关系后，两个域之间不但可以按需要相互进行管理，还可以跨网分配文件和打印机等设备资源，使不同的域之间实现网络资源的共享与管理。域既是 Windows 网络操作系统的逻辑组织单元，也是 Internet 的逻辑组织单元，在 Windows 网络操作系统中，域是安全边界。

域和 Active Directory 是密切相关的两个概念。从域的角度来看，Active Directory 是由至少一个域构成的集合；从 Active Directory 的角度看，域是 Active Directory 的分区单位。

中央账户数据库的概念是理解域及其功能的关键。在过去的技术（工作组）中，每台向网络提供服务的计算机都有自己的账户数据库。这样造成一个用户在多台计算机上都有账户存在。这种管理对用户和管理员都造成了重复工作。

在域中，账户数据库位于中央服务器，该服务器称做"域控制器"，用于处理所有登录要求、资源认证和管理任务。账户管理通过域控制器中存储的中央账户数据库来完成。当一个用户的账户在域控制器中创建后，他便可使用网络中的任何一项被授权的资源。

3. 域控制器

在 Windows Server 2003 的网络环境中，各域必须至少有一台域控制器（Domain Controller，DC），用于存储此域中的 Active Directory 信息，并提供域的相关服务，例如，登录验证、名称解析等。换言之，没有域控制器，就没有所谓的域。

在域中，可以同时存在多台域控制器，各域控制器都处于平等关系。也就是说，网管人员可以在域内任何一台域控制器上管理 Active Directory，包括建立账号、设置组策略、委派控制等。用户也可通过任何一台域控制器来登录域，并访问 Active Directory 数据库。

设置多台域控制器主要是为了提高域的容错能力，在某一台域控制器出现故障时，还有其他域控制器可维持域的运行，不致造成域的全面瘫痪。由于域可能跨越数个以低速连接的局域网络，为避免用户每次登录或访问 Active Directory 时都通过低速连接，可视需求在各局域网络中架设域控制器，以提升使用效率。

使用单个局域网（LAN）的小单位可能只需要一个具有两个域控制器的域。具有多个网络位置的大公司在每个站点都需要使用一个或多个域控制器以提供高可用性和容错能力。如果某一网络划分为多个站点，通常一种较好的做法是在每个站点中至少配置一台域控制器以提高网络性能。因为，当用户登录网络时，作为登录过程的一部分必须联系域控制器，而如果客户必须连接位于不同站点的域控制器，登录过程将耗费很长的时间。所以通过在每个站点中创建域控制器，在站点内的用户登录处理会更加有效。

由于域中所有的域控制器具有相同的 Active Directory 数据库，且网管人员可在任一台域控制器上修改 Active Directory 信息，因此域控制器间必须有复制（Replication）机制，以维持 Active Directory 数据的一致性。

7.1.3　DNS 服务

DNS 服务器几乎是所有域网络中除了域控制器以外最重要的服务器角色，因为它担负着整个网络中用户计算机的名称解析。没有正确的名称解析，服务器就无法识别各客户机，客户机也无法与网络进行连接，更别说进行文件访问。

早期的 Internet 规模较小，主机名字管理由 Internet 的网络信息中心（NIC）集中完成，采用一种无层次名字命名机制。Internet 的 NIC 维护一个名为 hosts.txt 的文件，该文件中包含了所有主机的信息及每台主机名字到 IP 地址的映射，NIC 根据网络的变化不断改动 hosts.txt 文件，并定期向全网传递。

随着 Internet 规模的不断扩大，网络结点不断增加，主机命名冲突的可能性不断增加，保持主机命名的唯一性变得越来越困难。为了解决这个问题，Internet 管理机构提出了一个新系统的设计思想，并于 1984 年公布，这就是域名系统 DNS。

DNS 采用了层次化、分布式、面向客户机/服务器模式的名字管理来代替原来的集中管理，并允许命名管理者在较低的结构层次上管理他们自己的名字。这样就可以把名称空间划分得足够小，由不同的组织进行分散管理，使名字管理更加灵活、方便。

DNS 的分层管理机制使它形成了一个规则的树型结构的名字空间，如图 7-2 所示。

在这棵结构树中，每个结点都有一个独立的结点名字，根结点的名字为空。兄弟结点不允许重名，而非兄弟结点可以重名，叶子结点通常代表主机。由于 Internet 本身的结构就是一种树状层次结构，因此，层次型命名机制与 Internet 结构一一对应，使 Internet 的名字管理层次结构非常清晰。

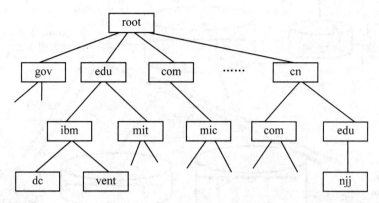

图 7-2　Internet 的域名结构示意图

通常 Internet 主机域名的一般结构为：主机名.三级域名.二级域名.顶级域名。Internet 的顶级域名由 Internet 网络协会负责网络地址分配的委员会进行登记和管理。它还为 Internet 的每一台主机分配唯一的 IP 地址，全世界现有三个大的网络信息中心：位于美国的 InterNIC，负责美国及其他地区；位于荷兰的 RIPENIC，负责欧洲地区；位于日本的 APNIC，负责亚太地区。

顶级域名如表 7-1 所示，它有两种主要模式：组织模式和地域模式。组织模式按管理组织的层次结构划分域名，产生的域名就是组织性域名。地域模式按国家地理区域划分域名，用两个字符的国家代码表示主机所在的国家和地区。

表 7-1　Internet 的顶级域名

组织模式域名	含义	地域模式域名	含义
com	商业机构	cn	中国
edu	教育机构	ca	加拿大
gov	政府部门	us	美国
mil	军事部门	jp	日本
net	主要网络支持中心	uk	英国
org	非商业组织	hk	中国香港
arpa	临时 ARPANET 域（未用）	tw	中国台湾
int	国际组织	ru	俄罗斯

虽然字符型的主机域名比数字型的 IP 地址更容易记忆，但在通信时必须将其映射成能直接用于 TCP/IP 协议通信的数字型 IP 地址。这个将主机域名映射为 IP 地址的过程称为域名解析。

域名解析有两个方向：从主机域名到 IP 地址的正向解析；从 IP 地址到主机域名的反向解析。域名的解析是由一系列的域名服务器 DNS 完成的，如图 7-3 所示。

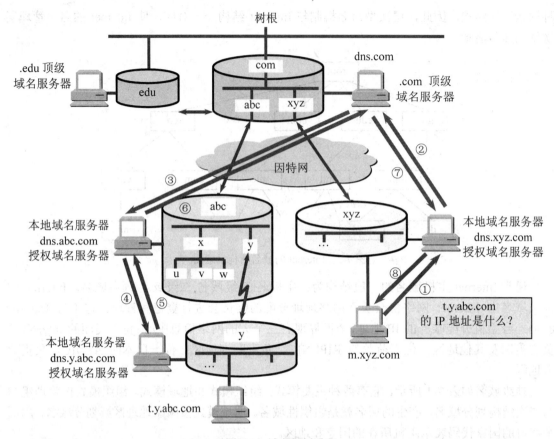

图 7-3　域名解析过程

安装与配置 DNS 服务器并不是非常困难的事，从网络组建的角度来看，根据实际的网络环境和应用需求对 DNS 服务器属性进行合理的规划才是最重要的，只有这样才能部署一个层次分明、结构严谨的 DNS 域树，以满足企业实际的网络应用需求。其中包括名称空间的规划、DNS 区域规划和 DNS 服务器规划等。

1. DNS 的名称空间规划

在网络上开始使用 DNS 之前，需先确定 DNS 域名称空间的规划。提出名称空间规划包括决定如何使用 DNS 命名，以及通过使用 DNS 要达到什么目的。在这一阶段要解决以下问题：

（1）选择第一个 DNS 域名。配置 DNS 服务器时，建议首先选择和注册一个可用于维护 Intranet 或者 Internet 上单位的唯一的 DNS 域名，例如 microsoft.com。该名称是在 Intranet 或者 Internet 上使用的一个顶级域内的二级域。一旦选择了父域名，就可以将该名称与单位内使用的位置或单位名称组合起来形成其他子域名。例如，如果添加了子域，如 itg.example（针对单位的信息技术组使用的资源），则可使用该名称组成附加的子域名 itg.example.microsoft.com。

如果是应用于 Internet 上，还需要在确定单位在 Internet 上使用的父 DNS 域名之前，先执行搜索以查看该名称是否已经注册给另一个单位或个人。Internet DNS 名称空间目前由 Internet 网络信息中心（NIC）管理，可到相关域名申请机构查询。

（2）选择名称。在 DNS 名称中，允许使用的字符在 RFC1123 中定义如下：所有大写字母（A～Z）、小写字母（a～z）、数字（0～9）和连字符（-）。

对于以前投资使用 NetBIOS 技术的单位，现有的计算机名称可能不符合 NetBIOS 的命名标准。如果出现这种情况，就考虑根据 Internet DNS 标准修改计算机名称。

完整的计算机名称是计算机名和计算机的主要 DNS 后缀的结合。该计算机的 DNS 域名是计算机系统属性的一部分并且与任何特定安装的网络组件没有关系。但是，既不使用网络，也不使用 TCP/IP 的计算机没有 DNS 域名。

（3）综合规划：支持多名称空间。除了内部 DNS 名称空间支持，许多网络还需要解析外部 DNS 名称支持，例如 Internet 上使用的支持。DNS 服务器服务提供了集成和管理分离名称空间的方法，在这些名称空间中，外部和内部 DNS 名称都可在网络上解析。

在决定如何集成名称空间的过程中，确定下面的哪种方案最符合实际情况和使用 DNS 的目的。

- 仅在自己的网络上使用的内部 DNS 名称空间。
- 具有对外部名称空间引用和访问权限的内部 DNS 名称空间，例如，对 Internet 上 DNS 服务器的引用或转发。
- 只在诸如 Internet 的公用网络上使用的外部 DNS 名称空间。

如果决定将名称服务 DNS 的使用限制在专用名称空间内，对于如何设计和实现它则不存在限制。例如，可以选择任意 DNS 命名标准配置 DNS 服务器，使之作为网络 DNS 分布式设计的有效根服务器，或形成一个自身包含 DNS 域树的结构和层次。

开始提供对外部 DNS 名称空间的引用或 Internet 上的整个 DNS 服务时，需要考虑专用和外部名称空间之间的兼容性。另外，Internet 服务要求注册父域名称。

2．DNS 的区域规划

尽管 DNS 在设计上有利于减少本地子网之间的广播通信，但它在服务器和客户端之间产生了一些应检查的通信量。在 DNS 用于路由网络的情况下，尤其会出现这种情况。要检查 DNS 通信，可以使用系统监视器提供的 DNS 服务器统计信息或使用 DNS 性能计数器。除路由通信外，还需要考虑以下 DNS 相关通信的公用类型的影响，尤其在广域网上通过慢速链路操作时。

（1）由与其他 DNS 服务器进行的区域传送和其他 DNS 服务器的互操作引起的服务器到服务器的通信。

（2）由 DNS 客户端或 DHCP 服务器发送的加载和动态更新引起的客户端到服务器的通信。

对于小型的平面式名称空间，可以使用网络中所有 DNS 区域到所有的 DNS 服务器的完全复制功能。对于大型的纵深式名称空间，这是不可能的，也是不推荐的。在大型网络中，经常需要根据观察或估计到的通信模式研究、测试、分析和修正区域规则。经过仔细的分析之后，可以根据为每个位置和站点提供高效和容错的名称服务而需要的数据将 DNS 区域分区及委派 DNS 区域。

3．DNS 服务器的规划

对 DNS 服务器进行规划时，以下考虑非常重要：

- 进行容量规划，并检查服务器的硬件要求。
- 确定要使用的 DNS 服务器的数量时，需要决定哪些服务器将存放区域的主要副本和辅助副本。
- 根据通信负载、复制和容错问题，确定在网络上放置 DNS 服务器的位置。

- 确定是对所有 DNS 服务器仅运行 Windows Server 2003 系统,还是混合运行 Windows 和其他 DNS 服务器系统。

7.1.4　DHCP 服务

虽然 DHCP 服务器不像 DNS 服务器那样必不可少,但它在大中型企业网络中同样非常重要。它担负的是自动为网络中的端计算机分配临时 IP 地址的责任。这样一方面可以节省有限的 IP 地址资源,另一方面也大大减轻了网络配置负担。

1.　DHCP 简介

TCP/IP 网络上的每台计算机都必须有唯一的 IP 地址。IP 地址(及与之相关的子网掩码)用来标识主机及其连接的子网,在将计算机移动到不同的子网时,必须更改 IP 地址。DHCP 允许通过本地网络上的 DHCP 服务器 IP 地址数据库为客户端动态指派 IP 地址。

对于基于 TCP/IP 的网络,DHCP 降低了重新配置计算机的难度,减少了涉及的管理工作量。Windows Server 2003 提供了一种符合 RFC 的 DHCP 服务,该服务可用于管理网络上的 IP 客户端配置及自动完成 IP 地址指派。

DHCP 使用客户/服务器模型。网络管理员建立一个或多个维护 TCP/IP 配置信息并将其提供给客户端的 DHCP 服务器。服务器数据库包含以下信息:

- 网络上所有客户端的有效配置参数。
- 在指派到客户端的地址池中维护的有效 IP 地址,以及用于手动指派的保留地址。
- 服务器提供的租约持续时间。租约定义了指派的 IP 地址可以使用的时间长度。

通过在网络上安装和配置 DHCP 服务器,DHCP 的客户端可在每次启动并加入网络时动态地获得其 IP 地址和相关配置参数。DHCP 服务器以地址租约的形式将该配置提供给发出请求的客户端。DHCP 的工作原理如图 7-4 所示。

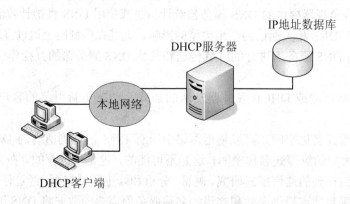

图 7-4　DHCP 的工作原理

DHCP 为管理基于 TCP/IP 的网络提供了以下好处:

(1)提供了安全而可靠的配置。DHCP 避免了由于需要手动在每个计算机上键入值而引起的配置错误。DHCP 还有助于防止由于在网络上配置新的计算机时重用以前指派的 IP 地址而引起的地址冲突。

(2)减少了配置管理。使用 DHCP 服务器可以大大降低用于配置和重新配置网上计算机的时间。可以配置服务器以便在指派地址租约时提供其他配置值的全部范围。这些值是使用

DHCP 选项指派的。

2. 规划 DHCP 网络

（1）确定要使用的 DHCP 服务器的数目。由于 DHCP 服务器可以服务的客户端最大数量或可以在 DHCP 服务器上创建的作用域数量没有固定限制，因此在确定要使用的 DHCP 服务器数目时，最主要的考虑因素是网络体系结构和服务器硬件。例如，在单一的子网环境中仅需要一台 DHCP，但用户可能希望使用两台服务器或部署 DHCP 服务器集群来增强容错能力。在多子网环境中，由于路由器必须在子网间转发 DHCP 消息，因此路由器性能可能影响 DHCP 服务。但在以上这两种情形中，DHCP 服务器的硬件都会影响对客户端的服务。

在确定要使用的 DHCP 服务器的数目时，需要考虑以下事项：

- 路由器在网络中的位置及是否希望每个子网都有 DHCP 服务器。在跨越多个网络扩展 DHCP 服务器的使用范围时，经常需要配置额外的 DHCP 中继代理，而且在某些情况下，还需要使用超级作用域。

- 为其提供 DHCP 服务的网段之间的传输速度。如果有较慢的 WAN 链路或拨号链路，可能在这些链路两端都需要配备 DHCP 服务器来为客户端提供本地服务。

- DHCP 服务器计算机上安装的磁盘驱动器的速度和随机存取内存的大小。为获得最优的 DHCP 服务器性能，尽可能使用最快的磁盘驱动器和最大的 RAM。在规划 DHCP 服务器的硬件需求时，请仔细评估磁盘的访问时间和磁盘读写操作的平均次数。

- 在选择使用的 IP 地址类型和其他服务器配置细节方面的实际限制。在组织网络中部署 DHCP 服务器前，可以先对它进行测试以确定硬件的限制和性能，并了解网络体系结构、通信和其他因素是否影响 DHCP 服务器的性能。通过硬件和配置测试，还可以确定每台服务器要配置的作用域数量。

（2）路由 DHCP 网络的规划。在使用子网划分网段的路由网络中，对 DHCP 服务的选项进行规划必须遵循以下两个特定的要求，以便完全实现 DHCP 网络。

- 在路由网络中，一个 DHCP 服务器必须至少位于一个子网中。

- 为了使 DHCP 服务器能支持其他被路由器分开的远程子网上的客户端，必须使用路由器或远程计算机作为 DHCP 和 BOOTP 中继代理程序以支持子网之间的 DHCP 通信。

图 7-5 显示了一个由 DHCP 实现的简单路由网络。

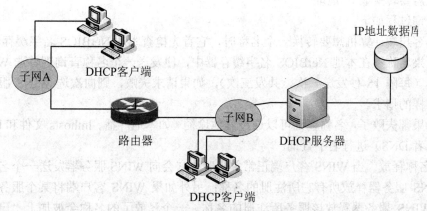

图 7-5　由 DHCP 实现的简单路由网络

7.1.5　WINS 服务

WINS 是 Windows Internet Name Service（Windows 网际名称服务）的简称。大多数人认为 WINS 服务器在企业局域网中是可有可无的，其实这是错误的，相反，WINS 同样非常必要，特别是在大型企业网络中。尽管微软在 Windows 2000 以后的系统中主要通过 DNS 进行名称解析，但是在局域网与广域网逐步统一的今天，DNS 在大型网络，特别是在多个局域网连接方面显得十分力不从心，而 WINS 正是为了解决这一问题而开发的。另外，在当今的企业局域网中如果采用 Windows 9X 或 Windows NT 系统，则又不能支持 Windows 2000 Server/Server 2003 的 AD 结构 DNS 名称，那么还得用回传统的 NetBIOS 协议进行名称解析，而 NetBIOS 协议在进行自身名称解析时存在着效率低下，不可路由等严重不足，所以一般的 NetBIOS 名称解析还得借助于 WINS 服务进行，这时 WINS 是必不可少的。

WINS 服务为注册和查询网络上计算机和用户组 NetBIOS 名称的动态映射提供了分布式数据库。WINS 将 NetBIOS 名称映射为 IP 地址，并为解决路由环境的 NetBIOS 名称解析中所出现的问题提供方法。WINS 对于使用 TCP/IP 上的 NetBIOS 路由网络中的 NetBIOS 名称解析是最佳选择。通过 WINS 服务，可减少使用 NetBIOS 名称解析的本地 IP 广播，并允许用户很容易地定位远程网络上的系统，这就是 WINS 服务的最根本作用，也是 WINS 服务之所以在至今最新的 Windows 操作系统中仍不可或缺的根本原因。

1. WINS 解析

（1）名称注册。名称注册就是客户端从 WINS 服务器获得信息的过程。在 WINS 服务中，名称注册是动态的。WINS 客户端在启动时，会主动将它的 NetBIOS 计算机名称、IP 地址等信息传送给 WINS 服务器，然后采用"优先原则"注册到此 WINS 服务器的数据库内。

（2）名称更新。注册在 WINS 服务器的每一项计算机名称与 IP 地址信息都有一定的有效期限（默认为 6 天），在期限到达之前，拥有此名称的 WINS 客户端必须向 WINS 服务器更新租约，否则此名称就会被加上"删除标记"，而且 WINS 服务器也不会提供查询此名称的服务，一段时间后此名称就会被删除。

（3）名称查询。客户端在许多网络操作中需要使用 WINS 服务器查询名称，例如当使用网络上其他计算机的共享文件时，为了得到共享文件，用户需要指定两件事：系统名和共享名，而系统名就需要转换成 IP 地址。

名称查询过程如下：

- 当客户端计算机想要转换一个名称时，它首先检查本地 NetBIOS 名字缓存器。
- 如果名称不在本地 NetBIOS 名字缓存器中，便发送一个名称查询到首选 WINS 服务器（每隔 15 秒发送一次，共发三次），如果请求失败，则向次选 WINS 服务器发送同样的请求。
- 如果都失败了，名称查询可以通过其他途径（如本地广播、lmhosts 文件和 hosts 文件或者 DNS）进行名字查询。

（4）名称释放。当 WINS 客户端正常关机时，它会向 WINS 服务器发送一个名称释放请求，让 WINS 服务器释放所有它所注册的名称；另外如果 WINS 客户端将某个服务停止时，它也会让 WINS 服务器释放该服务所注册的名称。一个释放了的名称会被加上"已释放"的标记。

当 WINS 客户端没有正常关机，WINS 服务器将不知道其名称已经释放了，则该名称不会失效，直到 WINS 名称注册记录过期。

若要利用 WINS 来解析 NetBIOS 名称，首先要架设一台或多台 WINS 服务器，并在客户端启动 WINS 功能。

2．WINS 网络规划

在进行 WINS 网络规划时，要进行如下规划任务：

（1）决定需要的 WINS 服务器的数量。一台 WINS 服务器可以处理大量的计算机 NetBIOS 名称解析请求。但是，要决定实际需要多少 WINS 服务器，则需要同时综合考虑网络上路由器的位置及各个子网中的客户端分配。

（2）计划复制伙伴关系。决定是否将 WINS 服务器配置为"推"或"拉"伙伴，并为每个服务器设置伙伴首选项。

（3）评价低速链接上的 WINS 通信影响。尽管 WINS 有助于减少本地子网之间的广播通信，但它又产生了许多服务器和客户端之间的通信，所以在部署 WINS 服务器，特别是部署多台 WINS 服务器时需要考虑低速链接上的 WINS 通信影响。当在路由的 TCP/IP 网络上使用 WINS 时，这一点特别重要。同时，还要考虑低速链接对 WINS 服务器和 WINS 客户端请求的 NetBIOS 注册和更新通信之间的复制通信的影响。

（4）评价 WINS 网络的容错级别。考虑到关闭 WINS 服务器（即使是临时的）对网络的影响，可尝试使用另外的 WINS 服务器用于故障恢复、备份及提供冗余度。

（5）测试并修改计划的 WINS 安装。通过测试安装的 WINS 网络的性能，可以在问题发生之前更好地确定潜在的问题。

7.2　网络服务器的配置与使用

这里以 Windows Server 2003 操作系统为例来讲解网络服务器的配置与使用方法。Windows Server 2003 的安装较为简单，读者可自行学习，下面从网络服务器的配置开始讲起。

7.2.1　配置服务器

在安装 Windows Server 2003 后，开机时会自动运行"管理您的服务器"对话框，单击其中任何一项，开始运行服务器配置向导进行配置。具体步骤如下：

（1）运行配置服务器向导，如图 7-6 所示。

（2）单击"下一步"按钮，提示配置前应做好的准备工作，如图 7-7 所示。

（3）确认所需准备工作已做好，单击"下一步"按钮，检测网络设置。

（4）检测完网络设置，显示如图 7-8 所示的对话框。由于刚安装完 Windows Server 2003，还未安装任何服务器角色，因此这里选择"第一台服务器的典型配置"单选按钮。选择此项，可以通过安装活动目录服务以及域名解析服务器 DNS 和 DHCP 服务器将此服务器设为域控制器。单击"下一步"按钮。

（5）打开如图 7-9 所示的对话框。域是 Windows Server 2003 目录服务的基本逻辑单位，因此，这里需要输入一个新的域名。这里域名通过 DNS 名称识别，默认使用.local 后缀，使自己的内部域与 Internet 域分开。单击"下一步"按钮。

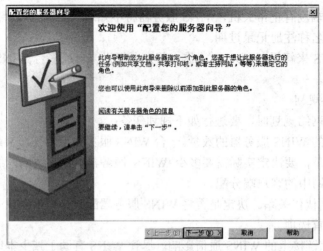

图 7-6　配置服务器向导

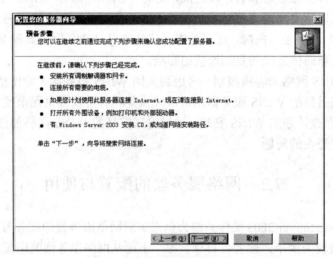

图 7-7　预备步骤

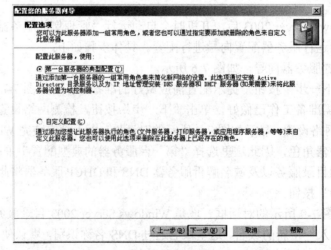

图 7-8　配置选项

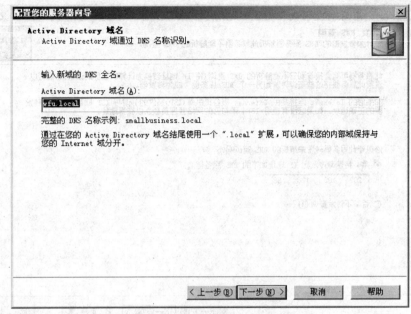

图 7-9 输入域的 DNS 名称

（6）运行非 Windows 2000、Windows XP 和 Windows Server 2003 的客户端需要使用 NetBIOS 域名。DNS 自动生成一个域名，可以更改。这里的域名不可以与上面新建的 DNS 域名相同，而且区分大小写。如图 7-10 所示，这里的 DNS 的 wfu 与 NetBIOS 的 WFU 为不同的域名。单击"下一步"按钮。

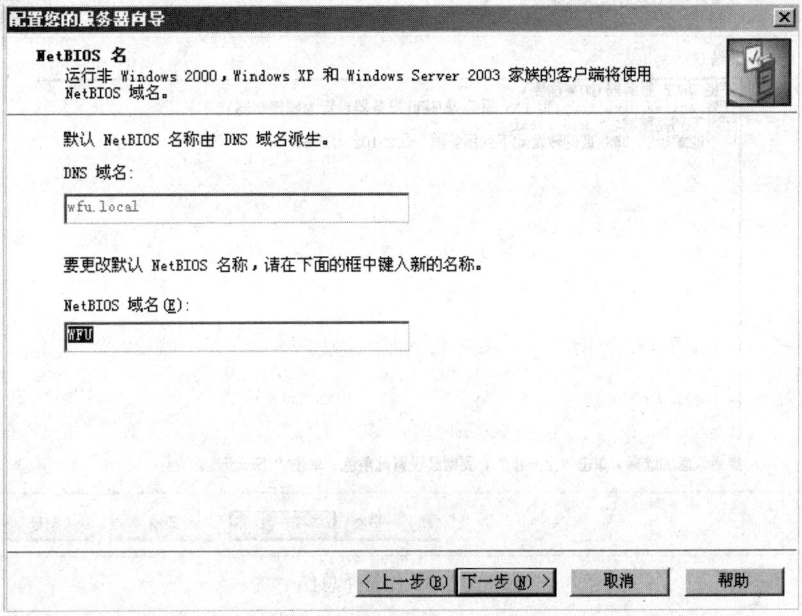

图 7-10 输入 NetBIOS 域名

（7）在服务器收到不能解析的地址时，可以向另一台服务器设置转发，只要设置转发的服务器的 IP 地址即可，如图 7-11 所示。单击"下一步"按钮。

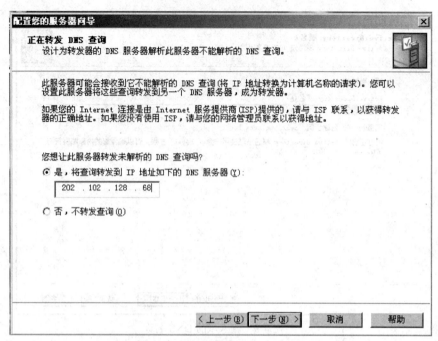

图 7-11　设置是否转发 DNS 查询

（8）如图 7-12 所示，向导会显示前面做过的选择结果，并要求确认。

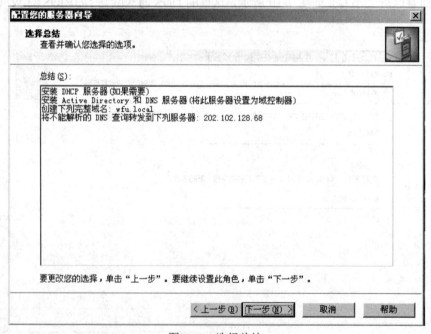

图 7-12　选择总结

（9）确认选择后，单击"下一步"按钮，等待向导添加角色到服务器。安装过程中可能会重启机器，以及需要插入 Windows Server 2003 的安装光盘，如图 7-13 至图 7-15 所示。

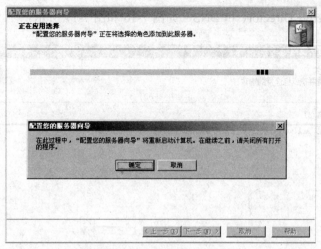

图 7-13　配置中的提示信息

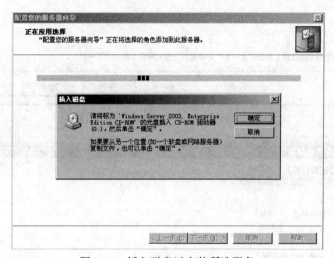

图 7-14　插入磁盘以安装所选服务

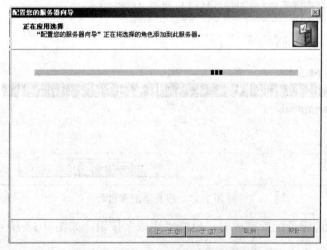

图 7-15　将选择的角色添加到服务器

（10）安装 Active Directory 和 DNS，如图 7-16 和图 7-17 所示。

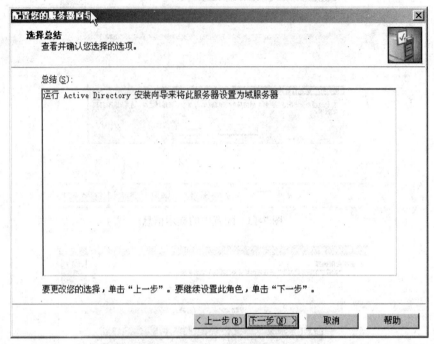

图 7-16　安装 Active Directory 和 DNS

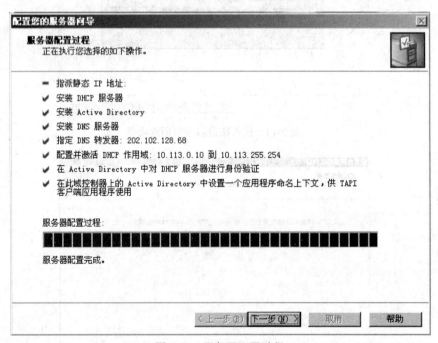

图 7-17　服务器配置过程

（11）等到所选服务配置完成时，单击"完成"按钮，如图 7-18 所示，结束安装，退出配置向导。

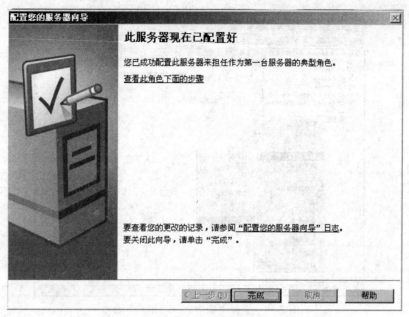

图 7-18　配置完成

至此，已经完成了对服务器的基本配置：安装了 DHCP 服务器，安装了活动目录，并进行了相关的配置，如指定服务器为域控制器，指定域名为 wfu.local 等，同时安装了 DNS 服务器，设置了不能解析地址的转发服务器地址。

7.2.2　创建与管理用户

用户账户是活动目录最基本的对象，也是登录网络和访问网络资源的基础。用户必须拥有一个域的用户账户才能访问域资源。管理员的主要任务就是创建和管理账户。

在网络中没有域的情况下，用户使用本机账户登录计算机，可以使用和管理本地计算机的资源。当用户需要访问网络中其他计算机的资源时，必须提供本地账户。当网络中存在域时，想要访问网络中的资源，用户就不能使用本地账户，必须使用域账户登录。在域控制器中，本地账户是被禁止的，取而代之的是域账户。

当有新的用户需要访问网络上的资源时，管理员必须在域控制器上为其创建一个对应的用户账户，否则该用户将无法访问域中的资源。创建用户账户采用如下步骤：

（1）单击"开始"→"所有程序"→"管理工具"→"Active Directory 用户和计算机"选项，打开"Active Directory 用户和计算机"窗口，在任意目录上右击，选择"新建"→"用户"命令，执行新增用户账户功能，如图 7-19 所示。

（2）在弹出的对话框中，输入用户信息。这里的"用户登录名"用于登录和验证，如果这个账户需要在 Windows 2000 以前版本中使用，必须提供对应的名称，如图 7-20 所示。

（3）单击"下一步"按钮，输入用户的密码并设置密码选项。密码必须重复输入以确认，选项包括"用户下次登录时需更改密码"、"用户不能更改密码"、"密码永不过期"和"账户已禁用"等，如图 7-21 所示。

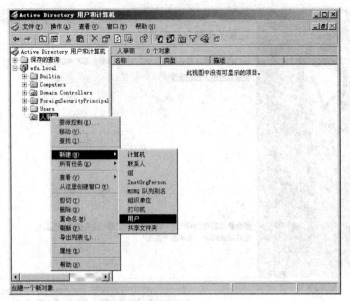

图 7-19　选择"新建"→"用户"命令

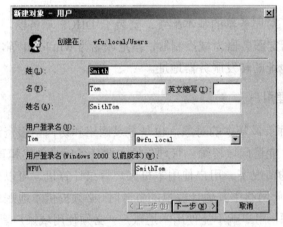

图 7-20　"新建对象－用户"对话框

图 7-21　输入密码及确认

（4）最后完成设置并查看设置选项，单击"完成"按钮即可创建这个账户，如图 7-22 所示。

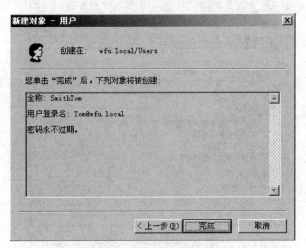

图 7-22 完成创建用户对象

新增用户以后，其账户的很多属性都使用系统默认值或空白，系统管理员或账户管理员需要为这个用户账户设置各种属性，包括常规、账户、隶属于等属性。在用户账户上右击，在快捷菜单中选择"属性"命令，可以在弹出的对话框中查看及设置相关选项。

在"常规"选项卡中可以设置与账户有关的一些描述性信息，包括姓、名、显示名称、描述、办公室、电话号码、电子邮件和网页等，如图 7-23 所示。

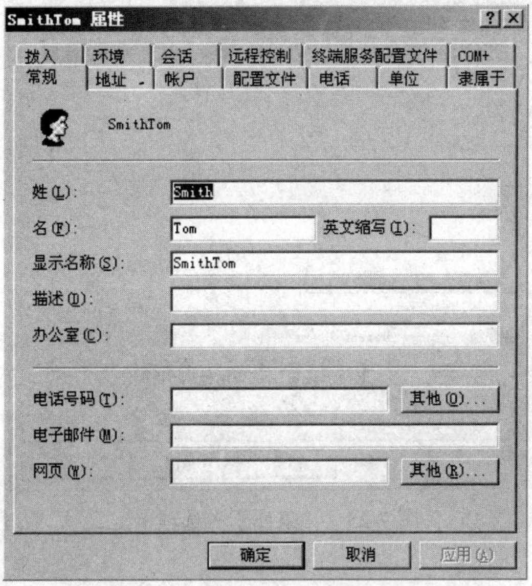

图 7-23 "常规"选项卡

在"账户"选项卡中可以修改用户的登录名称和 Windows 2000 以前版本的登录名称，还可以限制这个账户的登录时间和登录到的计算机，如图 7-24 所示。此外，在"账户选项"和"账户过期"选项组中可以设置密码和账户过期时间。

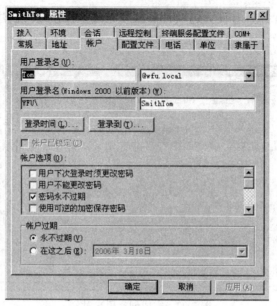

图 7-24　"账户"选项卡

在"隶属于"选项卡中可以设置这个账户隶属于哪个组，通过将用户账户加入不同权限的组中，可以使这个账户继承该组的所有权限，如图 7-25 所示。

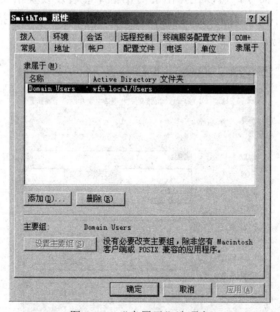

图 7-25　"隶属于"选项卡

7.2.3　创建和管理组

组账户是 Active Directory 的基本对象之一，组可以方便地帮助活动目录组织用户账户和赋予用户访问资源的权限。Windows Server 2003 内置了很多组并默认设置了相应的计算机管理权限。如果内置的组不能满足特殊安全和灵活性的需要，则必须根据网络具体情况新增一些组并设置其属性。

　　打开"Active Directory 用户和计算机"窗口，在任意目录上右击，执行"新建"→"组"命令，如图 7-26 所示。

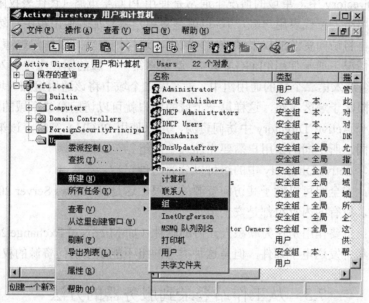

图 7-26　选择"新建"→"组"命令

　　在打开的"新建对象－组"对话框中，指定组名和 Windows 2000 以前版本的组名称，并且指定组作用域和组类型，然后单击"确定"按钮创建组账户，如图 7-27 所示。

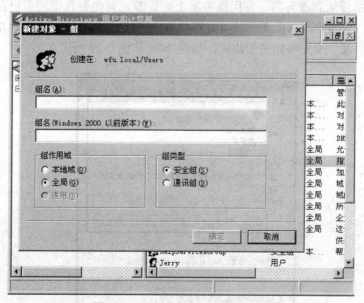

图 7-27　"新建对象－组"对话框

　　这里，Active Directory 的组作用域可分为三种。

● 　本地域：只能在本域中使用，用于赋予访问资源权限或组织用户账户。

● 全局：只有域的功能级别为 Windows Server 2003 才能使用的一种组。可以在整个 Active Directory 中使用，用于组织用户账户。

● 通用：可以在本域或信任域中使用，用于组织用户账户。

在 Active Directory 中，单域的情况下通常是使用 PLGA 策略（P 代表权限，L 代表域区域组，G 代表通用组，A 代表用户账户），也就是将用户账户加入通用组中，然后将通用组加入到域区域组，再将访问资源的权限赋予域区域组，这样用户就可以访问资源了。

在多个域的情况下通常使用 PLGGA 策略，就是将第一个域的用户账户加入本域的通用组中，然后将这个组加入第二个域的通用组中，再在第二个域中将该通用组加入域区域组，最后将访问资源的权限赋予域区域组，这样第一个域的用户就可以访问第二个域的资源了。

如果要在整个 Active Directory 中访问资源，可以使用 PLGUA 策略，该策略的方法基本上和以上方法相同，所不同的是用户需要先加入全局组。

根据组类型，Active Directory 中的组可以分为两种。

● 安全组：安全组可以赋予其访问资源的权限，这是 Windows Server 2003 最常使用的一种组，所有的内置组都是安全组。

● 通讯组：主要作用是作为联系人让协助软件（如 Microsoft Exchange 2003）可以使用这种组集中发送电子邮件，但是这种类型的组不能赋予访问资源的权限。

7.3　从工作站登录到服务器的方法

7.3.1　配置客户端网络

要想从工作站登录到服务器，使用服务器上的资源，首先要保证网卡已正确安装，并安装了相关的协议。Windows XP 工作站可以在"本地连接 属性"对话框中，单击"安装"按钮，通过添加"协议"来安装相关的协议，如图 7-28 和图 7-29 所示。

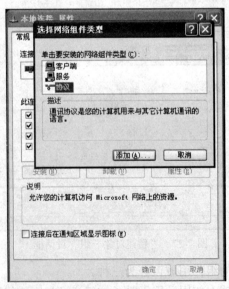

图 7-28　添加网络协议

图 7-29　选择网络协议

另外，还要在工作站上安装"Microsoft 网络客户"，方法同上，只是在单击选择要安装的网络组件类型时，选择"客户端"即可。

安装完成后，单击"Microsoft 网络客户端"，选择"属性"按钮，再选择登录区域。

要想正确登录服务器，还需要有对应的账户和密码。其他系统的工作站设置大致相同。

7.3.2　将客户端加入活动目录

在客户端完成网络配置后，就可以将客户端加入到相应的域。右击"我的电脑"，选择"属性"命令，在打开的对话框中选择"计算机名"选项卡，如图 7-30 所示。单击"更改"按钮，将此计算机加入到域中，如图 7-31 所示。在"隶属于"选项组中选择"域"单选按钮，并输入域名，单击"确定"按钮即可。

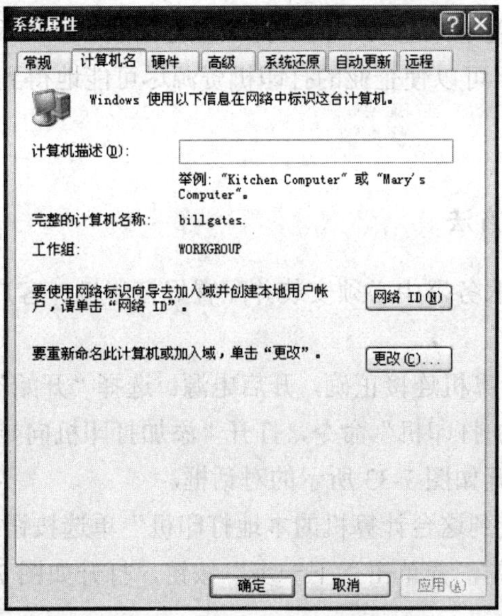

图 7-30　"计算机名"选项卡

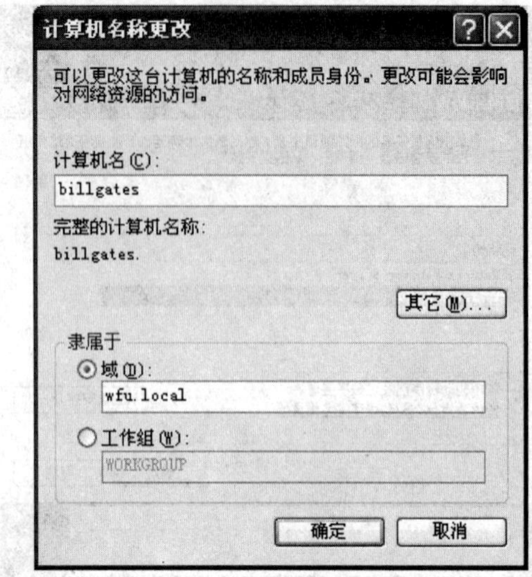

图 7-31　加入到域中

客户端安装及配置完成后，就可以以域用户的身份登录网络并使用网络中的资源。

7.4　网络资源共享的方法

7.4.1　共享资源的方法

在企业网络中最基础最常见的应用就是共享文件和打印机。前面已经讲过文件的共享，即通过将文件夹设为共享，并赋予其他用户一定的访问权限来实现。除此之外，使用域用户账户登录到域中，就可以访问网络中的任何资源。

虽然企业的电子化程度越来越高，但对打印服务的要求不降反升。Windows Server 2003 支持功能强大的打印服务，可以使企业的打印机资源尽可能地得到利用。下面介绍如何共享打印机。

7.4.2　共享打印机的方法

要想共享打印机，在服务器中必须安装并配置好打印机，客户端也需要做相应的设置。

1. 安装打印机

（1）确保打印机与计算机连接正确，开启电源。选择"开始"→"打印机和传真"命令，在打开的窗口中单击"添加打印机"命令，打开"添加打印机向导"对话框，如图 7-32 所示，单击"下一步"按钮，打开如图 7-33 所示的对话框。

（2）这里选择"连接到这台计算机的本地打印机"单选按钮，如果不想让计算机自动检测，可清除复选框中的对勾，并单击"下一步"按钮，打开如图 7-34 所示的对话框。

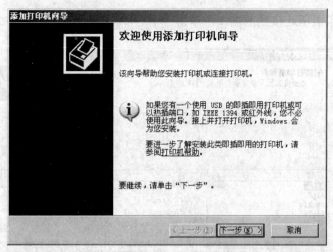

图 7-32 "添加打印机向导"对话框

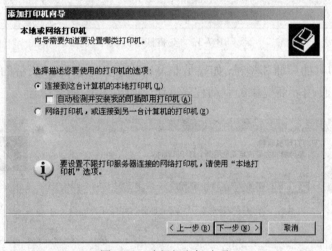

图 7-33 选择打印机选项

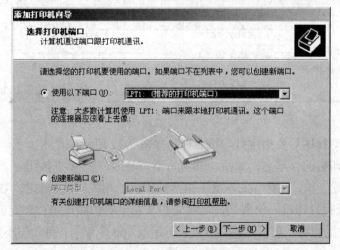

图 7-34 选择打印机端口

（3）指定打印机所连接到的端口，单击"下一步"按钮，打开如图 7-35 所示的对话框。

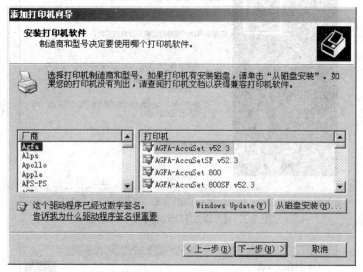

图 7-35　安装打印机软件

（4）选择打印机的厂商和型号，如果是非 Windows Server 2003 支持的打印机，则单击"从磁盘安装"按钮，使用厂商提供的驱动程序安装，如图 7-36 所示。

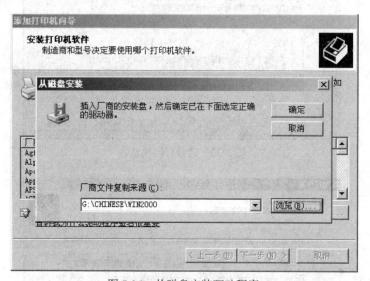

图 7-36　从磁盘安装驱动程序

（5）安装驱动程序后要指定打印机名称，如图 7-37 所示，单击"下一步"按钮。

（6）指定打印机的共享名，如图 7-38 所示，单击"下一步"按钮。

（7）在"位置"和"注释"文本框中指定打印机的相关信息，如图 7-39 所示。这里的信息可以方便客户查找打印机。位置的命名格式是从左至右按照地理位置定义，用"/"分隔不同的位置层次。位置的层次可以达到 256 层，不超过 260 个字符，每一层不能超过 32 个字符。

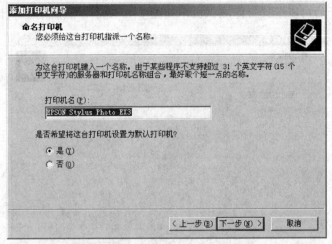

图 7-37　指定打印机名称

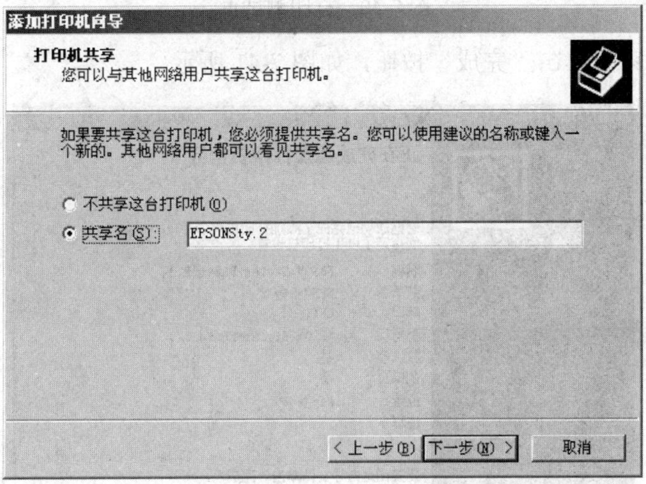

图 7-38　指定打印机共享名

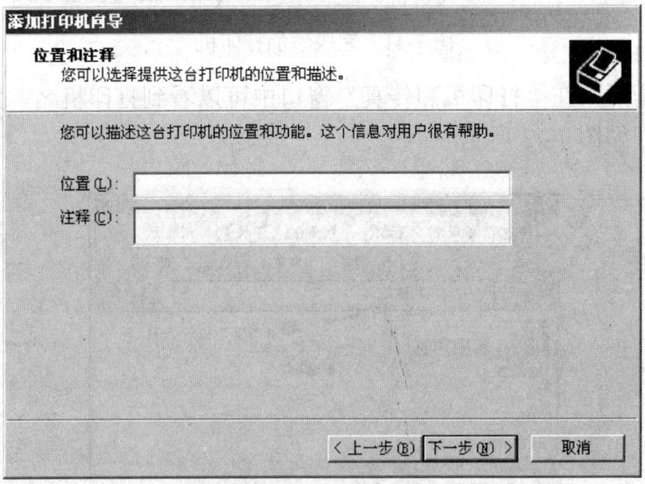

图 7-39　打印机位置描述

（8）安装完毕后可以选择打印测试页，如图 7-40 所示，然后单击"下一步"按钮。

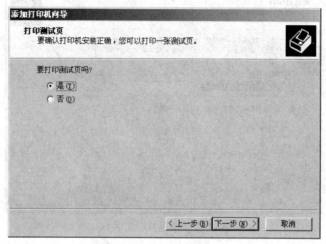

图 7-40　打印测试页

（9）在向导结束后单击"完成"按钮，如图 7-41 所示。

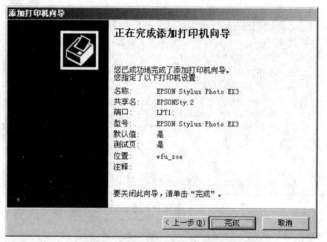

图 7-41　完成添加打印机

（10）安装完毕后，在"打印机和传真"窗口中可以看到打印机名，发现它已经被共享，并且是默认打印机，如图 7-42 所示。

图 7-42　"打印机和传真"窗口

打印机安装完毕后，为了支持 Windows 98/NT/XP 等客户端操作系统使用该共享打印机，可以在打印服务器上提供客户端所需要的打印机驱动程序。以后客户端就可以从打印服务器上获得打印机的驱动程序，而不需要管理员为每个客户端提供驱动程序光盘了。

2. 客户端安装网络打印机

并不需要为网络中的每台计算机都购买一台打印机，只要购买一到两台在性能上能够满足需要的打印机，将打印机安装到某台服务器上，然后将打印机共享，其他用户就可以通过网络使用这台打印机了。

当服务器安装完本地打印机，并将打印机设置为共享状态后，客户端可以通过网络安装服务器上的打印机，对客户机而言该打印机就是网络打印机。

安装网络打印机的步骤如下：

（1）选择"开始"→"打印机和传真"命令，打开"打印机和传真"窗口。

（2）在"打印机和传真"窗口中，单击"添加打印机"命令，打开"添加打印机向导"对话框。

（3）单击"下一步"按钮，提示选择打印机的类型。这里选择"网络打印机，或连接到另一台计算机的打印机"单选按钮，如图 7-43 所示。

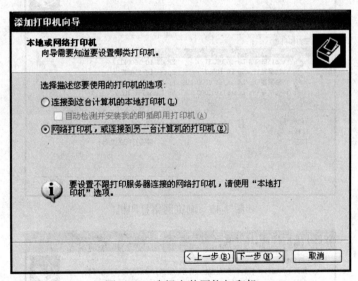

图 7-43　选择安装网络打印机

（4）单击"下一步"按钮，选择打印机的位置，如图 7-44 所示。

如果不知道打印机的具体路径，可以选择"浏览打印机"单选按钮，单击"下一步"按钮，会显示出网络中所有已经检测到的打印机，然后选择正确的打印机即可，如图 7-45 所示。

如果知道打印机的具体路径，可以选择"连接到这台打印机"单选按钮，然后输入打印机的路径，如图 7-46 所示。

（5）选择网络打印机的路径后，单击"下一步"按钮，会出现安装驱动程序的提示对话框。如果当前计算机已经安装了一台打印机，系统会提示是否将当前安装的打印机设置为默认打印机，如图 7-47 所示。

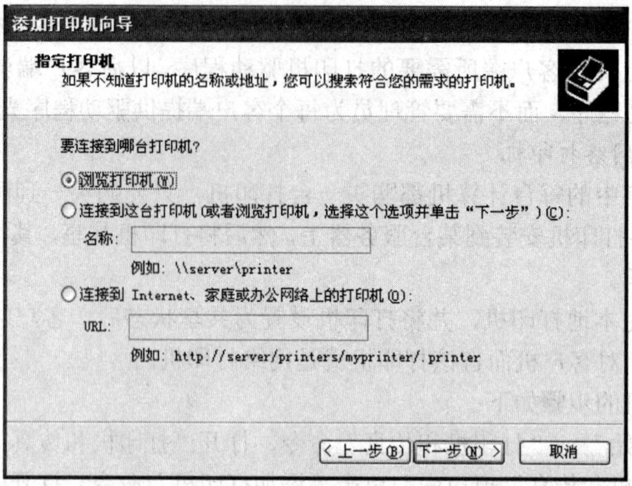

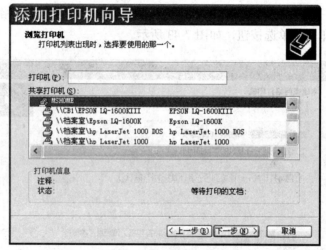

图 7-44 选择"浏览打印机"单选按钮

图 7-45 浏览网络打印机

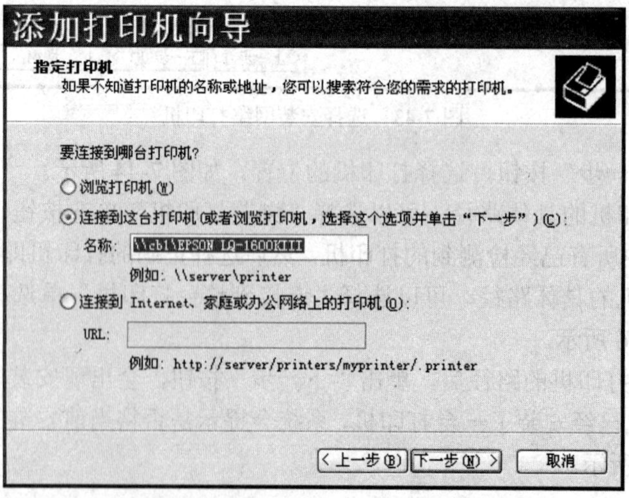

图 7-46 直接输入网络打印机的路径

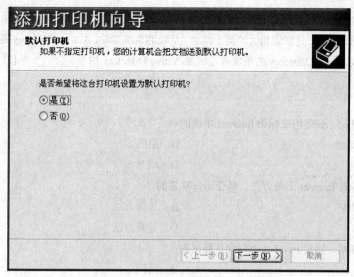

图 7-47　是否设置成默认打印机

（6）最后出现"正在完成添加打印机向导"对话框，如图 7-48 所示。添加完成后就可以使用打印机了。

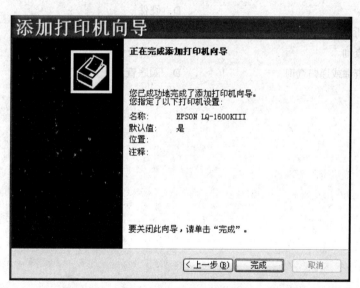

图 7-48　"正在完成添加打印机向导"对话框

客户机完成安装网络打印机后，用户就可以将打印作业直接发送到打印服务器。打印服务器收到作业后，将其放入打印队列，然后通过打印电缆发送到打印机打印。

一、填空题

1. 网络操作系统除了具有通常操作系统所具有的处理机管理、存储器管理、设备管理和文件管理功能外，还应具有两种功能，即提供_____的能力和_____的能力。

2．域和 Active Directory 是密切相关的两个概念。从域的角度来看，Active Directory 是由至少_____个域构成的集合；从 Active Directory 的角度看，域是 Active Directory 的_____单位。

二、选择题

1．www.nankai.edu.cn 是用来标识 Internet 主机的（   ）。

    A．MAC 地址   B．密码

    C．IP 地址   D．域名

2．WWW 服务是 Internet 上最方便、最受用户欢迎的（   ）。

    A．信息服务   B．计算方法

    C．数据库   D．计费方法

3．IP 地址能够唯一确定 Internet 上每台计算机的（   ）。

    A．距离   B．空间

    C．位置   D．费用

4．elle@nankai.edu.cn 是用户的（   ）地址。

    A．FTP   B．电子邮件

    C．WWW   D．硬件

5．在域名解析过程中，本地域名服务器可以采用的查询方式是（   ）。

    A．迭代查询   B．递归查询

    C．迭代查询或递归查询   D．顺序查询

第 8 章 网络互联技术

现在的局域网通常不是一个孤立的网络，它与其他网络有着千丝万缕的联系。根据客户的不同需求，联网方式也存在多种不同的选择，本章重点介绍网络之间互联的技术。通过本章的学习，读者应该掌握以下内容：

- 虚拟专用网 VPN
- 网络地址转换 NAT
- 局域网宽带接入 Internet

8.1 虚拟专用网 VPN

8.1.1 VPN 原理

由于 IP 地址的紧缺，一个机构能够申请到的 IP 地址数往往小于本机构所拥有的主机数。实际上，出于安全等原因，一个机构内的很多主机并不需要接入到外部的 Internet，它们主要利用内部的其他主机进行通信（例如，在大型商场或宾馆中有很多用于营业和管理的计算机，显然这些计算机并不需要和 Internet 相连）。假定一个机构内部的计算机通信也是采用 TCP/IP 协议，从原则上讲，对于这些仅在机构内部使用的计算机就可以由本机构自行分配其 IP 地址。这就是说，让这些计算机使用仅在本机构有效的 IP 地址（这种地址称为本地地址），而不需要向 Internet 的管理机构申请全球唯一的 IP 地址（这种地址称为全球地址）。这样就可以节约宝贵的全球 IP 地址资源。

但是，任意选择一些 IP 地址作为本地地址，在某种情况下可能会引起一些麻烦。例如，一个不连接到 Internet 的主机 A 分配到本地地址 150.1.2.3。这个地址不需要在 Internet 地址管理机构注册，但在本机构内必须是唯一的。然而正巧 Internet 上有一个主机，其 IP 地址就是 150.1.2.3，而且这个主机要和本机构的某个具有全球地址的主机通信，这样就会出现二义性问题。

为了解决这一问题，RFC 1918 指明了一些专用地址（Private Address）。这些地址只能用于一个机构的内部通信，而不能用于和 Internet 上的主机通信。换言之，专用地址只能用作本地地址而不能用作全球地址。在 Internet 上的所有路由器对目的地址是专用地址的数据报一律不进行转发。RFC 1918 指明的专用地址是：

（1）10.0.0.0 到 10.255.255.255（或记为 10/8，是一个 24 位块）。

（2）172.16.0.0 到 172.31.255.255（或记为 172.16/12，是一个 20 位块）。

（3）192.168.0.0 到 192.168.255.255（或记为 192.168/16，是一个 16 位块）。

上面的三个地址块分别相当于一个 A 类网络、16 个连续的 B 类网络和 256 个连续的 C 类网络。A 类地址本来早已用完，地址 10.0.0.0 原本是分配给 ARPANET 的。出于 ARPANET 已经停止运行，因此这个地址就用作了专用地址。

采用这样的专用 IP 地址的互联网络称为专用互联网或本地互联网，或更简单些，就叫做专用网。显然，全世界可能有很多的专用互联网络具有相同的专用 IP 地址，但这并不会引起麻烦，因为这些专用地址仅在本机构内部使用。专用 IP 地址也叫做可重用地址（Reusable Address）。

有时一个很大的机构有许多部门分布在相距很远的一些地点，而任意一个地点都有自己的专用网。假定这些分布在不同地点的专用网需要经常进行通信。这时，可以有两种方法。第一种方法是租用电信公司的线路为本机构专用。这种方法的好处是简单方便，但线路的租金太高。第二种方法是利用 Internet（即公用互联网）来实现本机构的专用网，这样的专用网又称为虚拟专用网（Virtual Private Network，VPN）。虚拟即"好像是"但实际上不是，因为现在是 Internet（而并没有用专线）来连接分散在各地的本地网络。VPN 只是在效果上和真正的专用网一样。图 8-1 说明了如何使用隧道技术实现虚拟专用网。

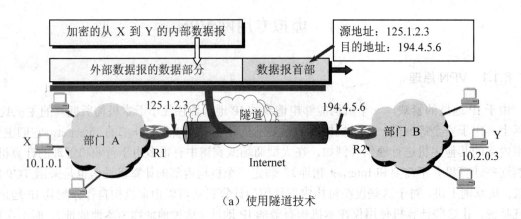

(a) 使用隧道技术

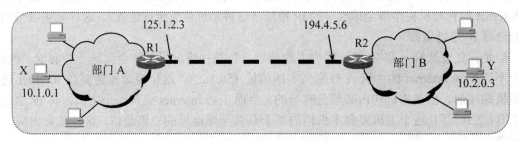

（b）构成虚拟专用网 VPN

图 8-1　用隧道技术实现虚拟专用网

假定某个机构在两个相隔较远的部门 A 和 B 建立了专用网，其网络地址分别为专用地址 10.1.0.0 和 10.2.0.0。现在这两个部门需要通过 Internet 进行通信。

显然，每个部门至少要有一个路由器具有合法的全球 IP 地址，如图 8-1 中的路由器 R1 和 R2。这两个路由器和 Internet 的接口地址必须是合法的全球 IP 地址。路由器 R1 和 R2 在专用网内部网络的接口地址就是专用网的本地地址。

现在设部门 A 的主机 X 要向部门 B 的主机 Y 发送数据报，源地址是 10.1.0.1，而目的地址是 10.2.0.3。这个数据报作为本机构的内部数据报从 X 发送到与外界连接的路由器 R1。路由器 R1 收到内部数据报后将整个内部数据报进行加密，然后重新填加上数据报的首部封装成在 Internet 上发送的外部数据报，其源地址是路由器 R1 的全球地址 125.1.2.3，目的地址是路由器 R2 的全球地址 194.4.5.6。路由器 R2 收到数据报后将其数据部分取出进行解密，恢复出原来的内部数据报，并转发给主机 Y。

由于在 Internet 上传送的外部数据报的数据部分（即内部数据报）是加密的，因此在 Internet 上所经过的所有路由器都不知道内部数据报的内容。图 8-1（a）中在路由器 R1 和 R2 之间的隧道表明了这一概念。

如图 8-1（b）所示，由部门 A 和 B 的内部网络所构成的虚拟专用网 VPN 又称为内联网（Intranet），表示部门 A 和 B 都是在同一个机构的内部。但有时一个机构需要和某些外部机构共同建立虚拟专用网，这样的 VPN 又称为外联网（Extranet）。需要强调的是，内联网和外联网都采用 Internet 技术，即都基于 TCP/IP 协议。

8.1.2　VPN 的 Windows 解决方案

微软公司的 Windows Server 2003 提供了对 VPN 通信技术的支持，本节将讲述 VPN 在该网络操作系统中的实现方案。

Windows Server 2003 支持的 VPN 通信协议有以下两种：

（1）PPTP（Point to Point Tunneling Protocol），只有 IP 网络才可以建立起 PPTP 的 VPN。两个局域网之间如通过 PPTP 连接，则两端直接连接到 Internet 的 VPN 服务器必须支持 TCP/IP 协议，而网络内的其他计算机并不需要支持 TCP/IP，它们可以支持 TCP/IP、IPX 或 NETBEUI 通信协议。

（2）L2TP（Layer 2 Tunneling Protocol），与 PPTP 类似。

VPN 一般用在以下两种情况：

（1）总公司的网络已经连接到 Internet，用户通过远程拨号连接 ISP 进入 Internet 后，就可以通过 Internet 连接总公司的 VPN 服务器，可以建立 PPTP 或 L2TP 的 VPN，如图 8-2 所示。

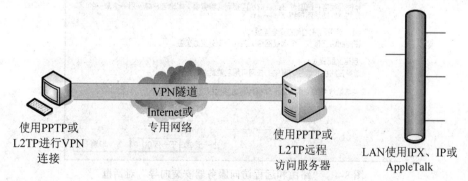

图 8-2　使用 PPTP 或 L2TP 建立 VPN 连接

（2）两个局域网都连接到 Internet，都具有 VPN 服务器，并且通过 Internet 建立 PPTP 或 L2TP 的 VPN。

本案例中主要介绍第一种情况。下面就来看 Windows Server 2003 中的 VPN 的实现步骤。

1. 架设 VPN 服务器

（1）选择"开始"→"管理工具"→"路由和远程访问"，在如图 8-3 所示的窗口中，右击服务器名字，选择"配置并启用路由和远程访问"命令，打开如图 8-4 所示的对话框。

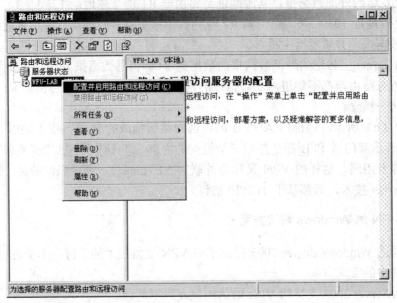

图 8-3　配置并启用路由和远程访问

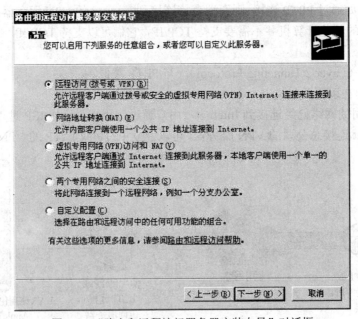

图 8-4　"路由和远程访问服务器安装向导"对话框

（2）在图 8-4 中选择"远程访问（拨号或 VPN）"，单击"下一步"按钮，打开如图 8-5 所示的对话框。

（3）在图 8-5 中选择 VPN，单击"下一步"按钮，打开如图 8-6 所示的对话框。

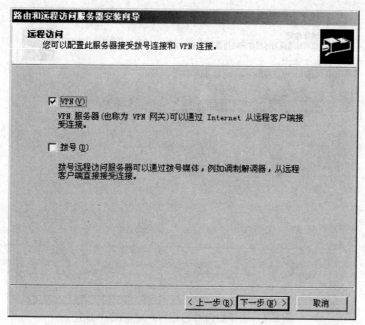

图 8-5 选择 VPN

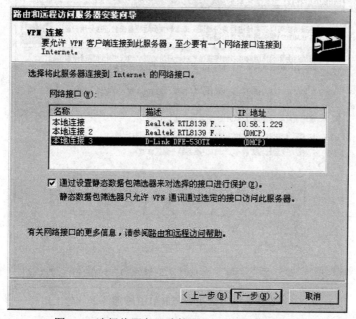

图 8-6 选择将服务器连接到 Internet 的网络接口

（4）要允许 VPN 客户端连接到服务器，至少要有一个网络接口连接到 Internet。在图 8-6 中选择连接到 Internet 的网络接口。单击"下一步"按钮，打开如图 8-7 所示的对话框。

（5）在图 8-7 中，若选择"自动"单选按钮，则可由 VPN 服务器向 DHCP 服务器租用 IP 地址，然后分配给客户端；若选择"来自一个指定的地址范围"单选按钮，单击"下一步"按钮后，设置的地址范围将被指派给客户端使用。这里选择"自动"单选按钮，单击"下一步"按钮，打开如图 8-8 所示的对话框。

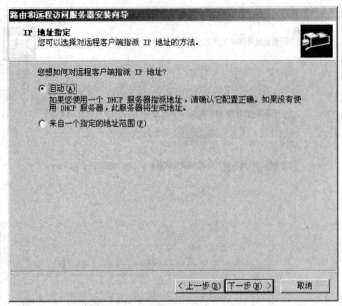

图 8-7　选择如何对远程客户端指派 IP 地址

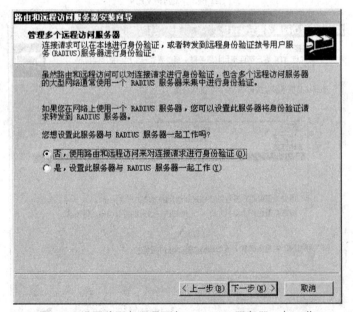

图 8-8　设置此服务器是否与 RADIUS 服务器一起工作

（6）在图 8-8 中按图示选择并单击"下一步"按钮，显示如图 8-9 所示的对话框。

（7）在图 8-9 中单击"完成"按钮，显示如图 8-10 所示的对话框，单击"确定"按钮。此对话框告知读者设置完成 VPN 服务器后，还要再指定 DHCP 服务器的 IP 地址。

系统会自动建立 128 个 PPTP 端口和 128 个 L2TP 端口，如图 8-11 所示，每个端口可供一个 VPN 客户端用来建立 VPN。如果要增加或减少 VPN 的数量，可以右击"端口"，选择"属性"命令，打开如图 8-12 所示的对话框，双击"WAN 微型端口（PPTP）"或"WAN 微型端口（L2TP）"，单击"配置"按钮，打开如图 8-13 所示的对话框，可以修改 VPN 端口的数量。

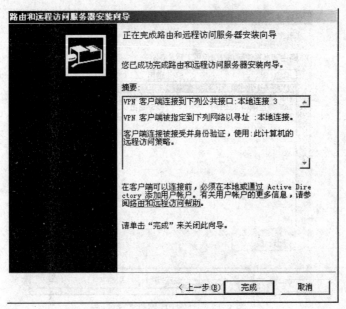

图 8-9　完成安装

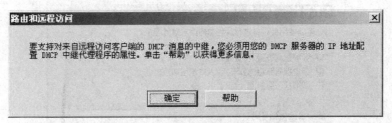

图 8-10　提示如何支持对远程访问客户端的 DHCP 消息的中继

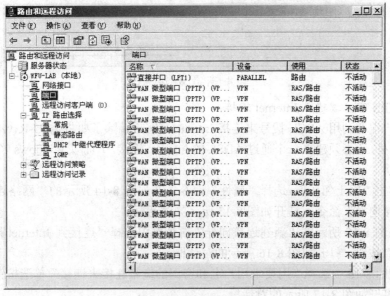

图 8-11　打开端口列表

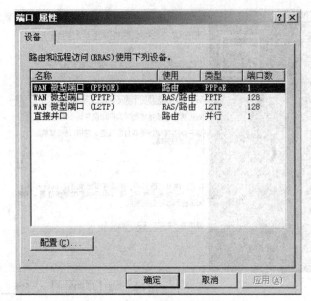

图 8-12   "端口 属性"对话框

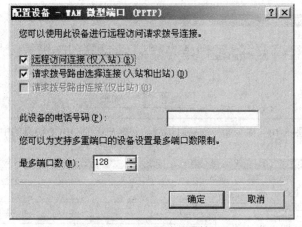

图 8-13   配置端口属性

2. 在 VPN 客户端建立 Internet 连接

假设客户端要利用 ADSL 拨号来连接 Internet，客户端除了要将 ATU-R（ADSL 调制解调器）连接好之外，还必须建立一个通过 ADSL 的 Internet 连接。下面以 Windows 2000 Professional 为例进行说明。

（1）右击"网上邻居"，选择"属性"命令，在如图 8-14 所示的"网络连接"窗口中双击"新建连接向导"命令，打开如图 8-15 所示的对话框。

（2）在图 8-15 所示的"新建连接向导"对话框中选择"连接到 Internet"单选按钮，单击"下一步"按钮，打开如图 8-16 所示的对话框。

（3）在图 8-16 中选择"用要求用户名和密码的宽带连接来连接"单选按钮，单击"下一步"按钮，打开如图 8-17 所示的对话框。

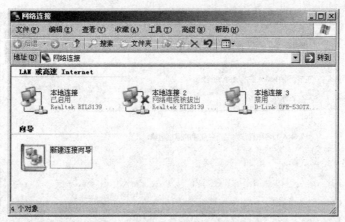

图 8-14 双击"新建连接向导"

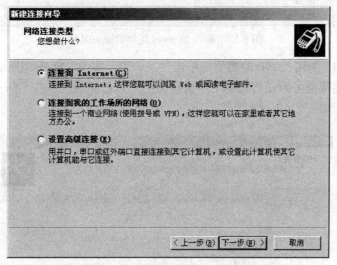

图 8-15 "新建连接向导"对话框

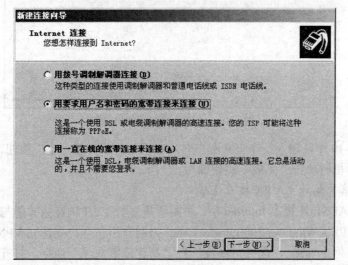

图 8-16 选择用宽带连接

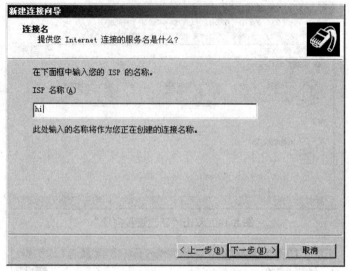

图 8-17　输入 Internet 连接的服务名称

（4）在图 8-17 中输入 ISP 的名称，单击"下一步"按钮，打开如图 8-18 所示的对话框。其中可选择此项连接是可为任何人使用还是只为用户自己使用。单击"下一步"按钮，打开如图 8-19 所示的对话框。

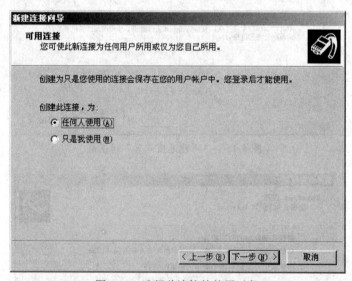

图 8-18　选择此连接的使用对象

（5）在图 8-19 中，输入一个 ISP 账户名和密码，单击"下一步"按钮，出现"完成新建连接向导"对话框时单击"完成"按钮即可。

3. 在 VPN 客户端建立 VPN 拨号连接

客户端通过 ADSL 连接上 Internet 后，还需要建立一个 VPN 连接才能与 VPN 服务器建立 VPN 连接。下面仍以 Windows 2000 Professional 为例介绍在客户端建立 VPN 连接的方法。

（1）右击"网上邻居"，选择"属性"→"新建连接向导"命令，打开如图 8-20 所示的对话框。

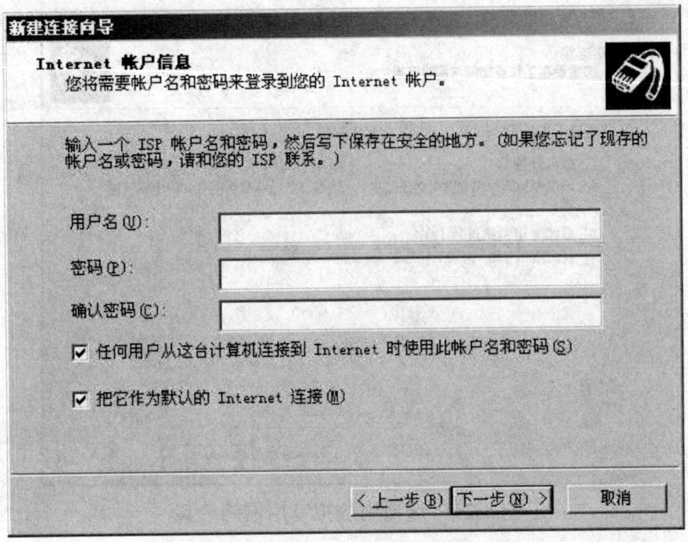

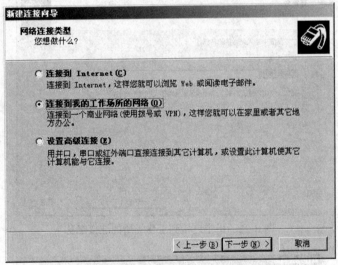

图 8-19　输入 ISP 账户名和密码

图 8-20　"新建连接向导"对话框

（2）在图 8-20 中，选择"连接到我的工作场所的网络"单选按钮，单击"下一步"按钮，打开如图 8-21 所示的对话框。

（3）在图 8-21 中选择"虚拟专用网络连接"单选按钮，单击"下一步"按钮，打开如图 8-22 所示的对话框。

（4）在图 8-22 中输入将要建立的连接的名称，例如可输入单位名称或连接的服务器的名称。单击"下一步"按钮，打开如图 8-23 所示的对话框。

（5）在图 8-23 中选择可以使用该连接的对象，单击"下一步"按钮，打开如图 8-24 所示的对话框。

（6）在图 8-24 中，输入正要连接的 VPN 服务器的主机名或 IP 地址。单击"下一步"按钮，出现如图 8-25 所示的完成对话框，单击"完成"按钮即可。

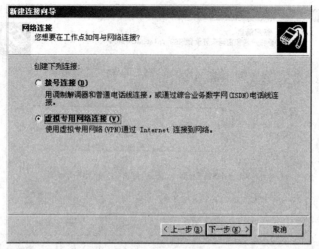

图 8-21　选择用虚拟专用网络连接

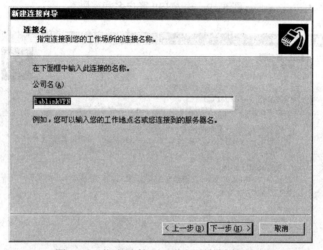

图 8-22　指定连接到工作场所的连接名称

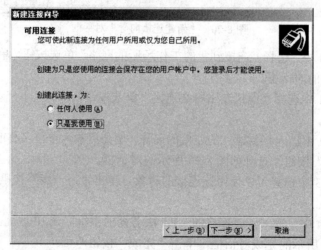

图 8-23　指定新连接的使用对象

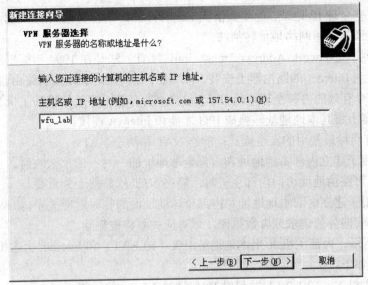

图 8-24　输入 VPN 服务器的名称和地址

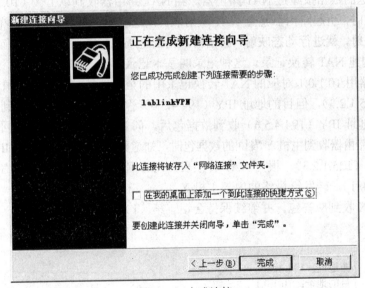

图 8-25　完成连接

用户完成架设 VPN 服务器、建立客户端的 Internet 连接、建立客户端的 VPN 连接后，就可以在客户端与 VPN 服务器之间建立 VPN 连接。

8.2　网络地址转换 NAT

8.2.1　NAT 工作原理

下面讨论另一种情况，就是在专用网内部的一些主机本来已经分配到了本地 IP 地址，但现在又想和 Internet 上的主机通信（并不需要加密），应当采取什么措施呢？最简单的办法就是设法再申请一些全球 IP 地址。但多数情况下这种办法是不容易做到的，因为全球 IP 地址已所剩不多。目前通常采用网络地址转换法。

网络地址转换（Network Address Translation，NAT）法是在 1994 年提出的。这种方法需要在专用网连接到 Internet 的路由器上安装 NAT 软件。装有 NAT 软件的路由器叫做 NAT 路由器，它至少有一个有效的内部全球地址 IPG。这样，所有使用本地地址的主机和外界通信时都要在 NAT 路由器上将其本地地址转换成 IPG 才能和 Internet 连接。

NAT 技术有两种最常用的实现模式：静态 NAT 和动态 NAT。

静态 NAT 用于建立内部本地地址和内部全球地址的一对一的永久映射。当外部网络需要通过固定的全局可路由地址访问内部主机时，静态 NAT 就显得十分重要。

动态 NAT 用于建立内部本地地址和内部全球地址池的临时对应关系，如果经过一段时间，内部本地地址没有向外的请求或者数据流，该对应关系将被删除。

如图 8-26 所示，内部主机 X 用本地地址 IPX（10.1.0.1）和 Internet 上主机 Y（194.4.5.6）通信的详细过程如下：

（1）内部主机 X（10.1.0.1）发起对 IPY（194.4.5.6）的连接。

（2）所发送的数据报经过 NAT 路由器。当 NAT 路由器收到以 IPX（10.1.0.1）为源地址的第一个数据包时，引起路由器检查 NAT 映射表。该地址配置有静态映射，就执行第（3）步；如果没有静态映射，就进行动态映射，路由器从内部全局地址池中选择一个有效的地址，并在 NAT 映射表中创建 NAT 转换记录。这种记录叫基本记录。

（3）路由器用 10.1.0.1 对应的 NAT 转换记录中的全局地址替换数据包源地址，转换成全球地址 IPG（125.1.2.3），但目的地址 IPY（194.4.5.6）保持不变，然后发送到 Internet。

（4）目的地址 IPY（194.4.5.6）收到数据包后，向 IPG（125.1.2.3）发回响应包。

（5）NAT 路由器收到主机 Y 发回的数据包时，知道数据包中的源地址是 IPY（194.4.5.6），目的地址是 IPG（125.1.2.3）。根据 NAT 转换表，NAT 路由器将目的地址 IPG（125.1.2.3）转换为 IPX（10.1.0.1），转发给最终的内部主机 X。

（6）主机 X 收到应答包，并继续保持会话。第（1）步到第（5）步将一直重复，直到会话结束。

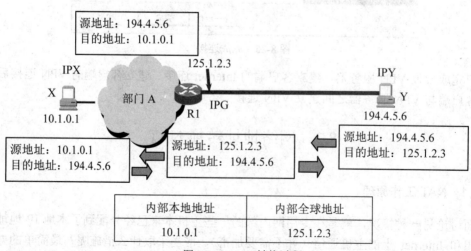

图 8-26 NAT 转换过程

如果 NAT 路由器具有多个全球 IP 地址，就可以同时将多个本地地址转换为全球 IP 地址，因而使多个拥有本地地址的主机能够和 Internet 上的主机进行通信。

还有一种 NAT 转换表将传输层的端口号也利用上，这样就可以用一个全球 IP 地址使多个拥有本地地址的主机同时和 Internet 上的不同主机进行通信，这种方法叫做网络地址端口转换 NAPT（Network Address Port Translation），它将内部地址映射到外部网络的一个 IP 地址的不同端口上。

NAPT 普遍应用于接入设备中，它可以将中小型的网络隐藏在一个合法的 IP 地址后面。NAPT 与动态地址 NAT 不仅将内部连接映射到外部网络中的一个单独的 IP 地址上，同时还在该地址上加上一个由 NAT 设备选定的 TCP 端口号。

在 Internet 中使用 NAPT 时，所有不同的 TCP 和 UDP 信息流看起来好像来源于同一个 IP 地址。这个优点使其非常适合在小型办公室内使用，通过从 ISP 处申请一个 IP 地址，可将多个连接通过 NAPT 接入 Internet。

图 8-27 反映了内部源地址 NAPT 的整个映射过程。

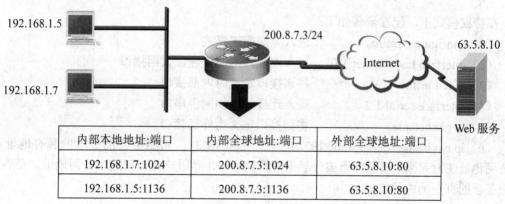

图 8-27　内部源地址 NAPT 的映射过程

（1）内部主机 192.168.1.5 发起一个到外部主机 63.5.8.10 的连接。

（2）当路由器接收到 192.168.1.5 为源地址的第一个数据包时，引起路由器检查 NAT 映射表。如果 NAT 没有转换记录，路由器就为 192.168.1.5 作地址转换，并创建一条转换记录。如果启用了 NAPT，就进行另外一次转换，路由器将复用全球地址并保存足够的信息以便还能将全球地址转换回本地地址。NAPT 的地址转换记录称为扩展记录。

（3）路由器用 200.8.7.3 对应的 NAT 转换记录中的全球地址替换数据包源地址，经过转换后，数据包的源地址变为 200.8.7.3，然后转发该数据包。

（4）63.5.8.10 主机接收到数据包后，就向 200.8.7.3 发响应包。

（5）当路由器接收到内部全球地址的数据包时，将以内部全球地址 200.8.7.3 及其端口号、外部全球地址及其端口号为关键字查找 NAT 记录表，将数据包的目的地址转换成 192.168.1.5 并转发给 192.168.1.5。

（6）192.168.1.5 接收到应答包，并继续保持会话。第（1）步到第（5）步一直重复，直到会话结束。

8.2.2　NAT 技术实施

下面用一个例子来说明 NAT 的基本配置方法。通过基本配置命令可以对 NAT 功能有一个清晰的认识。

假设某公司有 FTP 服务器可以为外部用户提供服务，但是该服务器处在公司的内网中，第一，通过公网访问不到该服务器，第二，该公司也不想让外界获悉本地网络结构，所以采用一个公网地址和一个私有地址映射的办法来实现外网与内网用户都能对该服务器进行访问，如图 8-28 所示。

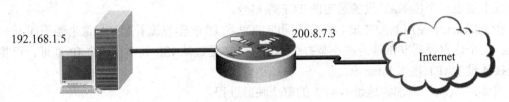

图 8-28　实现外网用户对内网 FTP 服务器的访问

在特权模式下，配置步骤如下：

（1）configure terminal　　　　　进入全局配置模式
（2）interface fastethernet 1/0　　进入连接内网的快速以太网接口
（3）ip nat inside　　　　　　　将该接口定义为内部接口
（4）interface serial 1/2　　　　　进入连接外网的同步串口
（5）ip nat outside　　　　　　将该接口定义为外部接口
（6）ip nat inside source static 192.168.1.5　　200.8.7.3　　将服务器的原本的私有地址和一个公网地址映射起来，该服务器被外界用户访问时，外界用户将访问这个公网地址，而不知道该服务器的真正的内网地址。

8.3　局域网宽带接入 Internet

局域网不但可以通过边缘路由器接入 Internet，对于一些小型网络来说，还可以通过宽带上网。ADSL（Asymmetric Digital Subscriber Line）是一种让家庭和小型企业的局域网利用电话线进行宽带高速上网的技术。单机用户通过 ADSL 上网的硬件连接如图 8-29 所示。

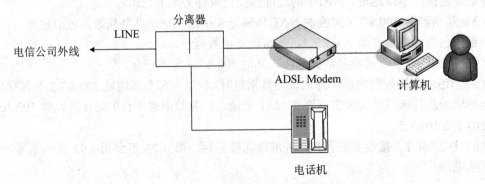

图 8-29　单机用户通过 ADSL 上网的硬件连接

对于局域网来说，与外网的硬件连接与图 8-29 是相似的，只不过把个人计算机换为一台内网的服务器，对该服务器进行相应配置，使之成为内网接入 Internet 的桥梁。

8.3.1　NAT 技术的软件实现

8.2 节介绍了在路由器中设置 NAT 的方法，NAT 同样可以在 Windows Server 2003 网络操作系统中完成。

1. 配置 NAT 实现局域网上网

（1）硬件连接。共享 ADSL 上网时，首先需要配置一台 NAT 计算机。NAT 计算机上需要安装两块网卡，其中一块网卡连接 ADSL Modem，在此称为"外网卡"，另一块连接局域网的交换机或集线器，在此称为"内网卡"。网络整体连接方式如图 8-30 所示。

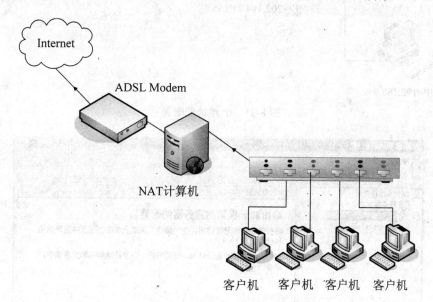

图 8-30　网络拓扑结构图

（2）IP 地址的配置。

NAT 计算机的 IP 地址配置：在如图 8-31 所示的网络中，NAT 计算机的外网卡需要配置公共 IP 地址。若通过 ADSL 拨号上网，则可配置为自动获得 IP 地址；若通过有固定 IP 地址的 ADSL 专线上网，则配置为 ISP 提供的 IP 地址。NAT 计算机的内网卡通常配置为 192.168.0.1 即可，其默认网关和 DNS 地址不用配置。

局域网计算机的 IP 地址配置：局域网计算机的 IP 地址配置为 192.168.0.X（2～254），默认网关和 DNS 地址配置为 192.168.0.1。当然，局域网计算机的 IP 地址也可以配置为自动获得。

2. 配置 NAT 计算机

完成 IP 地址的设置后，接下来需要在 Windows Server 2003 中配置 NAT。

（1）单击"开始"→"程序"→"管理工具"→"路由和远程访问"命令。

（2）在如图 8-32 所示的"路由和远程访问"窗口中右击计算机名，选择"配置并启用路由和远程访问"命令，打开"路由和远程访问服务器安装向导"对话框。

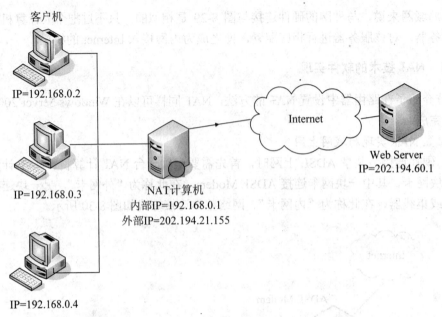

图 8-31   IP 地址的配置

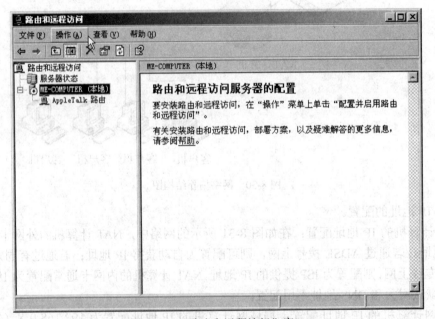

图 8-32   "路由和远程访问"窗口

（3）单击"下一步"接钮后，选择"网络地址转换（NAT）"单选按钮，如图 8-33 所示，再次单击"下一步"接钮。

（4）选择连接 Internet 的网络接口（网卡），如图 8-34 所示，单击"下一步"按钮。

（5）若系统检测不到网络中提供 DHCP 和 DNS 服务的计算机，会出现如图 8-35 所示的对话框，此时可以按照图中的选择让 NAT 计算机同时提供 DHCP 和 DNS 服务，单击"下一步"按钮。

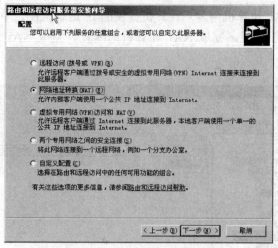

图 8-33　"配置"对话框

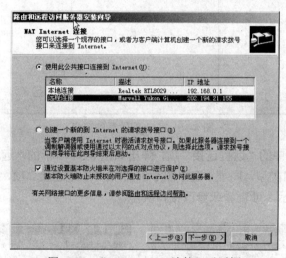

图 8-34　"NAT Internet 连接"对话框

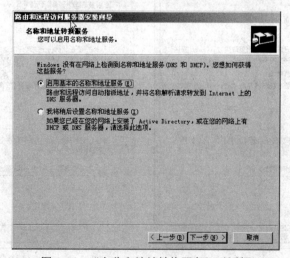

图 8-35　"名称和地址转换服务"对话框

（6）此时显示 NAT 计算机为客户计算机提供的 IP 地址范围，单击"下一步"按钮。

（7）单击"完成"按钮，完成 NAT 计算机的配置。完成 NAT 配置后的界面如图 8-36 所示。

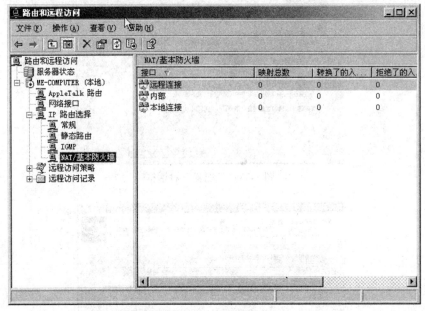

图 8-36   NAT 配置后的窗口

（8）双击图 8-36 中的"远程连接"项，弹出如图 8-37 所示的"远程连接 属性"对话框，在此可查看或修改接口类型，同理，双击图 8-36 中的"本地连接"项，弹出"本地连接 属性"对话框，如图 8-38 所示，可查看或修改接口类型。

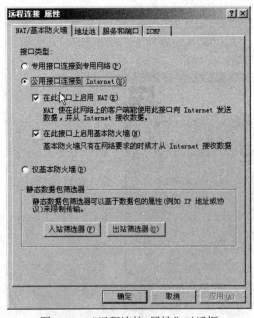

图 8-37   "远程连接 属性"对话框

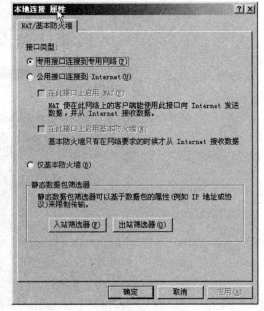

图 8-38   "本地连接 属性"对话框

8.3.2　Internet 连接共享接入

Internet 连接共享通常适合于小型局域网共享上网。几乎所有的 Windows 版本都自带了这种功能，下面介绍通过 Internet 连接共享使得局域网上网的配置过程。

1. 硬件连接

首先配置一台主机作为 Internet 连接共享的服务器，该服务器需要安装两块网卡，分别为内、外网卡，外网卡接 ADSL Modem，内网卡连接局域网的交换机或集线器。网络拓扑结构如图 8-39 所示。

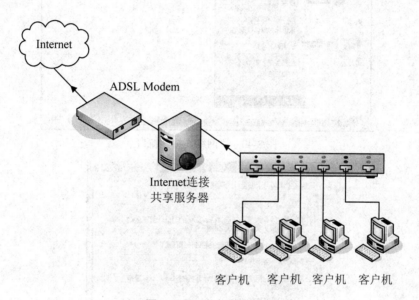

图 8-39　网络拓扑结构图

2. IP 地址的配置

（1）主机的 IP 地址配置。在如图 8-39 所示的网络中，主机的外网卡必须配置公共 IP 地址。若通过 ADSL 拨号上网，则可配置为自动获得 IP 地址；若通过有固定 IP 的 ADSL 专线上网，则配置为 ISP 提供的 IP 地址。主机的外网卡配置为 192.168.0.1 即可，其默认网关地址和 DNS 地址不用配置。

（2）局域网计算机的 IP 地址配置。局域网计算机的 IP 地址配置为 192.168.0.X（2～254），默认网关和 DNS 地址配置为 192.168.0.1。当然，局域网计算机的 IP 地址也可以配置为自动获得。

3. Internet 连接共享

一切预备配置完成后，只需在主机上启用 Internet 连接共享即可，具体步骤如下：

（1）在桌面上右击"网上邻居"，选择"属性"选项，打开"网络连接"窗口。

（2）在"网络连接"窗口中右击 ADSL 拨号图标，选择"属性"选项，如图 8-40 所示。

（3）在弹出的对话框中选择"高级"选项卡，在该选项卡中勾选"允许其他网络用户通过此计算机的 Internet 连接来连接"复选框，同时在"家庭网络连接"处选择连接内网的网卡，单击"确定"接钮。如果允许局域网计算机直接拨号，则勾选"在我的网络上的计算机尝试访问 Internet 时建立一个拨号连接"复选框，如图 8-41 所示。

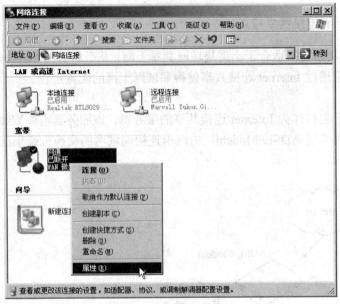

图 8-40　"网络连接"窗口

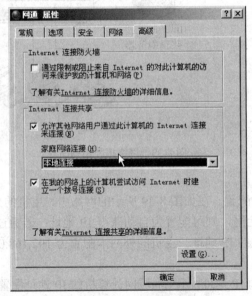

图 8-41　Internet 连接共享设置

（4）此时，系统提示启用 Internet 连接共享后，连接局域网的网卡的 IP 地址将被配置为 192.168.0.1，单击"是"按钮，如图 8-42 所示。

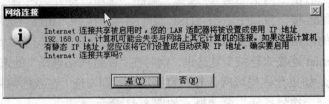

图 8-42　提示对话框

至此，完成了 Internet 共享的设置。应注意，当启用 Internet 共享时，网络中不能同时设置 NAT，也不能有提供 DHCP 和 DNS 服务的计算机存在，否则将与 Internet 连接共享产生冲突。

8.3.3　通过代理服务器接入

通过代理服务器使局域网上网是指在主机上安装代理服务器软件来实现共享 ADSL 上网。这样的代理服务器软件有很多，如 Wingate、Sygate、Winroute、CCProxy 等。代理服务器 CCProxy 于 2000 年 6 月问世，是国内最流行的、下载量最大的国产代理服务器软件，主要用于局域网内共享宽带上网、ADSL 共享上网、专线代理共享、ISDN 代理共享、卫星代理共享、蓝牙代理共享和二级代理等共享代理上网。总体来说，CCProxy 可以完成两项大的功能：代理共享上网和客户端代理权限管理。下面介绍通过 CCProxy 代理服务器，实现共享上网的配置过程。

1. 硬件连接

通过代理服务器共享上网的连接方式与前面介绍的 Internet 共享的连接方式基本一致，只需把前面的主机配置为代理服务器就可以了。代理服务器仍需安装两块网卡，其中一块网卡连接 ADSL Modem，依然称为"外网卡"；另一块网卡连接局域网的交换机或集线器，称为"内网卡"。网络整体连接方式如图 8-43 所示。

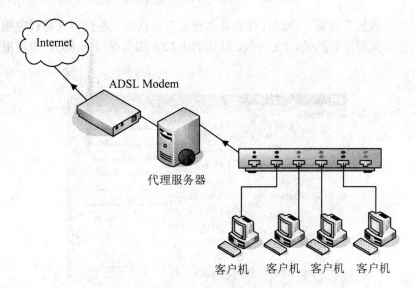

图 8-43　网络拓扑结构图

2. IP 地址配置

（1）代理服务器的 IP 地址配置。在图 8-43 所示的网络中，代理服务器的外网卡必须配置公共 IP 地址。若通过 ADSL 拨号上网，则可以配置为自动获得 IP 地址；若通过有固定 IP 的 ADSL 专线上网，则配置为 ISP 提供的 IP 地址。代理服务器的外网卡通常配置为 192.168.0.1 即可，其默认网关和 DNS 地址可以不用配置。

（2）局域网计算机的 IP 地址配置。局域网计算机的 IP 地址配置为 192.168.0.X（2～254）。默认网关和 DNS 地址可以不用配置。有时局域网计算机的 IP 地址也可以配置为自动获得。

3. 代理服务器软件的安装与配置

在此主要介绍 CCProxy 代理服务器软件的配置方法。CCProxy 是一款不错的代理服务器软件，配置起来非常简单，功能也很强大。

（1）安装 CCProxy 软件很简单，只要双击 CCProxy 的安装程序，然后按提示操作即可。安装完成后的启动界面如图 8-44 所示。

图 8-44　CCProxy 软件的运行界面

（2）单击"设置"按钮，弹出代理服务"设置"对话框，在此可选择代理服务的范围，如图 8-45 所示。需要注意的是，CCProxy 默认的 HTTP 服务端口为 808，也可根据需要设为另外的端口。

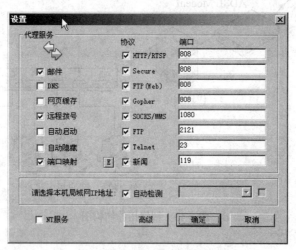

图 8-45　"设置"对话框

（3）单击图 8-44 中的"账号"按钮，弹出"账号管理"对话框，如图 8-46 所示，在此对话框中可以限制通过此代理上网的账号范围，可以根据实际情况设定。

4. 局域网计算机的配置

局域网计算机除了配置 IP 地址外，还需要配置 IE 浏览器。

（1）在桌面上右击 IE 浏览器图标，选择"属性"选项，打开 IE 浏览器属性窗口。

（2）在属性窗口中，选择"连接"选项卡。

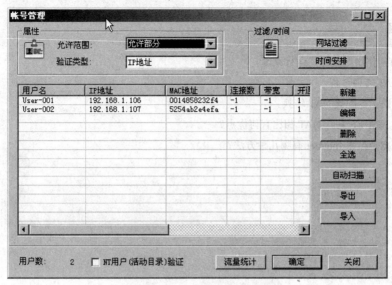

图 8-46　"账号管理"对话框

（3）单击该选项卡下面的"局域网设置"按钮，打开"局域网设置"对话框。在该对话框中，选中"为 LAN 使用代理服务器"，并输入代理服务器的 IP 地址和端口。此外输入代理服务器地址为 192.168.0.1，端口为 808。此时，局域网计算机就可以通过代理服务器上网了。其他局域网计算机的设置与之相同。

习题与思考题八

一、选择题

1. 用户通过电话网接入 Internet 使用的设备是（　　）。

　A. 路由器　　　　　　B. 集线器　　　　　C. 调制解调器　　　　　D. 交换机

2. 在使用 NAT 的网络中，（　　）有一个转换表。

　A. 交换机　　　　　　B. 路由器　　　　　C. 服务器　　　　　　D. 以上都不是

3. 下面对无线个域网 WPAN 的描述，错误的是（　　）。

　A. 在个人工作的地方把属于个人使用的电子设备用无线技术连接起来自组网络

　B. 不需要使用接入点 AP

　C. 整个网络的范围大约在 10m 左右

　D. 它是一个大功率、中等范围、高速率的局域网

4. 无线局域网使用改进的 CSMA 协议，下面对此描述错误的是（　　）。

　A. 欲发送数据的站先检测信道

　B. 当源站发送它的第一个 MAC 帧时，若检测到信道空闲，立即发送

　C. 目的站若正确收到此帧，则经过时间间隔 SIFS 后，向源站发送确认帧 ACK

　D. 若源站在规定时间内没有收到确认帧 ACK，就必须重传此帧

二、简答题

1. VPN 有何作用？试述其运行原理。

2. 简述 NAT 转换过程。

3. 为一台路由器配置 NAT 转换。

4. 什么叫 NAPT？它与 NAT 相比有何优点？

5. 局域网宽带接入 Internet 有哪几种方法？

第9章 网络安全技术

本章主要讲解网络安全技术的相关内容。通过本章的学习，应该掌握以下内容：

- 网络安全与安全威胁
- 加密、认证与鉴别
- 防火墙
- 入侵检测技术
- 访问控制列表
- 病毒与病毒的防治

9.1 网络安全问题概述

随着世界经济的迅速发展和全球信息化的大趋势，人们对 Internet 的依赖越来越强。由于互联网是一个面向大众的开放系统，本身存在脆弱性，加上计算机网络技术的飞速发展，无论是在局域网还是在广域网中，都存在着自然和人为等诸多因素的脆弱性和潜在威胁。安全问题正日益突出，要求提高网络安全性的呼声也日益高涨。因此，为了保证网络信息的安全必须采取相应的技术。

9.1.1 网络安全的概念

网络安全是指网络系统的硬件、软件及其系统中的数据受到保护，不会由于偶然或恶意的原因而遭到破坏、更改、泄露等意外。网络安全是一个涉及计算机科学、网络技术、通信技术、密码技术、信息安全技术、应用数学、数论和信息论等多种学科的边缘学科。

网络安全一般可以理解为：

（1）运行系统安全，即保证信息处理和传输系统的安全。包括计算机系统机房环境的保护，法律、政策的保护，计算机结构设计上的安全考虑，硬件系统的可靠安全运行，计算机操作系统和应用软件的安全，数据库系统的安全，电磁信息泄露的防护等。它侧重于保证系统正常的运行，避免因为系统的崩溃和损坏而对系统存储、处理和传输的信息造成破坏和损失，避免由于电磁泄漏，产生信息泄露，干扰他人（或受他人干扰），本质上是保护系统的合法操作和正常运行。

（2）网络上系统信息的安全。包括用户口令鉴别、用户存取权限控制、数据存取权限、方式控制、安全审计、安全问题跟踪、计算机病毒防治和数据加密等。

（3）网络上信息内容的安全。侧重于信息的保密性、真实性、可用性和完整性，避免攻击者利用系统的安全漏洞进行窃听、冒充和诈骗等有损于合法用户的行为。

　　计算机网络是计算机系统的一个特例，一方面具有信息安全的特点，另一方面又与主机系统式的计算机系统不同，计算机网络必须增加对通信过程的控制，加强网络环境下的身份认证，由统一的网络操作系统贯彻其安全策略，提高网络上各结点的整体安全性。根据这些特性，网络安全应包括以下方面：物理安全、人员安全、符合瞬时电磁脉冲辐射标准（TEM-PEST）、信息安全、操作安全、通信安全、计算机安全和工业安全，如图 9-1 所示。

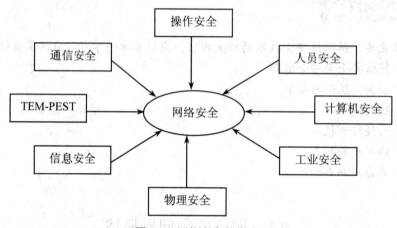

图 9-1　网络安全的组成

9.1.2　网络安全控制模型

　　可以建立如图 9-2 所示的网络安全模型。信息需要从一方通过某种网络传送到另一方，在传送中居主体地位的双方必须合作起来交换，通过通信协议（如 TCP/IP）在两个主体之间可以建立一条逻辑信息通道。

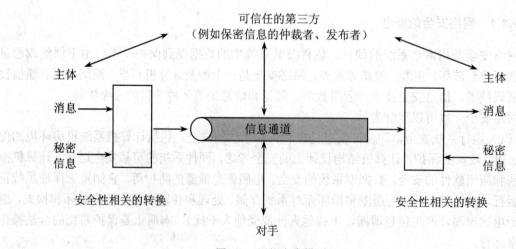

图 9-2　网络安全模型

　　为防止对手对信息机密性、可靠性等造成破坏，需要保护传送的信息。保证安全性的所有机制包括以下两部分：

（1）对被传送的信息进行与安全性相关的转换。图 9-2 中包含了消息的加密和以消息内容为基础的补充代码。加密消息使对手无法阅读，补充代码可以用来验证发送方的身份。

（2）两个主体共享不希望对手得知的保密信息。例如，使用密钥连接，在发送前对信息进行转换，在接收后再转换过来。

为了实现安全传送，可能需要可信任的第三方。例如，第三方可能会负责向两个主体分发保密信息，而向其他对手保密；或者需要第三方对两个主体间传送信息可靠性的争端进行仲裁。

这种通用模型指出了设计特定安全服务的 4 个基本任务：

（1）设计执行与安全性相关的转换算法，该算法必须使对手不能破坏算法以实现其目的。

（2）生成算法使用的保密信息。

（3）开发分发和共享保密信息的方法。

（4）指定两个主体要使用的协议，并利用安全算法和保密信息来实现特定的安全服务。

9.1.3 安全威胁

安全威胁是指某个人、物、事件或概念对某一资源的机密性、完整性、可用性或合法性所造成的危害。某种攻击就是某种威胁的具体实现。

针对网络安全的威胁主要有三种：

（1）人为的无意失误。如操作员安全配置不当造成的安全漏洞，用户安全意识不强，用户口令选择不慎，用户将自己的账号随意转借他人或与别人共享等都会对网络安全带来威胁。

（2）人为的恶意攻击。这是计算机网络所面临的最大威胁，敌手的攻击和计算机犯罪就属于这一类。此类攻击又可以分为以下两种：一种是主动攻击，它以各种方式有选择地破坏信息的有效性和完整性；另一类是被动攻击，它是在不影响网络正常工作的情况下，进行截获、窃取、破译以获得重要机密信息。这两种攻击均可对计算机网络造成极大的危害，并导致机密数据的泄漏。

（3）网络软件的漏洞和"后门"。网络软件不可能是百分之百无缺陷和无漏洞的，然而，这些漏洞和缺陷恰恰是黑客进行攻击的首选目标，曾经出现过黑客攻入网络内部的事件，这些事件大部分就是因为安全措施不完善所招致的苦果。另外，软件的"后门"都是软件公司的设计编程人员为了方便而设置的，一般不为外人所知，但一旦"后门"洞开，其造成的后果将不堪设想。

1. 安全攻击

对于计算机或网络安全性的攻击，最好通过在提供信息时查看计算机系统的功能来记录其特性。图 9-3 列出了当信息从信源向信宿流动时，信息正常流动和受到各种类型的攻击的情况。

中断是指系统资源遭到破坏或变得不能使用，这是对可用性的攻击。例如，对一些硬件进行破坏、切断通信线路或禁用文件管理系统等。

截取是指未授权的实体得到了资源的访问权，这是对保密性的攻击。未授权实体可能是一个人、一个程序或一台计算机。例如，为了捕获网络数据的窃听行为，以及在未授权的情况下复制文件或程序的行为。

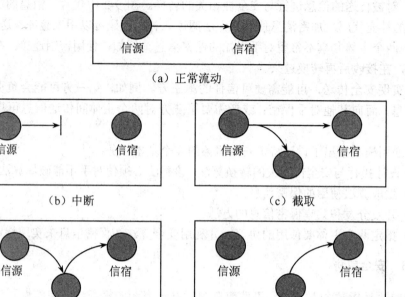

图 9-3　安全攻击

　　修改是指未授权的实体不仅得到了访问权，而且篡改了资源，这是对完整性的攻击。例如，在数据文件中改变数值或改动程序使它按不同的方式运行、修改在网络中传送的信息的内容等。

　　捏造是指未授权的实体向系统中插入伪造的对象，这是对真实性的攻击。例如，向网络中插入欺骗性的消息，或者向文件中插入额外的记录。

　　以上攻击可分为被动攻击和主动攻击两种。

　　被动攻击的特点是偷听或监视传送，其目的是获得正在传送的消息。被动攻击有：泄露信息内容和通信量分析等。

　　泄露信息内容容易理解。可能被泄露的信息内容包括电话对话、电子邮件消息、传递的议价等可能含有敏感内容的机密信息。我们要防止对手从传送中获得这些内容。

　　通信量分析比较微妙。使用某种方法（常用的技术是加密）将信息内容隐藏起来，这样即使对手捕获了消息，也不能从中提取信息。但对手可以确定被攻击结点的位置和通信主机的身份，可以观察交换消息的频率和长度。这些信息可以帮助对手猜测正在进行的通信特性。

　　主动攻击涉及修改数据或创建错误的数据流，包括假冒、重放、修改消息和拒绝服务等。假冒是指一个实体假装成另一个实体，假冒攻击通常包括一种其他形式的主动攻击。重放涉及被动捕获数据单元及其后来的重新传送，以产生未经授权的效果。修改消息意味着改变了真实消息的部分内容，或将消息延迟或重新排序，导致未授权的操作。拒绝服务是指禁止用户对通信工具的正常使用或管理。这种攻击拥有特定的目标，例如，实体可以取消送往特定目的地址的所有消息（例如安全审核服务）。另一种拒绝服务的形式是整个网络的中断，可以通过使网络失效而实现，或通过消息过载使网络性能降低。

　　主动攻击具有与被动攻击相反的特点。虽然很难检测出被动攻击，但可以采取措施阻止它的成功。相反，很难绝对预防主动攻击，因为这样需要在任何时候对所有的通信工具和路径进行完全的保护。防止主动攻击的做法是对攻击进行检测，并从它引起的中断或延迟中恢复过来。因为检测具有威慑的效果，它也可以对预防做出贡献。

另外，从网络高层协议的角度，攻击方法可以概括地分为两大类：服务攻击与非服务攻击。

服务攻击（Application Dependent Attack）是针对某种特定网络服务的攻击，如针对 E-mail、Telnet、FTP、HTTP 等服务的专门攻击。目前 Internet 应用协议集（主要是 TCP/IP 协议集）缺乏认证、保密措施，是造成服务攻击的重要原因。现在有很多具体的攻击工具，如 Mail Bomb（邮件炸弹）等，可以很容易实施对某项服务的攻击。

非服务攻击（Application Independent Attack）不针对某项具体的应用服务，而是基于网络层等低层协议进行的。TCP/IP 协议（尤其是 IPv4）自身的安全机制不足为攻击者提供了方便之门。

与服务攻击相比，非服务攻击与特定服务无关，往往利用协议或操作系统实现协议时的漏洞来达到攻击的目的，更为隐蔽，而且目前也是常常被忽略的方面，因而被认为是一种更为有效的攻击手段。

2. 基本的威胁

网络安全的基本目标是实现信息的机密性、完整性、可用性和合法性。4 个基本的安全威胁直接反映了对应的 4 个安全目标。一般认为，目前网络存在的威胁主要表现在：

（1）信息泄漏或丢失。信息泄漏或丢失是指敏感数据在有意或无意中被泄漏或丢失，通常包括信息在传输中丢失或泄漏，信息在存储介质中丢失或泄漏，通过建立隐蔽隧道等方法窃取敏感信息等。

（2）破坏数据完整性。破坏数据完整性是指以非法手段窃得对数据的使用权，删除、修改、插入或重发某些重要信息，以取得有益于攻击者的响应；恶意添加、修改数据，以干扰用户的正常使用。

（3）拒绝服务攻击。拒绝服务攻击不断对网络服务系统进行干扰，改变其正常的作业流程，执行无关程序使系统响应减慢甚至瘫痪，影响正常用户的使用，甚至使合法用户被排斥而不能进入计算机网络系统或不能得到相应的服务。

（4）非授权访问。非授权访问是指没有预先经过同意就使用网络或计算机资源，如有意避开系统访问控制机制，对网络设备及资源进行非正常使用，或擅自扩大权限，越权访问信息。它主要有以下形式：假冒、身份攻击、非法用户进入网络系统进行违法操作、合法用户以未授权方式进行操作等。

3. 主要的可实现的威胁

这些威胁可以使基本威胁成为可能，因此十分重要。它包括两类：渗入威胁和植入威胁。

（1）渗入威胁。

主要的渗入威胁有：假冒、旁路控制、授权侵犯。

假冒是大多数黑客采用的攻击方法。某个未授权实体使守卫者相信它是一个合法的实体，从而攫取该合法用户的特权。

旁路控制是指攻击者通过各种手段发现本应保密却又暴露出来的一些系统特征，利用这些特征，攻击者绕过防线守卫者渗入系统内部的方法。

授权侵犯也称为内部威胁，是指授权用户将其权限用于其他未授权的目的。

（2）植入威胁。

主要的植入威胁有：特洛伊木马、陷门。

特洛伊木马：是指攻击者在正常的软件中隐藏一段用于其他目的的程序，这段隐藏的程序常常以安全攻击作为其最终目标。

陷门：是指在某个系统或某个文件中设置的机关，使得当提供特定的输入数据时，允许违反安全策略。

4. 潜在的威胁

对基本威胁或主要的可实现的威胁进行分析，可以发现某些特定的潜在威胁，而任意一种潜在的威胁都可能导致发生一些更基本的威胁。

9.2 加密、认证与鉴别

随着信息交换的激增，对信息保密的需求也从军事、政治和外交等领域迅速扩展到民用和商用领域。计算机技术和微电子技术的发展为密码学理论的研究和实现提供了强有力的手段和工具。密码学已渗透到雷达、导航、遥控、通信、电子邮政、计算机、金融系统、各种管理信息系统甚至家庭等各部门和领域。这不仅是为了"保密"，还有认证、鉴别和数据签名等新功能。

数据加密是计算机网络安全很重要的一个部分。由于因特网本身的不安全性，为了确保安全，不仅要对口令进行加密，有时也要对在网上传输的文件进行加密。为了保证电子邮件的安全，人们采用"数字签名"这样的加密技术，并提供基于加密的身份认证技术。数据加密也使电子商务成为可能。

9.2.1 密码学的基本概念

1. 密码学

密码学（或称密码术）是保密学的一部分。保密学是研究密码系统或通信安全的科学，它包含两个分支：密码学和密码分析学。密码学是对信息进行编码实现信息隐蔽的一门学问。密码分析学是研究分析破译密码的学问。两者相互独立，又相互促进。

采用密码技术可以隐藏和保护需要保密的消息，使未授权者不能提取信息。需要隐藏的消息称为明文。明文被变换成另一种隐藏形式后称为密文。这种变换称为加密。加密的逆过程，即从密文恢复出明文的过程称为解密。对明文进行加密时采用的一组规则称为加密算法，加密算法所使用的密钥称为加密密钥。对密文解密时采用的一组规则称为解密算法，解密算法所使用的密钥称为解密密钥。

密码系统通常从三个独立的方面进行分类。

（1）按将明文转换成密文的操作类型可分为置换密码和易位密码。

所有加密算法都建立在两个通用原则之上，即置换和易位。置换是将明文的每个元素（比特、字母、比特或字母的组合）映射成其他元素。易位是对明文的元素进行重新布置。没有信息丢失是基本要求（也就是说，所有操作都是可逆的）。大多数系统（指产品系统）都涉及到多级置换和易位。

（2）按明文的处理方法可分为分组密码和序列密码。

分组密码或称为块密码（Block Cipher）一次处理一块输入元素，每个输入块生成一个输出块。序列密码或称为流密码（Stream Cipher）对输入元素进行连续处理，每次生成一个输出块。

（3）按密钥的使用个数可分为对称密码体制和非对称密码体制。

如果发送方使用的加密密钥和接收方使用的解密密钥相同，或者从其中一个密钥易于得出另一个密钥，这样的系统就称为对称的、单密钥或常规加密系统。如果发送方使用的加密密钥和接收方使用的解密密钥不相同且从其中一个密钥难以推出另一个密钥，这样的系统就称为不对称的、双密钥或公钥加密系统。

2. 加密技术

数据加密技术可以分为三类，即对称型加密、非对称型加密和不可逆加密。

对称型加密使用单个密钥对数据进行加密或解密，其特点是计算量小、加密效率高。但是此类算法在分布式系统上使用较为困难，主要是因为密钥管理困难，从而使用成本较高，安全性能也不易保证。这类算法的代表是在计算机网络系统中广泛使用的 DES（Digital Encryption Standard）算法。

目前经常使用的一些对称加密算法有数据加密标准（Data Encryption Standard，DES）、三重数据加密标准（3DES，或称 TDES）、Rivest Cipher 5（RC-5）、国际数据加密算法（International Data Encryption Algorithm，IDEA）。

不对称型加密算法也称为公开密钥算法，其特点是有两个密钥（即公用密钥和私有密钥），只有两者搭配使用才能完成加密和解密的全过程。由于不对称算法拥有两个密钥，它特别适用于分布式系统中的数据加密，在 Internet 中得到广泛应用。其中公用密钥在网上公布，由数据发送方对数据加密时使用，而用于解密的相应私有密钥则由数据的接收方妥善保管。不对称加密的另一用法称为数字签名（Digital Signature），即数据源使用其私有密钥对数据的校验和（Checksum）或其他与数据内容有关的变量进行加密，数据接收方则用相应的公用密钥解读数字签名，并将解读结果用于对数据完整性的检验。在网络系统中得到应用的不常规加密算法有 RSA 算法和美国国家标准局提出的 DSA 算法（Digital Signature Algorithm）。不常规加密法在分布式系统中应用时需注意的问题是如何管理和确认公用密钥的合法性。

不可逆加密算法的特征是加密过程不需要密钥，并且经过加密的数据无法被解密，只有同样的输入数据经过同样的不可逆加密算法才能得到相同的加密数据。不可逆加密算法不存在密钥保管和分发问题，适合在分布式网络系统上使用，但是其加密时计算机的工作量相当可观，所以通常用于数据量有限的情形下的加密，例如计算机系统中的口令就是利用不可逆算法加密的。近来随着计算机系统性能的不断改善，不可逆加密的应用逐渐增加。在计算机网络中应用较多的有 RSA 公司发明的 MD5 算法和由美国国家标准局建议的可靠不可逆加密标准（Secure Hash Standard，SHS）。

加密技术用于网络安全通常有两种形式：面向网络服务或面向应用服务。

面向网络服务的加密技术通过工作在网络层或传输层，使用经过加密的数据包传送、认证网络路由及其他网络协议所需的信息，从而保证网络的连通性和可用性不受损害。在网络层上实现的加密技术对于网络应用层的用户通常是透明的。此外，通过适当的密钥管理机制，使用这一方法还可以在公用的互联网络上建立虚拟专用网络并保障虚拟专用网上信息的安全性。

面向网络应用服务的加密技术则是目前较为流行的加密技术的使用方法，例如使用 Kerberos 服务的 Telnet、NFS、Rlogin 等，以及用作电子邮件加密的 PEM（Privacy Enhanced Mail）

和 PGP（Pretty Good Privacy）。这类加密技术的优点在于实现过程相对较简单，不需要对电子信息（数据包）所经过的网络的安全性能提出特殊要求，对电子邮件数据实现端到端的安全保障。

从通信网络的传输方面，数据加密技术还可以分为以下三类：链路加密方式、结点到结点方式和端到端方式。

链路加密方式是一般网络通信安全主要采用的方式。它对网络上传输的数据报文进行加密。不但对数据报文的正文进行加密，而且把路由信息、校验码等控制信息全部加密。所以，当数据报文到某个中间结点时，必须被解密以获得路由信息和校验码，进行路由选择、差错检测，然后再被加密，发送到下一个结点，直到数据报文到达目的结点为止。

结点到结点加密方式可以克服在结点中数据是明文的缺点，在中间结点中装有加密、解密的保护装置，由这个装置来完成一个密钥向另一个密钥的交换。因而，除了在保护装置内，即使在结点内也不会出现明文。但是这种方式和链路加密方式一样，有一个共同的缺点：需要目前的公共网络提供者配合，修改它们的交换结点，增加安全单元或保护装置。

在端到端加密方式中，由发送方加密的数据在没有到达最终目的结点之前是不被解密的。加密、解密只在源、宿结点进行，因此，这种方式可以实现按各种通信对象的要求改变加密密钥以及按应用程序进行密钥管理等，而且采用这种方式可以解决文件加密问题。链路加密方式和端到端加密方式的区别是：链路加密方式是对整个链路的通信采用保护措施，端到端方式则是对整个网络系统采取保护措施。因此，端到端加密方式是将来的发展趋势。

9.2.2 认证技术

认证技术是实现计算机网络安全的关键技术之一，认证主要是指对某个实体的身份加以鉴别、确认，从而证实其是否名副其实或者是否是有效的过程。认证的基本思路是验证某一实体的一个或多个参数的真实性和有效性。

网络用户的身份认证可以通过下述三种基本途径之一或它们的组合来实现：①所知（Knowledge），如个人所掌握的密码、口令等；②所有（Possesses），如个人的身份认证、护照、信用卡、钥匙等；③个人特征（Characteristics），如人的指纹、声音、笔记、手型、血型、视网膜、DNA 以及个人动作方面的特征等。

根据安全要求和用户可接受的程度，以及成本等因素，可以选择适当的组合来设计一个自动身份认证系统。

在安全性要求较高的系统中，由口令和证件等提供的安全保障是不完善的。口令可能被泄漏，证件可能被伪造。更高级的身份验证是根据用户的个人特征进行确认，它是一种可信度高而又难以伪造的验证方法。

新的、广义的生物统计学正在成为网络环境中身份认证技术中最简单而安全的方法。它是利用个人所特有的生理特征设计的。个人特征包括很多，如容貌、肤色、身材等。当然，采用哪种方式还要看是否能够方便地实现，以及能否被用户接受。个人特征都具有因人而异和随身携带的特点，不会丢失且难以伪造，适用于高级别个人身份认证的要求。

9.2.3 数字签名技术

数字签名提供了一种鉴别方法，普遍用于银行、电子商业等，以解决下列问题。

（1）伪造：接收者伪造一份文件，声称是对方发送的。

（2）冒充：网上的某个用户冒充另一个用户发送或接收文件。

（3）篡改：接收者对收到的文件进行局部的修改。

（4）抵赖：发送者或接收者最后不承认自己发送或接收的文件。

数字签名一般通过公开密钥来实现。在公开密钥体制下，加密密钥是公开的，加密和解密算法也是公开的，保密性完全取决于解密密钥。只知道加密密钥不可能计算出解密密钥，只有知道解密密钥的合法解密者才能正确解密，将密文还原成明文。从另一角度，保密的解密密钥代表解密者的身份特征，可以作为身份识别参数。因此，可以用解密密钥进行数字签名，并发送给对方。接收者接收到信息后，只要利用发信方的公开密钥进行解密运算，如能还原出明文来，就可证明接收者的信息是经过发信方签名的。接收者和第三者不能伪造签名的文件，因为只有发信方才知道自己的解密密钥，其他人是不可能推导出发信方的私人解密密钥的。这就符合数字签名的唯一性、不可仿冒、不可否认的特征和要求。

9.3　入侵检测技术

入侵检测（Intrusion Detection）是对入侵行为的检测。它通过收集和分析计算机网络或计算机系统中若干关键点的信息，检查网络或系统中是否存在违反安全策略的行为和被攻击的迹象。入侵检测作为一种积极主动的安全防护技术，提供了对内部攻击、外部攻击的检测和对误操作的实时保护，在网络系统受到危害之前拦截和响应入侵。

进行入侵检测的软件与硬件的组合便是入侵检测系统（Intrusion Detection System，IDS）。IDS 是一种网络安全系统，当有敌人或者恶意用户试图通过 Internet 进入网络甚至计算机系统时，IDS 能够检测出来并进行报警，通知网络该采取措施进行响应。在本质上，入侵检测系统是一种典型的"窥探设备"。它不跨接多个物理网段（通常只有一个监听端口），无需转发任何流量，只需要在网络上被动地、无声息地收集它所关心的报文即可。入侵检测/响应流程如图9-4 所示。

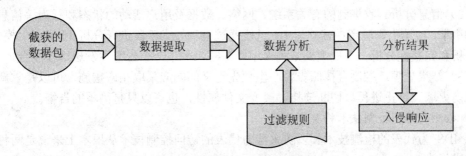

图 9-4　入侵检测/响应流程图

与其他安全产品不同的是，入侵检测系统需要更多的智能，它必须可以将得到的数据进行分析，并得出有用的结果。一个合格的入侵检测系统能大大地简化管理员的工作，保证网络安全地运行。

1. 入侵检测的分类

按照检测类型划分，入侵检测有两种检测模型，分别为异常检测模型和误用检测模型。

（1）异常检测模型（Anomaly Detection Model）：用于检测与可接受行为之间的偏差。如果可以定义每项可接受的行为，那么每项不可接受的行为就应该是入侵。首先总结正常操作应该具有的特征（用户轮廓），当用户活动与正常行为有重大偏离时就被认为是入侵。这种检测模型的漏报率低，误报率高。因为不需要对每种入侵行为进行定义，所以能有效检测未知的入侵。

（2）误用检测模型（Misuse Detection Model）：用于检测与已知的不可接受行为之间的匹配程度。如果可以定义所有的不可接受行为，那么每种能够与之匹配的行为都会引起告警。收集非正常操作的行为特征，建立相关的特征库，当监测的用户或系统行为与库中的记录相匹配时，系统就认为这种行为是入侵。这种检测模型误报率低，漏报率高。对于已知的攻击，它可以详细、准确地报告出攻击类型，但是对未知攻击却效果有限，而且特征库必须不断更新。

按照检测对象划分，有基于主机、基于网络和混合型三种类型。

（1）基于主机：系统分析的数据是计算机操作系统的事件日志、应用程序的事件日志、系统调用、端口调用和安全审计记录。主机型入侵检测系统保护的一般是所在的主机系统。是由代理（agent）来实现的，代理是运行在目标主机上的小的可执行程序，它们与命令控制台（console）通信。

（2）基于网络：系统分析的数据是网络上的数据包。网络型入侵检测系统担负着保护整个网段的任务。基于网络的入侵检测系统由遍及网络的传感器（sensor）组成，传感器是一台将以太网卡置于混杂模式的计算机，用于嗅探网络上的数据包。

（3）混合型：基于网络和基于主机的入侵检测系统都有不足之处，会造成防御体系的不全面。综合了基于网络和基于主机的混合型入侵检测系统既可以发现网络中的攻击信息，也可以从系统日志中发现异常情况。

2. 入侵检测过程分析

入侵检测过程分析分为三部分：信息收集、信息分析和结果处理。

（1）信息收集。入侵检测的第一步是信息收集，收集内容包括系统、网络、数据及用户活动的状态和行为。由放置在不同网段的传感器或不同主机的代理来收集信息，收集的信息内容具体包括系统和网络日志文件、网络流量、非正常的目录和文件改变、非正常的程序执行。

（2）信息分析。收集到的有关系统、网络、数据及用户活动的状态和行为等信息，被送到检测引擎，检测引擎驻留在传感器中，一般通过三种技术手段进行分析，分别为：模式匹配、统计分析和完整性分析。当检测到某种误用模式时，产生一个告警并发送给控制台。

（3）结果处理。控制台按照告警产生预先定义的响应采取相应措施，可以是重新配置路由器或防火墙、终止进程、切断连接、改变文件属性，也可以只是简单的告警。

3. 检测和访问控制技术将共存共荣

以 IDS 为代表的检测技术和以防火墙为代表的访问控制技术从根本上来说是两种截然不同的技术行为。

（1）防火墙是网关形式，要求高性能和高可靠性。因此防火墙注重吞吐率、延时、HA等方面的要求。防火墙最主要的特征应当是通（传输）和断（阻隔）两个功能，所以其传输要求是非常高的。

（2）IDS 是一个以检测和发现为特征的技术行为，其追求的是漏报率和误报率的降低。其对性能的追求主要表现在：抓包不能漏、分析不能错，而不是微秒级的快速结果。由于 IDS较高的技术特征，所以其计算复杂度是非常高的。

从这个意义上来讲，检测和访问控制技术将在一个较长的时期内更加关注其自身的特点，各自提高性能和可靠性，既不会由一方取代另一方，也不会简单地形成融合技术。

9.4　防火墙技术

一般来说，防火墙是设置在被保护网络和外部网络之间的一道屏障，以防止发生不可预测的、潜在破坏性的侵入。它可以通过监测、限制、更改跨越防火墙的数据流，尽可能地对外部屏蔽内部网络的信息、结构和运行状况，以此来实现网络的安全保护。

9.4.1　防火墙的基本工作原理

防火墙可以是一个实现安全功能的路由器、个人计算机、主机或主机的集合等，通常位于一个受保护的网络对外的连接处，若这个网络到外界有多个连接，那么需要安装多个防火墙系统。

防火墙能有效地对网络进行保护，防止其他网络的入侵。归纳起来，防火墙具有以下作用：

（1）控制进出网络的信息流向和信息包。

（2）提供对系统的访问控制。

（3）提供流量的日志和审计。

（4）增强保密性。使用防火墙可以阻止攻击者获取攻击网络系统的有用信息。

（5）隐藏内部 IP 地址及网络结构的细节。

（6）记录和统计网络利用数据以及非法使用数据。

（7）防止信息外泄。防火墙可以阻塞有关内部网络中的 DNS 信息，使本机的域名和 IP 地址不会被外界所了解，能有效的阻止信息外泄。

防火墙设计策略基于特定的防火墙，定义完成服务访问策略的规则。通常有两种基本的设计策略，分别为：允许任何服务除非被明确禁止；禁止任何服务除非被明确允许。第一种的特点是"在被判有罪之前，任何嫌疑人都是无罪的"，它好用但不安全。第二种的特点是"宁可错杀一千，也不放过一个"，它安全但不好用。在实际应用中防火墙通常采用第二种设计策略，但多数防火墙都会在两种策略之间采取折衷。

最初防火墙主要用来提供服务控制，但是现在已经扩展为可以提供如下服务：服务控制、方向控制、用户控制和行为控制。

（1）服务控制。用于确定在防火墙外面和里面可以访问的 Internet 服务类型。防火墙可以根据 IP 地址和 TCP 端口号来过滤通信量，可能提供代理软件，这样可以在继续传递服务请求之前接收并解释每个服务请求，或在其上直接运行服务器软件，提供相应服务，如 Web 或邮件服务。

（2）方向控制。启动特定的服务请示并允许它通过防火墙，这些操作是有方向性的，方向控制就是用于确定这种方向。

（3）用户控制。根据请求访问的用户来确定是否提供该服务。这个功能通常用于控制防火墙内部的用户（本地用户）。它也可以用于控制从外部用户进来的通信量。后者需要某种形式的安全验证技术，如 IPSec 就提供了这种技术。

（4）行为控制。用于控制如何使用某种特定的服务。如防火墙可以从电子邮件中过滤掉垃圾邮件，它也可以限制外部访问，使他们只能访问本地 Web 服务器中的一部分信息。

设置防火墙还要考虑到网络策略和服务访问策略。

影响防火墙系统设计、安装和使用的网络策略可分为高低两级，高级的网络策略定义允许和禁止的服务以及如何使用服务，低级的网络策略描述防火墙如何限制和过滤在高级策略中定义的服务。

服务访问策略集中在 Internet 访问服务以及外部网络访问（如拨入策略、SLIP/PPP 连接等）。服务访问策略必须是可行的和合理的。可行的策略必须在阻止已知的网络风险和提供用户服务之间获得平衡。典型的服务访问策略是：允许通过增强认证的用户在必要的情况下从 Internet 访问某些内部主机和服务；允许内部用户访问指定的 Internet 主机和服务。

9.4.2　防火墙的分类

从构成上可以将防火墙分为以下几类：

（1）硬件防火墙。这种防火墙用专用芯片处理数据包，CPU 只进行管理之用；具有高带宽、高吞吐量，是真正的线速防火墙；安全与速度同时兼顾；使用专用的操作系统平台，避免了通用性操作系统的安全性漏洞；没有用户限制，性价比高，管理简单、快捷，有些防火墙还提供 Web 方式管理。这类产品的外观为硬件机箱形，此类防火墙一般不会对外公布其 CPU 或 RAM 等硬件水平，其核心为硬件芯片。图 9-5 为一硬件防火墙外形。

图 9-5　硬件防火墙外形

（2）软件防火墙。这类防火墙运行在通用操作系统上，能安全控制存取访问的软件，性能依赖于计算机的 CPU、内存等；基于众所周知的通用操作系统，对底层操作系统的安全依赖性很高；由于操作系统平台的限制，极易造成网络带宽瓶颈，实际达到的带宽只有理论值的 20%～70%；有用户限制，一般需要按用户数购买；性价比极低，管理复杂，与系统有关，要求维护人员必须熟悉各种工作站及操作系统的安装及维护。此类防火墙一般都有严格的系统硬件与操作系统要求，产品为软件。

（3）软硬结合防火墙。这类防火墙一般将机箱、CPU、防火墙软件集成于一体，采用专用或通用操作系统。容易造成网络带宽瓶颈；只能满足中低带宽要求，吞吐量不高，通用带宽只能达到理论值的 20%～70%。这类防火墙的外观为硬件机箱形，一般会对外强调其 CPU 或 RAM 等硬件水平，其核心为软件。

9.4.3　防火墙的工作模式

防火墙一般有两种工作模式，分别为：路由模式和网桥模式。

传统的防火墙一般工作于路由模式，除了完成包过滤的功能之外，防火墙本身还承担了路由器的工作，防火墙的内外接口两边分别连接了两个不同网段。也就是说防火墙可以让处于不同网段的计算机通过路由转发的方式互相通信。图 9-6 就是一个最简单的工作于路由模式的防火墙的应用。

另外一种工作模式是透明模式。透明模式防火墙可以接在 IP 地址属于同一子网的两个物理子网之间，如果将它加入一个已经形成了的网络中，可以不用修改周边网络设备的设置，透明模式的防火墙的应用如图 9-7 所示。

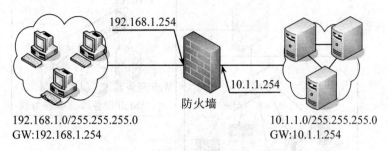

图 9-6　工作于路由模式的防火墙

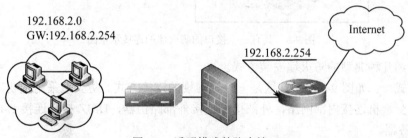

图 9-7　透明模式的防火墙

一般来说，每一款防火墙都具备路由模式与透明模式两种功能模式。当需要某一种模式时，需要进行人工配置，使之满足网络的需求。

9.4.4　防火墙的应用

防火墙一般具有三种接口类型，分别为：Internal 内部网络接口、External 外部网络接口、DMZ（Demilitarized Zone）非军事区接口。

防火墙最基本的形式是具有两个网络接口：内部和外部网络接口。其中外部网络接口连接的是不可信赖的网络（常常是因特网），内部网络接口连接的是得到信任的网络。随着企业因特网商业需求的复杂化，只有两个接口的防火墙明显具有局限性。比如客户把 Web 服务器放在什么地方。如果放在防火墙的外面，Web 服务器完全暴露，容易受到攻击；而放到防火墙内部，则使得该 Web 服务器所在的网段的其他的主机暴露在外部网络的视野中，增加了内部网络的不安全因素。解决这些问题的办法，便是允许建立可信任的中间区域，既不在内部也不在外部，这就需要第三个接口——DMZ 接口。DMZ（Demilitarized Zone）即俗称的非军事区，与军事区和信任区相对应，作用是把 Web、E-mail 等允许外部访问的服务器单独接在该区端口，使整个需要保护的内部网络接在信任区端口后，不允许任何访问，实现内外网分离，达到用户需求。DMZ 可以理解为一个不同于外网或内网的特殊网络区域，DMZ 内通常放置一些不含机密信息的公用服务器，如 Web、Mail、FTP 等。这样来自外网的访问者可以访问 DMZ 中的服务，但不可能接触到存放在内网中的公司机密或私人信息等，即使 DMZ 中服务器受到破坏，也不会对内网中的机密信息造成影响。图 9-8 所示为一个具有三个接口的防火墙的连接示意图。

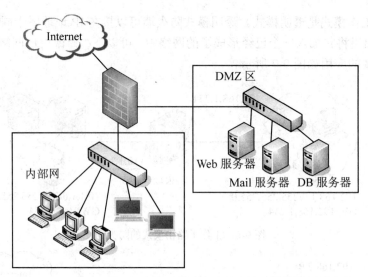

图 9-8　具有三个接口的防火墙的连接示意图

下面介绍几种典型的防火墙安装方式。

安装方式一：如图 9-9 所示。这是一种较常规的连接方式。防火墙采用透明工作模式，内部接口通过交换机连接内部网络，外部接口连接外部路由器，DMZ 接口连接 E-mail、DNS、HTTP 等服务器。

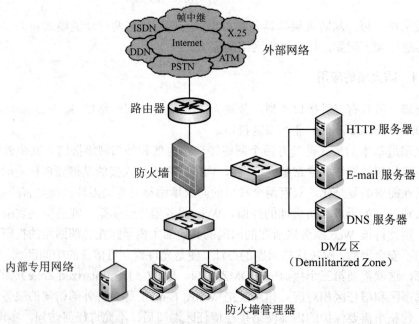

图 9-9　防火墙安装方式一

管理员可以在防火墙上设置以下策略：

（1）内网可以访问外网：内网的用户可自由地访问外网。在这一策略中，防火墙需要进行源地址转换。

（2）内网可以访问 DMZ：此策略是为了方便内网用户使用和管理 DMZ 中的服务器。

（3）外网不能访问内网：内网中存放的是公司内部数据，这些数据不允许外网的用户进行访问。

（4）外网可以访问 DMZ：DMZ 中的服务器本身就是要给外界提供服务的，所以外网必须可以访问 DMZ。同时，外网访问 DMZ 需要由防火墙完成对外地址到服务器实际地址的转换。

（5）DMZ 不能访问内网：很明显，如果违背此策略，则当入侵者攻陷 DMZ 时，就可以进一步进攻到内网的重要数据。

（6）DMZ 不能访问外网：此条策略也有例外，比如 DMZ 中放置邮件服务器时，就需要访问外网，否则将不能正常工作。在网络中，非军事区（DMZ）是指为不信任系统提供服务的孤立网段，其目的是把敏感的内部网络和其他提供访问服务的网络分开，阻止内网和外网直接通信，以保证内网安全。

安装方式二：在虚拟专网 VPN 中的应用，如图 9-10 所示。在广域网系统中，由于安全的需要，总部的局域网可以将各分支机构的局域网看成不安全的系统，总部的局域网和各分支机构连接时，一般通过公网 ChinaPac、ChinaDD 和 NFrame Relay 等连接，需要采用防火墙隔离，并利用某些软件提供的功能构成虚拟专网 VPN。

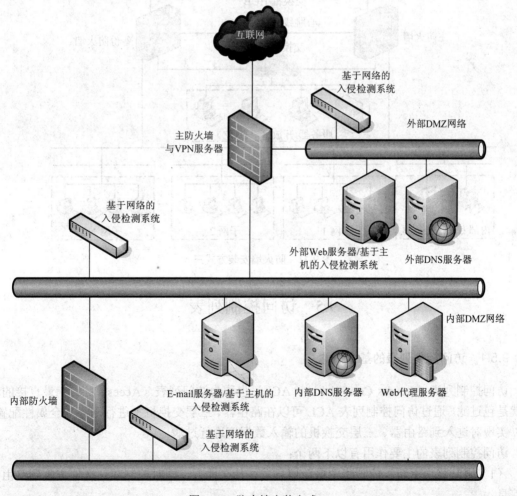

图 9-10　防火墙安装方式二

安装方式三：双防火墙模式，如图 9-11 所示。这是一种对可靠性要求比较高的方式。要实现网络的高可用性，首先就要排除网络中的单点故障点，使网络在任何一台网络设备失效时仍能提供网络服务。为实现以上功能要求，防火墙必须应用专门的双机容错技术（称为 Failover 或者 HA）。这种功能要求防火墙的两端设备必须具有交换功能，因为对于两个互相做 Failover 的设备，互为备份的链路需要有相同的配置。通过对图的观察可以发现，从外向内的连接是由左右两条通路构成的，任何一条通路都可以完成独立的任务。在实际工作中，只有一条通路也就是主防火墙所在的通路是正常通信的，另外一条暂时处于屏蔽状态。而在主防火墙与备份防火墙之间有一条心跳线，心跳线是两台设备用于监测对方的情况的方式，如果主防火墙发生故障，则由备份防火墙监测到并接管其工作，从而打开右边通路。

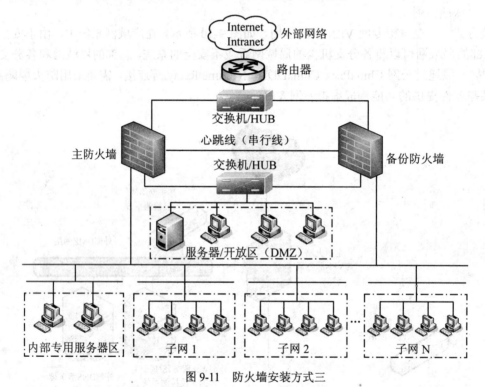

图 9-11　防火墙安装方式三

9.5　访问控制列表

9.5.1　访问控制列表的基本概念

访问控制列表（Access Control List，ACL）也称为访问列表（Access List），最直接的功能就是包过滤。通过访问控制列表 ACL 可以在路由器、三层交换机上进行网络安全属性配置，可以实现对进入到路由器、三层交换机的输入数据流进行过滤。

访问控制列表的主要作用有以下两个：

（1）限制路由更新。控制路由更新信息发往什么地方，同时控制在什么地方收到路由更新信息。

（2）限制网络访问。为了确保网络安全，通过定义规则限制用户访问一些服务（如只需要访问 WWW 和电子邮件服务，其他服务如 Telnet 则禁止），或只允许一些主机访问网络等。如图 9-12 所示，通过在路由器上设置 ACL，从而控制内网用户只能防问外部 Internet，而不能访问 FTP 服务器。

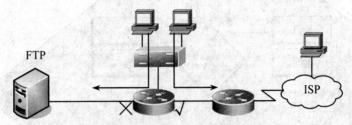

图 9-12 用访问控制列表限制网络访问

过滤输入数据流的定义可以基于网络地址、TCP/UDP 的应用等。可以选择对于符合过滤标准的流是丢弃还是转发，因此必须知道网络是如何设计的，以及路由器接口是如何在过滤设备上使用的。要通过 ACL 配置网络安全属性，只有通过命令完成配置。

创建访问列表时，定义的准则将应用于路由器上所有的分组报文，路由器通过判断分组是否与准则匹配来决定是否转发或阻断分组报文。

9.5.2 访问控制列表的定义

访问列表的定义分为两步：第一步，定义规则（哪些数据允许通过，哪些不允许）；第二步，将规则应用在设备接口上。

对于单一的访问列表来说，可以使用多条独立的访问列表语句来定义多种准则，其中所有的语句引用同一个编号，以便将这些语句绑定到同一个访问列表。但使用的语句越多，阅读和理解访问列表就越困难。

在每个访问列表的末尾隐含一条"拒绝所有数据流"的准则语句，因此如果分组与任何准则都不匹配，将被拒绝。

加入的每条准则都被追加到访问列表的最后，语句被创建后，就无法单独删除它，而只能删除整个访问列表。所以访问列表语句的次序非常重要。路由器在决定转发还是阻断分组时，路由器按语句创建的次序将分组与语句进行比较，找到匹配的语句后，便不再检查其他准则语句。

ACL 的基本准则如图 9-13 所示，具体分为以下几条：

（1）一切未被允许的就是禁止的。

（2）路由器默认允许所有的信息流通过。

（3）防火墙默认封锁所有的信息流，对希望提供的服务逐项开放。

（4）按规则链来进行匹配：使用源地址、目的地址、源端口、目的端口、协议、时间段进行匹配。

（5）采用从头到尾，自顶向下的匹配方式。

（6）匹配成功马上停止。

（7）立刻使用该规则的"允许、拒绝……"。

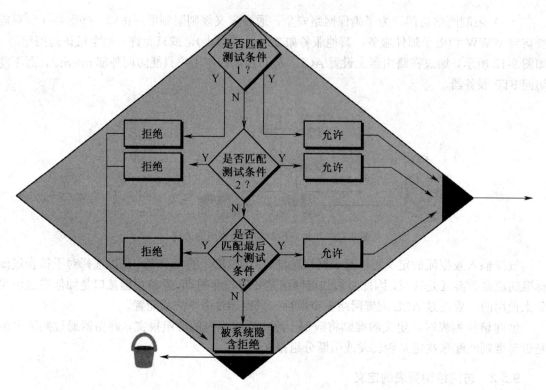

图 9-13　ACL 的基本准则

9.5.3　访问控制列表的类型

ACL 的类型主要分为标准 IP 访问控制列表（Standard IP ACL）和扩展 IP 访问控制列表（Extended IP ACL），每一条 ACL 必须指定唯一的名称或编号，标准访问控制列表的编号范围为 1~99；扩展访问控制列表的编号范围为 100~199。主要的动作为允许（Permit）和拒绝（Deny）；主要的应用方法是入栈（In）应用和出栈（Out）应用。访问控制列表规则中包含的元素有：源 IP、目的 IP、源端口、目的端口、协议、服务等。

标准 IP 访问列表主要是根据数据包源地址进行转发或阻断分组的；扩展 IP 访问列表使用以上任意元素组合进行转发或阻断分组。

1. 标准 ACL

定义标准 ACL 分两步：第一步，定义规则；第二步，将规则应用在设备接口上。具体命令如下：

（1）定义规则。

在路由器上使用命令：

Router(config)# access-list　<1-99>　{ permit | deny }　源地址　[反掩码]

在交换机上使用命令：

Switch(config)# ip access-list　<1-99>　{ permit | deny }　源地址　[反掩码]

（2）应用 ACL 到接口。

Router(config-if)#ip access-group <1-99>|{name} { in | out }

下面用一个例子来说明标准 ACL 的具体应用方法。如图 9-14 所示，假设要定义的规则是只允许 172.16.3.0/24 网段访问外网 172.17.0.0/16，而禁止其他网段访问外网。

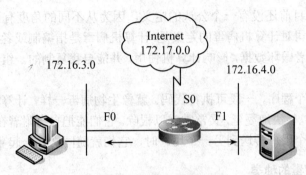

图 9-14　ACL 应用拓扑

可以在路由器上建立一个标准访问控制列表，编号为 1，定义以下规则：

Router(config)# access-list 1 permit 172.16.3.0　0.0.0.255
Router(config)# access-list 1 deny 0.0.0.0　255.255.255.255

然后，将上述规则应用到 S0 端口上。

Router(config)#interface serial S0
Router(config-if)#ip access-group 1 out

这里，需要注意的是，要尽量把规则应用到离限制目标最近的位置上。

2. 扩展 ACL

定义扩展 ACL 同样分两步：第一步，定义规则；第二步，将规则应用在设备接口上。不同的是限制元素得到了细化，不仅限于源 IP 地址，而是可以根据数据包内的源、目的地址，应用服务进行过滤。

（1）定义扩展 ACL 规则。

Router(config)# access-list <100-199> { permit | deny } 协议　<u>源地址　反掩码</u> [源端口] <u>目的地址　反掩码</u> [目的端口]

（2）应用 ACL 到接口。

Router(config-if)#ip access-group <100-199> |{name} { in | out }

在此需要注意，编号的编围为 100～199。

下面通过一个示例来说明扩展 ACL 规则定义方法：允许网络 192.168.0.0 内所有主机访问 HTTP 服务器 172.168.12.3，拒绝其他主机使用网络。

根据以上信息，可以定义如下规则：

Switch (config)# access-list 111　permit　tcp 192.168.0.0　0.0.255.255 host 172.168.12.3 eq www

上面这条规则虽然只有一条，但需要注意的是，所有访问列表默认规则是拒绝所有数据包，所以，在规则的末尾隐含一条拒绝其他主机使用网络的规则信息。

可以使用命令 Switch # show access-lists 来查看定义好的规则。

另外，不要忘记将该规则应用到具体的某一个端口上，这一端口应尽量靠近 HTTP 服务器 172.168.12.3。

9.6 计算机病毒

关于计算机病毒目前还没有一个公认的定义，因为从不同的角度有不同的认识。我国公安部计算机安全监察司对计算机病毒的定义是：计算机病毒是指编制或者在计算机程序中插入的破坏计算机功能或者毁坏数据，影响计算机使用，并能自我复制的一组计算机指令或者程序代码。

计算机病毒是一个程序，一段可执行代码。就像生物病毒一样，计算机病毒有独特的复制能力。计算机病毒可以很快地蔓延，又常常难以根除。它们能把自身附着在各种类型的文件上。当文件被复制或从一个用户传送到另一个用户时，它们就随同文件一起蔓延开来。

9.6.1 计算机病毒的种类

计算机病毒可按多种方法进行分类，具体介绍如下。

1. 按病毒存在的媒体

根据病毒存在的媒体，病毒可以划分为网络病毒、文件病毒、引导型病毒。网络病毒通过计算机网络传播，感染网络中的可执行文件，文件病毒感染计算机中的文件（如 com、exe、doc 等），引导型病毒感染启动扇区（Boot）和硬盘的系统引导扇区（MBR），还有这三种情况的混合型，如多型病毒（文件和引导型）感染文件和引导扇区两种目标，这样的病毒通常都具有复杂的算法，它们使用非常规的办法侵入系统，同时使用了加密和变形算法。

2. 按病毒传染的方法

根据病毒传染的方法可分为驻留型病毒和非驻留型病毒，驻留型病毒感染计算机后，把自身内存的驻留部分放在内存（RAM）中，这一部分程序挂接系统调用并合并到操作系统中，它处于激活状态，一直到关机或重新启动。非驻留型病毒在得到机会激活时并不感染计算机内存，有一些病毒在内存中会留有小部分，但是并不通过这一部分进行传染，这类病毒也被划分为非驻留型病毒。

3. 按病毒破坏的能力

按病毒破坏的能力，可将病毒分为下列 4 种类型。

- 无害型：这类病毒除了传染时减少磁盘的可用空间外，对系统没有其他影响。
- 无危险型：这类病毒仅减少内存、显示图像、发出声音及同类音响。
- 危险型：这类病毒在计算机系统操作中造成严重的错误。
- 非常危险型：这类病毒删除程序、破坏数据、清除系统内存区和操作系统中重要的信息。这些病毒对系统造成的危害，并不是由于本身的算法中存在危险的调用引起，而是因为当它们传染时会引起无法预料的和灾难性的破坏。由病毒引起的其他程序产生的错误也会破坏文件和扇区，这些病毒也按照他们引起的破坏能力划分。一些现在的无害型病毒也可能会对新版的 DOS、Windows 和其他操作系统造成破坏。如在早期的病毒中，有一种 Denzuk 病毒在 360KB 磁盘上能使磁盘正常的工作，不会造成任何破坏，但是在后来的高密度软盘上却能引起大量的数据丢失。

4. 按病毒的算法

按病毒的算法，可将病毒分为以下 5 种类型。

- 伴随型病毒：这一类病毒并不改变文件本身，它们根据算法产生 exe 文件的伴随体，具有同样的名字和不同的扩展名（com），如 XCOPY.exe 的伴随体是 XCOPY-com。病毒把自身写入 com 文件并不改变 exe 文件，当 DOS 加载文件时，伴随体优先被执行，再由伴随体加载执行原来的 exe 文件。
- "蠕虫"型病毒：通过计算机网络传播，不改变文件和资料信息，利用网络从一台机器的内存传播到其他机器的内存，计算网络地址，将自身的病毒通过网络发送。有时它们在系统存在，一般除了内存不占用其他资源。
- 寄生型病毒：除了伴随和"蠕虫"型，其他病毒均可称为寄生型病毒，它们依附在系统的引导扇区或文件中，通过系统的功能进行传播。
- 诡秘型病毒：它们一般不直接修改 DOS 中断和扇区数据，而是通过设备技术和文件缓冲区等进行 DOS 内部修改，不易看到资源，使用了比较高级的技术。利用 DOS 空闲的数据区进行工作。
- 变型病毒（又称幽灵病毒），这一类病毒使用一个复杂的算法，使自己每传播一份都具有不同的内容和长度。它们一般由一段混有无关指令的解码算法和变化过的病毒体组成。

9.6.2　计算机病毒的特点

Internet 的发展孕育了网络病毒，由于网络的互联性，病毒的威力也大大增强。网络病毒具有以下特点。

1. 寄生性

可以寄生在正常程序中，可以跟随正常程序一起运行，当执行这个程序时，病毒就起破坏作用，而在未启动这个程序之前，它是不易被人发觉的。

2. 传染性

计算机病毒不但本身具有破坏性，更有害的是其具有传染性，一旦病毒被复制或产生变种，其传播速度之快令人难以预防。传染性是病毒的基本特征。计算机病毒会通过各种渠道从已被感染的计算机扩散到未被感染的计算机，在某些情况下造成被感染的计算机工作失常甚至瘫痪。与生物病毒不同的是，计算机病毒是一段人为编制的计算机程序代码，这段程序代码一旦进入计算机并得以执行，它就会搜寻其他符合其传染条件的程序或存储介质，确定目标后再将自身代码插入其中，达到自我繁殖的目的。只要一台计算机染毒，如不及时处理，那么病毒会在这台机子上迅速扩散，计算机病毒可通过各种可能的渠道，如 U 盘、计算机网络去传染其他的计算机。当操作者在一台机器上发现病毒时，往往曾在这台计算机上用过的 U 盘已感染上了病毒，而与这台机器相联网的其他计算机也许也被该病毒染上了。是否具有传染性是判别一个程序是否为计算机病毒最重要的条件。病毒程序通过修改磁盘扇区信息或文件内容并把自身嵌入到其中的方法达到病毒的传染和扩散。被嵌入的程序叫做宿主程序。

3. 潜伏性

有些病毒像定时炸弹一样，让它什么时间发作是预先设计好的。比如黑色星期五病毒，不到预定时间一点都无法觉察，等到条件具备的时候一下子就爆发开来，对系统进行破坏。一个编制精巧的计算机病毒程序，进入系统之后一般不会马上发作，因此病毒可以静静地躲在磁盘或磁带里呆上几天，甚至几年，一旦时机成熟，得到运行机会，就四处繁殖、扩散，继续为害。潜伏性的第二种表现是指，计算机病毒的内部往往有一种触发机制，不满足触发条件时，计算机病毒除了传染外不做什么破坏。触发条件一旦得到满足，有的在屏幕上显示信息、图形或特殊标识，有的则执行破坏系统的操作，如格式化磁盘、删除磁盘文件、对数据文件做加密、封锁键盘以及使系统死锁等。

4. 隐蔽性

计算机病毒具有很强的隐蔽性，有的可以通过病毒软件检查出来，有的根本就查不出来，有的时隐时现、变化无常，这类病毒处理起来通常很困难。

5. 破坏性

计算机中毒后，可能会造成正常的程序无法运行，病毒把计算机内的文件删除或进行不同程度的损坏。通常表现为：增、删、改、移。

6. 可触发性

病毒因某个事件或数值的出现，诱使病毒实施感染或进行攻击的特性称为可触发性。为了隐蔽自己，病毒必须潜伏，少做动作。如果完全不动，一直潜伏的话，病毒既不能感染也不能进行破坏，便失去了杀伤力。病毒既要隐蔽又要维持杀伤力，它必须具有可触发性。病毒的触发机制就是用来控制感染和破坏动作的频率的。病毒具有预定的触发条件，这些条件可能是时间、日期、文件类型或某些特定数据等。病毒运行时，触发机制检查预定条件是否满足，如果满足，启动感染或破坏动作，使病毒进行感染或攻击；如果不满足，使病毒继续潜伏。

9.6.3　病毒的入侵途径

病毒入侵的途径有多个，最核心的环节是直接或者间接地激活病毒程序。病毒具体的入侵途径虽然很多，但大体上可以分为伪装欺骗入侵和利用操作系统漏洞入侵，有时也可以是两者的结合。

病毒入侵的方法有以下几种。

- 直接点击激活病毒程序。
- 伪装正常文件诱导点击。
- 和正常文件捆绑。
- 在邮件的附件中隐藏病毒，当查看邮件时激活。
- 浏览含有病毒的网页，利用浏览器漏洞激活。
- 利用操作系统的 autorun（自动运行）功能。
- 利用操作系统的网络端口漏洞直接打入系统。
- 利用操作系统的内存溢出激活。

病毒往往寄生在某种类型的文件中，而文件名是由主文件名和扩展名组成的，其中扩展名决定了文件类型，而有些文件类型是危险的。其中包括：

传统意义上的可执行文件：

- *.bat。
- *.com。
- *.exe（在可执行文件中最常见）。

随着计算机技术的发展，以及系统漏洞的不断发现，危险文件的类型变多了。

- *.swf：Flash 动画文件。

- *.pif：程序快捷方式，可以带参数启动机器中的程序。
- *.js、*.asp、*.php、*.jsp 等脚本文件。

以下文件类型会在系统没打补丁的时候成为危险文件：

- *.wmf：微软图元文件，未打针对性补丁的系统漏洞会下载其中的病毒。
- *.jpg：一种工业标准的图像压缩格式文件，真正的这类文件并非病毒。但病毒可以利用系统漏洞藏在里面并在浏览它的时候发作。

需要注意的是，病毒的设计者常常会使用欺骗的方法来更改文件类型，看到的文件类型并不真实，"安全类型"的文件往往并不安全。尤其是仅仅看文件图标的形状进行文件类型判断是非常危险的。

9.6.4 病毒的防治

病毒在发作前是难以发现的，因此所有的防病毒技术都是在系统后台运行的，先于病毒获得系统的控制权，对系统进行实时监控，一旦发现可疑行为，就阻止非法程序的运行，利用一些专门的技术进行判别，然后加以清除。反病毒技术包括检测病毒和清除病毒两方面，而病毒的清除都是以有效的病毒探测为基础的。目前广泛使用的主要检测病毒的方法有特征代码法、校验和法、行为监测法、感染实验法等。

特征代码法被用于 SCAN、CPAV 等著名的病毒监测工具中。国外专家认为特征代码法是检测已知病毒最简单、开销最小的方法。其特点是从采集的病毒样本中抽取适当长度的、特殊的代码作为该病毒的特征码，然后将该特征代码纳入病毒数据库。这样在监测文件时，通过搜索该文件中是否含有病毒数据库中的病毒特征码即可判定是否染毒。

校验和法是对正常文件的内容计算其校验和，将该校验和写入文件中或写入别的文件中保存。在文件使用过程中，定期或在每次使用前，检查文件现在内容算出的校验和与原来保存的校验和是否一致，若改变则判定该文件被外来程序修改过，很可能是病毒所致。这种方法既能发现已知病毒，也能发现未知病毒，但是不能识别病毒种类，不能报出病毒名称。另外，由于病毒感染并非文件内容改变的唯一原因，文件内容的改变有可能是由正常程序引起的，所以校验和法常常误报警。该方法对隐蔽病毒无效，因为隐蔽病毒进驻内存后会自动剥去染毒程序中的病毒代码，使校验和法受骗。

行为监测法是利用病毒的行为特性来检测病毒。通过对病毒多年的观察研究，人们发现病毒有一些共同行为，而且比较特殊，在正常程序中，这些行为比较罕见。当程序运行时监视其行为，如果发现了这些病毒行为，立即报警。该方法的长处是可以发现未知病毒，并且可以相当准确地预报多数未知病毒。

感染实验法利用了病毒的最重要的特征——感染特性。所有的病毒都会进行感染，如果不会感染，就不能称其为病毒。如果系统中有异常行为，最新版的检测工具都查不出是什么病毒，就可以做感染实验，运行可疑系统中的程序以后，再运行一些确切知道不带毒的正常程序，然后观察这些正常程序的长度和校验和，如果发现有的程序长度增加，或者校验和变化，就可断言系统中有病毒。

与传统杀毒模式相比，病毒防火墙在网络病毒的防治上有着明显的优越性。

首先，它对病毒的过滤有良好的实时性，也就是说病毒一旦入侵系统或从系统向其他资源感染时，它就会自动将其检测到并加以清除，这就最大可能地避免了病毒对资源的破坏。

　　其次，病毒防火墙能有效地阻止病毒通过网络向本地计算机系统入侵。这一点恰恰是传统杀毒工具难以实现的，因为传统方法最多能静态清除网络驱动器上已被感染文件中的病毒，对病毒在网络上的实时传播却根本无能为力，而实时过滤性技术却是病毒防火墙的拿手好戏。

　　再者，病毒防火墙的双向过滤功能保证了本系统不会向远程（网络）资源传播病毒，这一优点在使用电子邮件时体现得最为明显，因为它能在用户发出邮件前自动将其中可能含有的病毒全部过滤掉，确保不会对他人造成无意的损害。

　　最后，病毒防火墙还具有操作更简便、更透明的好处，有了它自动、实时的保护，用户再也无需隔三差五停下正常工作而去费时费力地查毒、杀毒了。

习题与思考题九

一、选择题

1．下面对于防火墙的描述，错误的是（　　　）。
　　A．防火墙是在网络之间执行控制策略的安全系统，它通常包括硬件与软件两部分
　　B．防火墙可以控制企业内部网与 Internet 之间的数据流量
　　C．防火墙可以完全控制外部用户对 Intranet 的入侵与破坏
　　D．防火墙可以限制不符合安全策略要求的分组通过

2．支付网关的主要功能为（　　　）。
　　A．进行通信和协议转换，完成数据加密与解密，保护银行内部网络
　　B．代替银行等金融机构进行支付授权
　　C．处理交易中的资金划拨等事宜
　　D．为银行等金融机构申请证书

3．防止用户被冒名欺骗的方法是（　　　）。
　　A．采用防火墙
　　B．进行数据加密
　　C．对访问网络的流量进行过滤和保护
　　D．对信息源发方进行身份验证

4．在企业内部网与外部网之间，用来检查网络请求分组是否合法，保护网络资源不被非法使用的技术是（　　　）。
　　A．防病毒技术　　　　　　　　　　　B．防火墙技术
　　C．差错控制技术　　　　　　　　　　D．流量控制技术

二、简答题

1．简述网络安全的概念及网络安全威胁的主要来源。
2．简述防火墙的作用。
3．防火墙有哪两种工作模式？各自特点是什么？
4．DMZ 区域的作用是什么？
5．入侵检测系统的作用是什么？如何分类？

6. ACL 有何作用？定义规则是什么？

7. 访问控制列表的类型有哪两种？试述其不同点。

8. 试在关键设备上使用扩展访问列表隔离网络"冲击波"病毒。

背景："冲击波"病毒是利用系统的 135、137、138、139、445、593 端口，以及 UDP 端口 69（TFTP）和 TCP 端口 4444 入侵系统的，只要禁用了这些端口就能有效地防范此类病毒。

9. 简述常见病毒的种类。

10. 计算机病毒有哪些特点？

11. 简述计算机病毒有几种传播途径，并举出几种病毒的防治方法。

第 10 章　网络管理与维护技术

对于一个庞大的计算机网络来说，良好的管理与维护是保证网络正常运转的必要条件，这就要求网络管理人员掌握一定的管理与维护技术。通过本章的学习，读者应该掌握以下内容：

● 网络管理的基本概念
● 网络管理协议
● 网络管理工具
● 网络维护方法
● 局域网常用的测试命令
● 常见故障的排除方法

10.1　网络管理技术

10.1.1　网络管理的意义

随着计算机网络的发展与普及，一方面对于如何保证网络的安全、组织网络高效运行提出了迫切的要求；另一方面，计算机网络日益庞大，使管理更加复杂。这主要表现在如下几个方面：

（1）网络覆盖范围越来越大。

（2）网络用户数目不断增加。

（3）网络共享数据量剧增。

（4）网络通信量剧增。

（5）网络应用软件类型不断增加。

（6）网络对不同操作系统的兼容性要求不断提高。

大型、复杂、异构型的网络靠人工是无法管理的，随着网络管理技术的日益成熟，网络管理显得越来越重要。计算机网络管理技术的发展是与 Internet 的发展同步进行的，随着网络技术的发展，网络管理技术也得到了迅速的发展。时至今日，计算机时代已经到来，全球信息化局面已经出现，网络管理和网络安全等技术的重要性日益突出。一旦计算机网络崩溃，将会对企业、公司、单位网络中的各种数据和信息资源的安全造成威胁，给人们的工作、学习和日常生活带来巨大的损失。因此，网络管理成为网络技术发展中的一项重要技术，它不但对网络技术的发展有着重要的影响，也是现代信息网络中最重要的研究课题之一，并为越来越多的人所重视。从 20 世纪 80 年代起，随着一系列网络管理标准的出台，出现了大量的商用网络管理系统。

随着网络规模的扩大，网络已不再是单一型的网络，而是由若干个大大小小的子网组成，同时集成了多种网络操作系统的平台，包括各种不同厂家、公司的网络设备和产品。此外，为了提供各种网络服务，还集成了多种网络软件。因而，如果没有一个高效的网络管理系统，则很难向网络用户提供正常的网络服务，也很难保障网络能无故障、安全地运行。因此，为了保证计算机网络中硬件设备和软件的正常运行，除了需要专门的网络管理技术人员之外，还需要利用专用的网络管理工具来维护和管理网络的运行。

总之，现代化的网络管理技术集通信技术、网络技术、Internet 服务技术和信息处理技术等于一身，而现代化的网络管理人员则应当能够通过网络管理平台和管理工具调度和协调资源的使用，并可以对网络实行配置管理、故障管理、性能管理和安全管理等多方面的管理。

10.1.2 网络管理的基本概念

1. 网络管理的定义

对于一个网络来说，首先应当建立起网络，实现网络设计的功能；其次是通过网络管理系统保证建立起的网络系统能够持续、正常、稳定、安全和高效地运行。此外，当网络出现故障时，网络管理系统还应当能够进行及时的报告和处理，从而保障网络的正常运行。因此，网络管理就是为了完成上述目标而对网络系统实施一系列方法的措施，换言之，网络管理就是指通过某种方式对网络状态进行的调整，其目的是使网络能正常、高效地运行，并使网络中的各种资源得到更加高效的利用，当网络出现故障时，系统应能及时地作出报告和处理。

2. 网络管理的分类

网络管理为控制、协调和监控网络资源提供了手段，其实质就是网络管理者与被管理对象之间如何利用网络实现信息交换，最终完成网络管理的功能。

通常可以将网络管理分为以下两类：

- 狭义网络管理：仅指对网络交换量等网络参考性能的管理；
- 广义网络管理：是指对网络应用系统的管理。

3. 网络管理系统

（1）网络管理系统的定义。

通常网络管理是由网络管理系统来实施的，对一个网络管理系统的定义应当包含以下几项内容：

- 系统的功能。一个网络管理系统首先应明确其具有的功能。
- 明确网络资源。在网络管理中，对网络资源的管理占有很大一部分比重。网络资源通常被定义为网络系统的软件、硬件及所提供的网络服务和信息等资源。由此，在网络管理系统中只有明确地表示网络资源，才能对它们实施管理。
- 表明网络的管理信息。网络管理系统对网络实施管理时，必须依赖系统中的网络管理信息，因此，在设计网络管理系统时，必须解决如下问题：
  - ➢ 如何表示用于网络管理的信息？
  - ➢ 如何传送上述信息？
  - ➢ 传送信息中使用何种协议？
- 确定网络管理系统的结构，即使用什么结构的网络管理系统对网络实现管理。

（2）网络管理系统的基本功能。

一个实用的网络管理系统应当包括以下基本的网络管理功能：

- 为用户制定、设置和实施系统的授权访问策略；
- 为用户制定、设置和实施共享资源的授权访问策略；
- 能够收集和监控网络中各种设备和设施的工作参数，并能够依据这些信息进行处理、管理和控制。

4. 网络管理的内容

目前国际标准化组织 ISO 在网络管理的标准化上做了许多工作，它特别定义了网络管理的五个功能域。

- 配置管理：管理所有的网络设备，包括各设备参数的配置与设备账目的管理。
- 故障管理：找出故障的位置并进行恢复。
- 性能管理：统计网络的使用状况，根据网络的使用情况进行扩充，确定设置的规划。
- 安全管理：限制非法用户窃取或修改网络中的重要数据等。
- 计费管理：记录用户使用网络资源的数据，调整用户使用网络资源的配额和记账收费。

（1）配置管理。配置管理的目的在于随时了解系统网络的拓扑结构以及所交换的信息，包括连接前静态设定的和连接后动态更新的。配置管理调用客体管理功能、状态管理功能和关系管理功能。

- 客体管理功能。客体管理功能为管理信息系统用户（MIS 用户）提供一系列功能，完成被管理客体的产生、删除报告和属性值改变的报告。
- 状态管理功能。
  - 通用状态属性：指客体应具有的操作态、使用态和管理态三种通用状态属性。
  - 状况属性：定义了下列六个属性以限制操作态、使用态和管理态，表示应用于资源的特定条件，包括告警状况属性、过程状况属性、可用性状况属性、控制状况属性、备份状况属性、未知状况属性。
- 关系管理功能。管理者需有检查系统不同部件间和不同系统间关系的能力，以确定系统某部分的操作如何依赖于其他部分或如何被依赖。用户需有能力改变部件之间、系统之间以及系统与部件之间的关系，也应有能力得知是何种原因导致这种变化。

（2）故障管理。故障管理的目标是自动监测、记录网络故障并通知用户，以便网络有效地运行。

故障管理包含以下几个步骤：①判断故障症状；②隔离该故障；③修复该故障；④对所有重要子系统的故障进行修复；⑤记录故障的监测及其结果。

（3）性能管理。性能管理的目标是衡量和呈现网络性能的各个方面，使人们可以在一个可接受的水平上维护网络的性能，性能变量的例子有网络吞吐量、用户响应时间和线路利用率。

性能管理包含以下几个步骤：

- 收集网络管理者感兴趣的那些变量的性能参数。
- 分析这些数据，以判断是否处于正常水平。
- 为每个重要的变量决定一个适合的性能阈值，超过该限值就意味着网络出现故障。

（4）安全管理。安全管理的目标是按照本地的指导来控制对网络资源的访问，以保证网络不被侵害，并保证重要信息不被未授权的用户访问。

安全管理子系统将网络资源分为授权和未授权两大类。它执行以下几种功能：

● 标识重要的网络资源。
● 确定重要的网络资源和用户集间的映射关系。
● 监视对重要网络资源的访问。
● 记录对重要网络资源的非法访问。

（5）计费管理。计费管理的目标是衡量网络的利用率，以便一个或一组用户可以按规则利用网络资源，这样的规则使网络故障降低到最小，也可以使所有用户对网络的访问更加公平。

为了达到合理的计费管理目的，首先必须通过性能管理测量出所有重要网络资源的利用率，对其结果的分析使得对当前的应用模式具有更深入的了解，并可以在该点设置定额。对资源利用率的测量可以产生计费信息，并产生可用来估价费率的信息，以及可用于资源利用率优化的信息。

5. 网络管理系统的基本模型

公认的网络管理系统的基本模型由 4 部分组成，分别为多个被管代理（agent）、至少一个网络管理者或称管理工作站、一种通用的网络管理协议（CMIP 或 SNMP）和一个或多个管理信息库（MIB）。网络设备、计算机主机、应用等被称为被管设备，在这些设备上驻留有代理，代理实际上是一个小巧的应用程序。管理者也是一个程序，负责与用户交互，并通过代理对设备进行管理。管理者与代理通过网络管理协议通信。MIB 相当于一个数据库，提供有关被管网络设备的信息。因此，网络管理系统的模型包含以下 4 个基本的逻辑部分：

● 管理对象。是指网络中具体可以操作的参数。
● 管理进程（manager）。是指对网络中的设备和设施进行全面管理和控制的软件程序。
● 管理信息库（MIB）。是指记录网络中各种管理对象的信息库。
● 管理协议（CMIP 或 SNMP）。用于在管理系统与管理对象之间传递和解释操作命令。

10.1.3 网络管理协议 SNMP

第一个使用的网络管理（简称网管）协议称为简单网络管理协议（SNMP，又称 SNMP 第一版或 SNMPv1），SNMP 是由因特网工程任务组 IETF（Internet Engineering Task Force）提出的面向 Internet 的管理协议，当时这个协议被认为是临时的、简单的、解决当时急需解决的问题的协议，而复杂的、功能强大的网络管理协议需要进一步设计。

20 世纪 80 年代，在 SNMP 的基础上设计了两个网络管理协议：一个称为 SNMP 第二版（简称 SNMPv2），它包含了原有版本的特性，这些特性目前被广泛使用，同时增加了很多新特性以克服原先 SNMP 的缺陷；另一个是因特网组管理协议（Internet Group Management Protocol，IGMP）是用于管理因特网协议多播组成员的一种通信协议，IP 主机和相邻的路由器利用 IGMP 来建立多播组的组成员，像 ICMP 用于单播连接一样，IGMP 也是 IP 多播说明的一个完整部分。

SNMP 的管理对象包括网桥、路由器、交换机等内存和处理能力有限的网络互联设备。它采用轮询监控方式，管理者间隔一定时间向代理请求管理信息，管理者根据返回的管理信息判断是否有异常事件发生。轮询监控的主要优点是对代理资源的要求不高，缺点是管理通信的开销大。SNMP 由于其简单性得到了业界广泛的支持，成为目前最流行的网络管理协议。

1. SNMP 网络管理模型

SNMP 模型的体系结构如图 10-1 所示。SNMP 网络管理模型是由以下前 3 个基本部分，加上 SNMP 协议组成的。

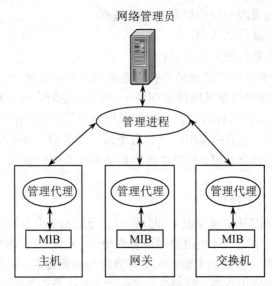

图 10-1　SNMP 网络管理模型的结构

（1）管理进程（manager）。

管理进程是一个或一组软件程序，它一般运行在网络管理站或网络管理中心的主机上。它在 SNMP 协议支持下命令管理代理执行各种管理操作。管理进程的功能是完成各种网络管理，通过各种设备中的管理代理实现对网络内的各种设备、设施和资源的控制。另外，管理人员还可以通过管理进程对全网进行管理。管理进程可以通过图形用户接口，以容易操作的方式显示各种网络信息，以及网络中各网络代理的配置图等。有时，网络进程也会将各个管理代理中的数据集中存储，以备事后分析。

（2）管理代理（agent）。

管理代理是一种在被管理的网络设备上运行的软件，负责执行管理进程的管理操作。管理代理直接操作本地的信息库 MIB，还可以根据要求改变本地信息库或将数据直接传送给管理进程。管理代理具有两个基本的管理功能：

● 读取 MIB 中各种变量的值，这里的变量就是管理对象；

● 修改 MIB 中各种变量的值。

（3）管理信息库（MIB）。

管理信息库（MIB）记录管理对象的各种信息。它是一个概念上的数据库，由各个管理对象组成，每个管理代理管理 MIB 中属于本地的管理对象，各管理代理控制的管理对象共同构成全网的管理信息库。

（4）管理协议。

管理协议是用于在管理系统与管理对象之间传递和解释管理操作命令的 SNMP 协议。许多网络管理软件要求所管理的设备支持 SNMP 协议，如果不支持，则无法使用该软件实现对网络系统设备的自动识别和管理功能，如 HP 公司的 Open View 软件。

2. 实际网络管理系统的组成

前面介绍的是 SNMP 网络管理模型的结构，而实际的网络管理系统往往有所区别。比如，实际的网络管理系统的组成如图 10-2 所示，由 4 个基本部分组成，分别为网络管理软件、网络设备的管理代理、管理信息库、代理设备。

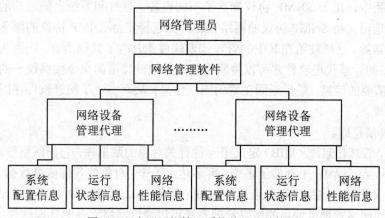

图 10-2 实际网络管理系统的组成结构图

在大部分的实际网络管理系统中，只有前 3 个部分，因此这 3 个部分是基本和必需的，而并非所有的网络都有"代理设备"，因此，第 4 个部分是可选的。下面将分别介绍这几个基本部分的功能和工作联系。

（1）网络管理软件。

网络管理软件简称"网管软件"，它是协助网络管理员对整个网络或网络中的设备进行日常管理的软件。网络管理软件除了要求网络设备的"管理代理"定期采集用于管理的各种信息之外，还要定期查询管理代理采集到的主机有关信息（如系统配置信息、运行状态信息和网络性能信息等）。网管软件正是利用这些信息来确定和判断整个网络、网络中的独立设备或者局部网络的运行状态是否正常。

在网络管理系统中，网络管理软件是连接其他几个因素的桥梁，因此有着举足轻重的地位。它的功能的好坏将直接影响到整个网络管理系统的功能。

对于大型网络来说，网络规模较大，网络结构复杂，一旦网络出现故障，查找与维护都很困难，因此，网络管理软件是不可缺少的助手；而对于小型网络或个人用户来说，因技术水平较低，聘请专业技术人员的费用又太高，因此网络管理软件可以帮助解决一些棘手的问题。由此可见，网络管理软件已经成为各种网络中必不可少的组成部分。

市场上的网络管理软件名目繁多，因此如何选择网管软件已成为很多用户关心的问题。选择时可以从以下几方面进行考虑：与自身的管理规模和网络模式（如 C/S）相应；具有智能化的监视能力；具有基于用户策略的控制能力；具有支持多协议、开放式操作系统和第三方管理软件的能力；具有良好的用户界面；具备简单的、无需编程的开发工具；具有良好的技术支持和服务；合适的性能价格比。

（2）网络设备的管理代理。

网络设备的管理代理简称"管理代理"，它是驻留在网络设备中的一个软件模块。其中的网络设备可以是系统中的网络计算机、网络打印设备和交换机等。网络设备的管理代理软件能够获得每个网络设备的各种信息，如设备运行状况、系统配置、设备特性和性能等信息。因此，每个管理代理上的软件就像被管理设备的代理人，它可以完成网管软件所布置的信息采集任务。实际上，它充当了网络管理系统与被管理设备之间的信息中介。管理代理通过被管理设备中的管理信息库（MIB）来实现管理网络设备的功能。

在实际应用中，由于 SNMP 协议确立了不同设备、软件和系统之间通信的基础框架。因此，人们通常选用支持 SNMP 协议的网络设备，如选择支持 SNMP 协议的服务器、路由器、交换机和集线器等。这样驻留在其中的管理代理软件就具有了共同语言。正因为有了这个标准语言，网络设备的管理代理软件才可以将网络管理员软件发出的命令按照统一的网络格式进行转化，再收集需要的信息，最后返回正确的响应信息，从而实现了网管软件在网络管理系统中的统一网络管理。

（3）管理信息库。

如前所述，管理信息库（MIB）定义了一种有关对象的数据库，它由网络管理系统所控制。如图 10-1 所示，整个 MIB 中存储了多个（可多达上千个）对象的各种信息数据。网管软件（在 SNMP 模型中又称管理进程）正是通过控制每个对象的 MIB 来实现对该网络设备的配置、控制和监视的。而网络管理员使用的网络管理系统可以通过网络管理的代理软件（管理代理）来控制每个 MIB 对象。

（4）代理设备。

在网络管理系统中，代理设备是标准的网络协议软件和不支持标准协议的软件之间的一座桥梁。利用代理设备，无需逐个升级，整个网络管理系统即可实现旧版本网管软件到新版本的升级。例如，某网络正在使用的是支持旧版本 SNMP 协议的网管软件，当新版本 SNMP 协议开发出来，如果直接升级，则整个网络中所有的现存设备都会受到影响，使用代理设备则可以方便地解决此类问题。注意，正是由于代理设备的上述特殊功能，所以不是所有的网络管理系统中都有这种设备，也就是说，代理设备在网络管理系统中是可选的。

10.1.4　网络管理工具

由于网络管理已经有了一系列的标准，以及 OSI 定义的网络管理的五大功能，使得具有配置管理、性能管理、故障管理、安全管理和计费管理五大功能的管理系统成为可能。同时，也正是得益于这样的网络管理系统，才能对网络进行充分、完备和有序的管理。但是由于涉及到众多的网络管理协议和五个方面所要求的功能以及不同网络的实际情况，使得网络管理系统在技术上具有很强的挑战性。

网络管理系统是对以上几个基本要素（配置管理、性能管理、故障管理、安全管理和计费管理）的组合。大致可以将网络管理系统划分为三代。

第一代网管使用最常用的命令行方式，并结合一些简单的网络监测工具，它不仅要求使用者精通网络的原理及概念，还要求使用者了解不同厂商的不同网络设备的配置方法。这种方式的优点是具有很大的灵活性，缺点是风险系数增大，容易引发误操作，而且不具备图形化和直观性。例如网络探测工具 NetXRay 可以运行在多种协议之下，包括 TCP/IP、SPX/IPX 等，工作在网络环境的底层，拦截所有正在网络上传输的数据并进行筛选处理，实时分析网络状态和设备布局，但第一代网管工具只能统计和分析网络的数据，并不能监控设备的状态，因此需要配合一系列 CLI 命令直接在设备上查看系统和端口信息。

　　第二代网管有着良好的图形化界面，用户无需过多了解设备的配置方法，就能图形化地对多台设备同时进行配置和监控，大大提高了工作效率，但仍然存在由于人为因素造成的设备功能使用不全面或不正确的问题。例如 CiscoView 是一个基于 GUI 的设备管理软件，可以图形的方式显示 Cisco 的物理视图。另外，它还提供配置和监视功能以及基本的故障排除功能。借助 CiscoView 可以更容易地理解设备提供的大量管理数据，网络管理员无需对远程站点上的每台设备进行物理检测就能够全面查看 Cisco 产品。

　　第三代网管相对来说比较智能，是真正将网络和管理进行有机结合的软件系统，具有"自动配置"和"自动调整"功能，对网管人员来说，只要把用户情况、设备情况以及用户与网络资源之间的分配关系输入网管系统，系统就能自动地建立图形化的人员与网络的配置关系，并自动鉴别用户身份，分配用户所需的资源（如电子邮件、Web、文档服务等），同时，整个企业的网络安全得以保证。因此第三代网管系统是企业级的管理平台，由多个软件包构成，涉及到 OSI 七层协议集。目前第三代系统可选的范围比较广，如 CA Unicenter TNG、CiscoWorks 2000、HP OpenView、IBM Tivoli、APRISMA Spectrum 等。这些网管软件通常包括一系列的子系统，有些子系统具有第二代系统的功能，如 CiscoWorks 中的 CiscoView。有些系统集成了其他系统的一些子系统以增强功能。

　　虽然网管系统发展到了第三代，但并不等于前两代系统已经淘汰，如何选择在于用户具体的网络管理需求，这三代系统分别适应于不同的网络规模和网络应用，系统结构越是趋同，所需要的网管系统就越简单，而复杂的异构环境则需要完全成熟的企业管理软件。

　　国内网管软件近几年也取得了一定的发展，但总体来说较大型的、成熟的软件不多，国产软件的优势在于本地化，用户对界面的可操作感强，但大部分软件只相当于国外第三代网管系统中的某个子系统功能，虽然网络的监控功能比较强，但是缺乏自动解决问题和管理用户资源的能力，而且软件更新和售后服务连贯性不强。总体来说，目前国内网管软件比较适用于中等规模企业或作为大型网管系统的辅助工具。

　　用户在选购网管软件时，必须结合具体的网络条件，网管软件用于辅助日常网络管理，提高管理效率，所以选择的软件应该体现有效管理原则。目前市场销售的网络管理软件按功能可以划分为：网元管理（主机系统和网络设备）、网络层管理（网络协议的使用、LAN 和 WAN 技术的应用以及数据链路的选择）、应用层管理（应用软件）三个层次，其中最基础的是网元管理，最上层的是应用层管理。

　　下面将介绍一种网络管理系统：惠普（HP）公司的 OpenView，以它为代表，分析网络管理工具的特点。

　　HP 的 OpenView 有争议地成为了第一个真正兼容的、跨平台的网络管理系统，因此也得到了广泛的市场应用。但是，虽然 OpenView 被认为是一个企业级的网络管理系统，但它跟大多数别的网络管理系统一样，不能提供 NetWare、SNA、DECnet、X.25、无线通信交换机以及其他非 SNMP 设备的管理功能。另一方面，HP 努力使 OpenView 由最初的提供给第三方应用厂商的开发系统，转变为一个跨平台的最终用户产品。它的最大特点是被第三方应用开发厂商所广泛接受。例如 IBM 就把 OpenView 功能增强并扩展成为自己的 NetView 产品系列，从而与 OpenView 展开竞争。特别在最近几年，OpenView 已经成为网络管理市场的领导者，与其他网络管理系统相比，OpenView 拥有更多的第三方应用开发厂商，在近期，OpenView 看上去更像一个工业标准的网络管理系统，其具体特征分别介绍如下。

1. 网络监管特性

OpenView 不能处理因为某一网络对象故障而误导致的其他对象的故障。具体说来，它不具备理解所有网络对象在网络中相互关系的能力，因此一旦这些网络对象中的一个发生故障，导致其他正常的网络对象停止响应网络管理系统，它会把这些正常网络对象当作故障对象对待。同时，OpenView 也不能把服务的故障与设备的故障区分开来，比如是服务器上的进程出了问题还是该服务器出了问题，它不能区分。这些是 OpenView 的最大弱点。

另外，在 OpenView 中，性能的轮询与状态的轮询是截然分开的，这样导致当一个网络对象响应性能轮询失败时不触发一个报警，仅仅只有当该对象不响应状态的轮询时才进行故障报警。这将导致故障响应时间的延长，当然两种轮询的分开将带来较好的灵活性，如第三方的开发商可以对不同轮询的事件分别处理。

OpenView 还使用了商业化的关系数据库，这使得利用 OpenView 采集来的数据进行开发、扩展、应用变得相对容易。但第三方应用开发厂商需要自己找地方存放自己的数据，这又限制了这些数据的共享。

2. 管理特性

OpenView 的 MIB 变量浏览器相对而言是最完善的，而且正常情况下使用该 MIB 变量浏览器只会产生很少的流量开销。但 OpenView 仍然需要更多、更简洁的故障工具以对付各种各样的故障与问题。

3. 可用性

OpenView 的用户界面显得干净及相对灵活，但在功能引导上显得笨拙。同时 OpenView 还在简单、易用的 Motif 图形用户界面上提供状态信息和网络拓扑结构图形，虽然这些信息和图形在大多数网络管理系统中都有提供。还存在的一个问题是 OpenView 的所有操作（至少到现在为止）都在 X-Windows 界面上进行，它还缺乏一些其他的手段，比如 WWW 界面和字符界面，同时它还缺乏开发基于其他界面应用的 API。

4. 总结

OpenView 是一个昂贵的，但相对够用的网络管理系统，它提供了基本层次上的功能需求。它的最大优势在于它被第三方开发厂商广泛接受。但得到了 NetView 许可证的 IBM 已经加强并扩展了 OpenView 的功能，以此形成了 IBM 自己的 NetView/6000 产品系列，该产品可以在很大程度上视为 OpenView 的一种替代选择。

10.2　网络维护技术

10.2.1　网络维护概述

随着计算机技术日益应用于企（事）业单位的办公自动化、工业控制及生产管理等各个领域，减少了大量繁杂的日常劳务。计算机网络系统的建立，实现了内部信息共享，外部信息沟通，使得公司决策者能更及时、准确地了解各部门的情况，协调各部门关系，从而实现更加高效的管理体制；通过决策支持系统统计、分析各种内外因素，给决策者提供最佳的决策方案，获取更佳的经济效益；国际互联网的连接，使得获取世界任一个角落的商业信息变为可能，从而决胜千里之外，电子商务更将订单、发货报关、商检、银行结算合成一体，加速贸易的全过程，增强企业自身发展能力。同时，由于计算机本身是一个高科技产品，缺乏专门技术人员定期维护将导致计算机系统的瘫痪，从而致使大量宝贵的数据丢失，甚至带来灾难性后果，给单位造成重大的经济损失。所以对计算机系统进行定期维护，保持系统的稳定性变得举足轻重。

网络维护工作的主要内容有：

- 硬件测试、软件测试、系统测试、可靠性（含安全）测试。
- 网络状态监测和系统管理。
- 网络性能监测及认证测试（工程验收评测）。
- 网络故障诊断和排除，灾难恢复方案。
- 定期测试和文档备案，故障报告、参数登记、资料汇总、统计分析等。
- 网络性能分析、预测。
- 故障预防、故障早期发现。
- 维护计划、手段以及实施效果的评测、改进和总结回顾，规章制度的制定。
- 选择合适的网络评测方法，综合可靠性和网络维护的目标评定。
- 人员培训、工具配备等。

网络维护工作的主要方法有：

（1）常规检测（监测）和专项检测（监测）。常规检测（监测）是指一般性的定期测试，主要监测分析网络的主要工作状态和性能是否符合要求；专项检测（监测）是指在处理故障时或在进行网络性能详细分析评测时进行的有针对性的专门检测（测试/监测）项目。

（2）定期维护和不定期维护。定期维护是指为了保证网络持续地正常工作，防止网络出现重大故障或重要性能下降而进行的定期、定内容的网络测试和维护工作，并定期监测能反映网络基准状态的各项参数。在针对系统故障或出现异常时以及非重要参数的监测时实施的维护和监测工作则是不定期维护的重要内容。

（3）事前维护和事后维护。事前维护是指预防性维护，包括定期维护和不定期维护、视情维护等内容。事后维护是指在完成修复系统、故障诊断等工作后进行的维护，也包括系统升级、结构调整、应用调整、协议调整后的维护。

（4）视情维护和定量（定期）维护。视情维护是指维护和检测的范围以及深度需根据网络的规模、历史、现状、当前需要和故障特点等进行确定，确定它需要以良好的定期、定量维护为基础，主要是在怀疑系统存在问题、异常或故障征兆，涉及到定期维护未涉及或不便涉及的内容以及非定期检测的关键参数时实施。定量（定期）维护是指相对固定的维护、测试、调整工作内容，目的是保持系统良好的工作状态，及时发现隐患和潜在的重大故障。

（5）分级维护。分级维护是指根据系统规模和层次/级别的不同而分别安排的维护和测试工作。

10.2.2　网络常见故障

如果经常接触网络或者本身就是网络管理员，一定会经常受到网络故障的困扰。网络和单机最大的不同就是其牵一发而动全身的特性，一台单机上的问题很可能映射到网络中的某个环节，甚至破坏全部网络的运转。能够引发网络故障的因素有多种，但总体来说可以简单地将它们分为硬件故障和软件故障两大类。下面将简单介绍常见的硬件和软件故障种类。

常见的硬件故障及其原因见表 10-1。

表 10-1　硬件故障

故障种类	原因
设备本身的问题	网线的问题：网线接头制作不良；网线接头部位或中间线路部位有断线
	网卡的问题：网卡质量不良或有故障；网卡和主板 PCI 插槽没有插牢从而导致接触不良；网卡和网线的接口存在问题
	集线器的问题：集线器质量不良；集线器供电不良；集线器和网线的接口接触不良
	交换机的问题：交换机质量不良；交换机和网线接触不良；交换机供电不良
设备之间的问题	网卡和网卡之间发生中断请求和 I/O 地址冲突
	网卡和显卡之间发生中断请求和 I/O 地址冲突
	网卡和声卡之间发生中断请求和 I/O 地址冲突

　　硬件问题中出现最多的是网线制作方法不当或网线接头制作不良。

　　软件安装或设置不当引起网络故障的情况见表 10-2。

表 10-2　软件问题

故障种类	原因
设备驱动程序方面的问题	驱动程序和操作系统不兼容
	驱动程序之间的资源冲突
	驱动程序和主板 BIOS 程序不兼容
	设备驱动程序没有安装好引起设备不能够正常工作
网络协议方面的问题	没有安装相关的网络协议
	网络协议和网卡绑定不当
	网络协议的具体设置不当
相关网络服务方面的问题	相关网络服务方面的问题主要是指在 Windows 操作系统中共享文件和打印机方面的服务，即要安装 Microsoft 文件和打印共享服务
网络用户方面的问题	在对等网中，只需使用系统默认的 Microsoft 友好登录即可，但是若要登录 Windows NT 域，就需要安装 Microsoft 网络用户
网络表示方面的问题	在 Windows 98/2000/XP 中，甚至是在 Windows NT 或者 Windows 2000 的域中，如果没有正确设置用户计算机在网络中的网络标识，很可能会导致用户之间不能够相互访问
其他问题	这些问题和用户的设置无关，但和用户的某些操作有关，例如大量用户访问网络会造成网络拥挤甚至阻塞，用户使用某些网络密集型程序会造成网络阻塞等

　　由软件设置引起的局域网不通的问题中，最常见的是 TCP/IP 协议中的 IP 地址设置不当引发的网络不通，其次是网络标识不当引起的相互之间无法访问。

10.2.3　网络故障排除的思路

　　引起网络不通的因素有很多种，很多人面对故障现象茫然无措，不知道问题出在哪里，这里修一通那里整一下，这样会在解决网络问题时浪费大量的时间和精力。要在解决网络问题时节约时间和精力，就需要按照一定的思路和方法对故障原因进行一一排除，最后将故障原因准确定位，从而在解决网络问题时事半功倍。本节主要介绍如何按照科学的方法和思路排除网络故障。

具体的排除思路是：先询问、观察故障的时间和原因，然后动手检查硬件和软件设置，动手（观察和检查）则要遵循先外（网间连线）后内（单机内部），先硬（硬件）后软（软件）的原则。由于目前使用星型网络的情况最多，在此以星型网络为例介绍网络故障的排除思路。具体来说，排除网络故障时应该按照以下顺序进行。

1. 询问

询问用户最后一次网络正常的时间，从上次正常到这次故障之间机器的硬件和软件都有过什么变化和进行过哪些操作，是否是由于用户的操作不当而引起网络故障，根据这些信息快速地判断故障的可能所在。有很多的网络问题实际上和网络硬件本身没有什么关系，大多数是由于网络用户对计算机进行误操作造成的，如用户极有可能安装了会引起问题的软件、误删了重要文件或改动了计算机的设置，这些都很有可能引起网络故障，对于这些故障只需进行一些简单的设置或者恢复工作即可解决。如果网络中有硬件设备被动过，就需要检查被动过的硬件设备。例如，若网线被换过，就需要检查网线类型是否正确，PC 到 HUB 或交换机应使用直通线，而不是使用交叉线或反转线。

2. 检查

上述询问工作完成后，就需要进行相关事项的检查，检查验证网络的物理设备是否工作正常。OSI 网络结构的 7 层分别是：应用层、表示层、会话层、传输层、网络层、数据链路层和物理层。数据的传送是从本机的应用层到物理层再到目的机的物理层，再到目的机的应用层。所以，排除故障应该先排除物理层的因素，也就是要先排除网线、网线接头、HUB 或交换机的物理故障因素。如果这些因素不排除，而先从网卡方面或协议设置上找原因尝试修改设置，很有可能原来的故障没有解决，反而造成新的人为故障。

（1）首先要检查共同的通道。例如，检查使用相同 HUB 或交换机的计算机网络是否正常。如果都不正常，则可能是 HUB 或交换机故障，如果其他都正常只有故障机不正常，则可以先从正常机上拔下网线，给故障机使用，检查一下是否恢复正常，如果恢复正常，说明可能是故障机所连接的 HUB 或交换机端口故障，但是这种可能性较小，很有可能是网线故障，如网线断裂，或者是 RJ-45 水晶头接触不良。这时可以使用万用表检测网线的连通性，如果网线不通，可以使用压线钳重新压紧水晶头或者剪掉原来的水晶头重新制作；如果网线正常，说明集线器或交换机的端口有问题。大多数的网络故障都是由物理层的故障引起的。

（2）如果检查了网络的物理层后没有发现问题，接下来就要进行网络的数据链路层的检查。数据链路层涉及的设备有网卡和交换机。对于网卡，需要检查其工作状态与参数设置是否正常；对于交换机，如果是有设置的交换机，就需要验证交换机设置的正确性，因为极有可能是有人将交换机的设置做了错误的修改，导致交换机的部分端口不能正常工作，从而导致网络出现故障。

提示： 每个网卡都有其确定的设置参数，容易出现问题的地方是网卡 "中断请求"（IRQ）设置、基本 I/O 端口地址和存储器地址。如果这些方面出现任何差错，或与工作站或终端中其他设备产生冲突，NIC 即使能工作，也无法连续工作。一般情况下，计算机有 16 个 IRQ 号。将这些 IRQ 号分配给不同设备，如表 10-3 所示。在设备发出中断请求时，就可向处理器发出中断请求信号。I/O 端口地址作为处理器和设备之间所有信息传输的通道。

表 10-3　IRQ 号与设备对应表

IRQ 号码	设备类型
00	系统计时器
01	键盘
02	可编程中断控制器
03	通信端口 2 或 4
04	通信端口 1 或 3
05	打印机端口 2（LPT2）或开放
06	软盘控制器
07	打印机端口 1（LPT1）
08	实时时钟
09	从 IRQ 重定向或开放
10	开放
11	开放
12	PS/2 标准端口或开放
13	算术协处理器
14	IDE 硬盘驱动器控制器
15	IDE 硬盘驱动器控制器或开放

（3）如果检查了网络的数据链路层后没有发现问题，接下来就需要检查网络层和传输层。

首先要验证是否正确设置 TCP/IP 协议，如 IP 地址、子网掩码、默认网关、DNS、WINS 等的正确性都需要验证，因为这些参数都极有可能被他人误修改。

验证网络协议是否被正确加载，这需要到 DOS 的 Command 窗口下输入"ping 127.0.0.1"，如果 ping 不通，则需要卸载 TCP/IP 协议然后重新安装设置；如果返回正确的测试结果，如图 10-3 所示，则表明 TCP/IP 协议被正确加载。

接下来需要使用 ping 验证网关是否能连通，如果网关不能连通则表明本地链路方面有故障，网关如果能 ping 通，则需要进一步 ping 目的计算机的 IP 地址，如果 ping 不通的话，则可能是目的计算机未开机或目的计算机链路方面有网络故障。

图 10-3　返回正确的测试结果

（4）如果目的计算机能 ping 通，但是网络应用层的程序却不能连通，则需要检查防火墙的参数设置与加载的设置是否正确，还需要检查相关网络应用程序的参数设置是否正确。

上述的故障排除方法也适用于交换机、路由器之类的网络硬件设备的故障排除，只是路由器级别的网络硬件设备故障排除需要涉及更多的故障排除方法与手段。但无论哪一方面网络故障的排除，都需要用户对网络基础知识进行全面正确地掌握，这将有助于正确快速地排除网络故障。

注意： 由于 PCI 的设备都支持 PNP 功能，因此 PCI 设备可以自动检测没有使用的中断与地址，并为自己设置没有冲突的中断与地址。所以一般不会出现中断与地址的冲突。冲突往往发生在同时使用 PCI 与 ISA 设备的机器中，这时需要在 CMOS 中为 ISA 设备设置并保留其预设的中断与地址，然后让 PCI 设备自己检测并设置自己的中断与地址。当然也可以使用 ISA 设备自带的设置程序进行中断与地址的修改。

提示： 127.0.0.1 的 IP 地址被规定为环路测试地址（Loop Back），目标地址为 127.0.0.1 的包不会被送到本机上的网络设备，而是被送到本机的 Loop back driver 上去。此 IP 地址用来检测 TCP/IP 协议组是否正常工作。

10.2.4　常用测试命令

造成局域网发生故障的原因有很多种，当局域网络发生故障时，为了尽快找到故障的根源，常常需要借助一些测试命令。在此简单介绍一些 Windows 操作系统中内置的网络测试工具和命令。

1．Ping

用法：

Ping[-t] [a] [-n count] [-I size] [-f] [-I TTL] [-v TOS] [-r count] [-s count] [[-j host-list] | [-k host-list]] [-w timeout]

参数：

-t——用当前主机不断向目的主机发送数据包。

-n count——指定 ping 的次数。

-I size——指定发送数据包的大小。

-w timeout——指定超时时间的间隔（单位：ms，默认为 1000）。

这个程序用来检测一帧数据从本地传送到目的主机所需的时间。它通过发送一些小的数据包并接收应答信息来确定两台计算机之间的网络连接情况。当网络出现故障时，Ping 是第一个用到的工具，它可以有效地检测网络故障，因此下面详细介绍。

如果执行 Ping 不成功，则可以预测故障出现在以下几个方面：网线没有连通，网络适配器配置不正确，IP 地址不可用等。如果 Ping 程序成功返回而网络仍无法使用，那么问题很可能出在网络系统的软件配置方面。Ping 成功只能保证本地与目的主机存在一条连通的物理途径。

通常使用较多的参数是-t、-n、-w。

例 1

屏幕上要输入的命令：

E:\>ping www.263.net

使用 ping 命令后返回的结果：

Pinging www.263.net[219.239.95.131]with 32 bytes of data:

Reply from 219.239.95.131:bytes=32 time=80ms TTL=241

Request timed out.

Reply from 219.239.95.131:bytes=32 time=70ms TTL=241

Reply from 219.239.95.131: bytes=32 time=70ms TTL=241

Ping statistics for 219.239.95.131:

Packets: Sent=4，Received=3，Lost=1（25% loss），

Approximate round trip times in milli-seconds：

Minimum=70ms，Maximum=80ms，Average=72ms

从上面的返回结果可知，向 www.263.net（其 IP 为 219.239.95.131）发送的 4 个大小为 32 字节的测试数据包中，有 3 个得到了服务器的正常响应（Reply from…），另一个响应超时（Request timed out）。平均每个数据包自发送到收到服务器响应的时间间隔为 72ms（最小值为 70ms，最大值为 80ms）。

这一结果显示，本机到 www.263.net 的网速较快（平均响应时间短），但是网络可能不太稳定（丢失了一个数据包）。

例 2

E:\>ping 202.112.89.118

Pinging 202.112.89.118 with 32 bytes of data:

Request timed out.

Request timed out.

Request timed out.

Request timed out.

Ping statistics for 202.112.89.118:

Packets: Sent=4,Received=0,Lost=4(100% loss),

Approximate round trip times in milli-seconds:

Minimum=0ms,Maximum=0ms,Average=0ms

从上面的返回结果可知，4 个测试数据包均超时，说明本机很可能无法与 202.112.89.118 通信。

但是也存在例外情况，即 Ping 不通但实际网络是连通的。这是因为 Ping 是用来检测最基本的网络连接情况的，Ping 程序所使用的数据包为 TCP/IP 协议族最基本的 ICMP 包。不幸的是，某些操作系统（尤其是 Windows）存在缺陷，面对对方发送过来的大的 ICMP 包或者数量巨大的碎小的 ICMP 包，无法正常处理，可能导致网络阻塞、瘫痪，甚至整个系统崩溃、死机。目前的网络防火墙所采用的一种简便方法是，对对方发来的 ICMP 包不做任何处理，直接抛弃。在 Ping 装有这样的防火墙的主机时，将被告知"Request timed out."，其实这并不是网络不通。

例 3

E:\>ping noabcd.com

Unknown host noabcd .com.

这一结果显示域名 noabcd .com 不存在。

2．Ipconfig

顾名思义，Ipconfig 用于显示和修改 IP 协议的配置信息。它适用于 Windows 9x/NT/2000，但命令格式稍有不同。下面以 Windows 2000 为例简要介绍。

用法：

ipconfig [/all |/release [adapter] |/renew [adapter]]

参数：

/all——显示所有的配置信息。

/release——释放指定适配器的 IP。

/renew——更新指定适配器的 IP。

例 4

要显示所有适配器的基本 TCP/IP 配置，请键入：ipconfig。

要显示所有适配器的完整 TCP/IP 配置，请键入：ipconfig /all。

仅更新"本地连接"适配器的由 DHCP 分配 IP 地址的配置，请键入：ipconfig /renew "Local Area Connection"。

要在排除 DNS 的名称解析故障期间刷新 DNS 解析器缓存，请键入：ipconfig /flushdns。

要显示名称以 Local 开头的所有适配器的 DHCP 类别 ID，请键入：ipconfig /showclassid Local*。

要将"本地连接"适配器的 DHCP 类别 ID 设置为 TEST，请键入：ipconfig/setclassid "Local Area Connection" TEST。

例 5

用 ipconfig/all 命令可以显示有关本地 IP 配置的详细信息。显示结果如下：

E:\> ipconfig/all
Windows 2000 IP Configuration
Host Nam…………：Whatever
Primary DNS Suffix………：
Node Type………：Hybrid
IP Routing Enabled………：No
WINS Proxy Enabled………：No
Ethernet adapter　本地连接：
Connection-specific DNS
Suffix . :
Description………：Realtek RTL8139/810X Family PCI
Fast Ethernet NIC Physical Address…………：00-E0-4C-3A-28-E9
DHCP Enabled…………：No
IP Address…………：162.105.81.179
Subnet Mask…………：255.255.255.0
Default Gateway…………：162.105.81.1
ONS Servers…………：202.112.1.12
　　　　　　　　　　202.112.1.13

3．Tracert

用法：

tracert[-d] [-h maximum_hops] [-j hostlist] [-w timeout]

参数：

-d——不解析主机名。

-w timeout——设置超时时间（单位：ms）。

Tracert 用于跟踪路径，即可记录从本地至目的主机所经过的路径，以及到达的时间。利用它可以确切地知道究竟在本地到目的地之间的哪一环节上发生了故障。

例 6

E:\> tracert www.Yahoo.com
tracing route to www.yahoo.akadns.net[216.115.102.75]

Over a maximum of 30 hops:

```
1   <10ms   <10ms   <10ms      166.111.174.1
2   <10ms   <10ms   <10ms      166.111.1.73
3   *   *   *   Request timed out.
4   *   *   *   Request timed out.
5   *   *   *   Request timed out.
6   *   *   *   Request timed out.
7   *   *   ^C
E:\>
```

由上面的返回结果可以知道，本地路由器为 166.111.174.1，转发路由器为 166.111.1.73，166.111.1.73 拦截了本地到 www.yahoo.com 的国际流量。

4．Netstat

用法：

netstat [-a] [-e] [-n] [-s] [-p proto] [-r] [interval]

参数：

-a——显示主机所有连接和监听端口的信息。

-e——显示以太网统计信息。

-n——以数据表格显示地址端口。

-p proto——显示特定协议的具体使用信息。

-r——显示本机路由表的内容。

-s——显示每个协议的使用状态（包括 TCP、UDP、IP）。

interval——刷新显示的时间间隔（单位：ms）。

Netstat 程序可以帮助用户了解网络的整体使用情况。

例 7

netstat -p TCP

表示查看 TCP 连接。

netstat -a

表示查看所有信息。

10.2.5　故障实例及排除方法

前面介绍了网络故障的种类和产生的原因，及排除网络故障的一般思路和常用工具。本节有针对性地介绍一些网络故障现象的分析和解决方法，从而能够轻松排除常见的网络故障。

10.2.5.1　组网过程中的常见故障

在组建局域网的过程中常常会遇到一些问题，如网卡安装不上、网络连接不通等，此时需要按照前面讲解的排除故障的思路对故障进行排除。下面简单介绍几种在组网过程中常会遇到的故障现象。

1．网卡和其他设备冲突，导致不能正常工作

故障分析：在组网过程中经常会遇到安装到系统中的网卡不能正常工作，有时甚至不能启动计算机的故障。这种故障现象一般是由于网卡的驱动程序没有安装好，导致网卡和系统中的其他设备发生中断冲突，这种现象最容易发生在一台安装了两块以上网卡的计算机上，而网卡又最容易和显卡、声卡、内置式调制解调器甚至是网卡发生资源冲突。当然这种现象也很有可能是由于网卡和主板的插槽没有插牢，导致接触不良从而使得网卡无法正常工作。还有可能是网卡的驱动程序或者网卡坏了，这种情况不大可能发生，但也不是没有，所以别的故障原因都排除了再考虑这一因素。

解决方法：首先将计算机中的其他板卡，如声卡、内置调制解调器等设备拔掉，只保留显卡和网卡，然后重新启动计算机。进入操作系统以后，首先安装网卡的驱动程序，然后再安装显卡的驱动程序，如果一切正常则说明网卡和显卡之间的冲突已经解决。一般情况下，先安装网卡驱动后安装其他板卡的驱动就能够解决网卡和其他板卡的冲突问题。

如果解决不了，还有一个办法，在 CMOS 中的 PnP/PCI Configrations 页面中将 Resources Controlled By 选项的值由 Manual 改为 Auto，同时将系统中不存在的设备的设置值改为 Disabled（禁用）即可，此后重新安装网卡驱动程序，一般都能够解决设备冲突问题。

如果以上办法都不行，最后只剩下一种可能情况，就是网卡的驱动程序不良或者网卡本身有问题，此时建议更换网卡。验证办法是将此网卡安装到局域网中另外一台计算机中查看能否正常工作，如果不行则证明网卡确实有问题，可以毫不犹豫地将其换掉。

2．网络不通，看不到"网上邻居"，或者查看"网上邻居"时提示"无法访问网络"

故障分析：一般出现这种故障现象的原因有以下几种情况：网线不良或者没有插好；网卡安装不正确；网络属性没有设置好。

解决方法：首先检查网线是否良好，接头是否安插到位。先检查网线的接触状况，主要指的是网线和计算机网卡的接触情况以及网线和集线器接口的接触状况。

首先检查网线和计算机网卡的接触情况，然后检查网线和集线器接口的接触状况。如果接插部位接触良好，将网线拆下来检查网线的类型对不对，如果是双机跳接线，请将其更换为直连线。

接下来具体检查网线的物理状况。网线是由一根线和两个水晶头组成的，网线的问题主要集中在水晶头上，可以按如下顺序进行检查。首先，检查水晶头的弹性。好的水晶头的防松卡弹性非常好，插入网卡插座时，能听到清脆的"咔哒"声。质量差的水晶头，其防松卡插进插座时声音很小或没有声音，插拔几次就失去弹性，插头与插座的间隙越来越大，接触性能变差，网线稍微一受力，就会出现网络时通时断的现象。其次，检查水晶头的压线片。网线是靠压线片与插座内的弹性金属丝的接触连通网卡的。使用时间较长或质量较差的水晶头使用一段时间后，压线片会松弛，从水晶头上脱落，从而造成网络不通。另外制作网线时，由于制作粗心或水晶头质量太差，有时网线绝缘皮未能压在水晶头内。这种网线开始使用时一般不会出现问题，但时间长了，网线受力后可能会从水晶头内脱落造成网络不通。最后，检查网线通路，可以用电缆测试仪测试其连通状况，如果网线不良，则将其换掉，如果网线正常，就排除了网线方面的因素。

随后，进入操作系统检查网卡的安装状况。在此以 Windows XP 为例（风格为经典设置），在桌面上右击"我的电脑"图标，在弹出的快捷菜单中选择"属性"命令，打开"系统属性"对话框，在"硬件"选项卡中单击"设备管理器"按钮，打开"设备管理器"窗口，如图 10-4 所示。在其中检查"网络适配器"选项前面是否有黄色的惊叹号，如果有惊叹号，则说明该设备没有安装好，如果没有惊叹号则说明该设备安装正确。

如果网卡安装正确，接下来检查网络属性的设置情况，一般在局域网中需要给每台计算机一个确定的且各不相同的网络 IP 地址和网络标识。如果没有给计算机设置明确的 IP 地址和网络标识，也会导致看不到网上邻居。具体检查步骤如下：

（1）检查网络标识。在桌面上右击"我的电脑"图标，在弹出的快捷菜单中单击"属性"命令，打开"系统属性"对话框，单击打开"计算机名"选项卡，如图 10-5 所示。

图 10-4　检查"网络适配器"选项前面是否有黄色的惊叹号　　图 10-5　"计算机名"选项卡

（2）在"计算机名"选项卡中单击"更改"按钮，打开"计算机名称更改"对话框，如图 10-6 所示。在该对话框中查看计算机的网络标识，如果指定的"域"或者"工作组"名称正确，则完成确认工作。

（3）检查网络 IP 地址的设置状况。在桌面上右击"网上邻居"图标，在弹出的快捷菜单中单击"属性"命令，打开"网络连接"窗口，右击"本地连接"选项，在弹出的快捷菜单中单击"属性"命令，弹出"本地连接 属性"对话框，如图 10-7 所示。

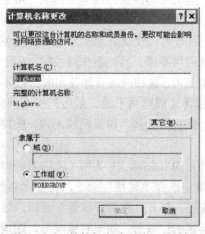　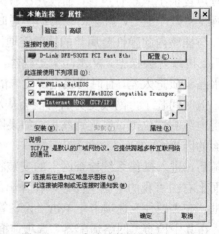

图 10-6　"计算机名称更改"对话框　　图 10-7　"本地连接 属性"对话框

（4）在对话框中单击"Internet 协议（TCP/IP）"选项，然后单击"属性"按钮，打开

"Internet 协议（TCP/IP）属性"对话框，如图 10-8 所示。在其中确认网络 IP 地址是否被正确设置，如果没有请将其正确设置。经过以上检查步骤，故障一般都能够排除。

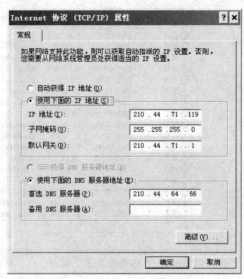

图 10-8　"Internet 协议（TCP/IP）属性"对话框

3. 用户无法登录到 Windows 2000 域中

故障分析：这种现象一般在新手组建局域网时经常出现，造成这种故障现象的原因有多种。例如用户在服务器中没有创建相应客户机的登录账户和密码；客户机没有加入到域环境中；网络连接不正常；服务器工作状况不良等。

解决方法：一般情况下，在局域网中创建域服务器后一般都会给客户机创建相应的登录账户，也会将客户机一端加入到域环境中，所以出现此类故障时，前两种原因的可能性比较小，除非有人将客户机一端从"域"改动到"工作组"，或者将客户机的登录账号删除了，否则不会由于前两种原因导致此故障的发生。但是为了保险起见，最好检查一下服务器和客户机的设置情况。

首先，检查网络的连接状况，查看网络连接是否正常。网络连接中最常见的问题是网线和集线器的连接状况，重点检查域控制器的网线和客户机的网线是否松动。

接下来检查服务器的工作状况。一般情况下，服务器出问题的几率不大，但是如果服务器出现故障，用户将无法登录到 Windows 2000 域中，所以要检查服务器是否关机、死机，是否有重要服务项目出错。可以使用事件查看器来检查服务器的工作状态。通过查看事件日志，系统管理员可以很方便地得知系统出现的问题以及可能的原因。要查看事件日志需要先打开"事件查看器"窗口，首先在"控制面板"窗口中双击"管理工具"图标，打开"管理工具"窗口，然后在打开的"管理工具"窗口中双击"事件查看器"图标，打开"事件查看器"窗口，如图 10-9 所示。有关事件查看器的具体使用请参阅帮助。

如果发现服务器端工作良好，接下来检查服务器上的用户账号、密码是否正常，客户机的账号是否被锁定。如果都正常，接下来检查客户机的 TCP/IP 设置状况，具体方法是使用 Ipconfig 命令检查客户机端是否正确设置了要登录的域，是否安装了所需要的网络组件等。一般经过这些检查都能够将故障排除。

图 10-9 "事件查看器"窗口

4. 用户登录时发生 IP 地址冲突现象

故障分析：一般这种故障都是由于手动为局域网中的用户分配 IP 地址资源时发生重复而导致的。

解决方法：一般有两种方法可以解决这个问题。一种是将局域网中的 IP 地址重新进行规划，为所有的资源分配 IP 地址。但是这种方法的缺点是静态划分 IP 地址，不能够适应局域网中资源的动态变化，当局域网中增加设备时，还会引发冲突。另外一种解决方法是动态划分 IP 地址。在域控制器上架设 DHCP（动态主机配置协议）。DHCP 服务器为局域网中的各种设备动态地分配 IP 地址，并对已经分配的地址进行保留，有效地避免了资源冲突。

10.2.5.2　局域网使用过程中的常见故障

局域网在建成以后由于用户的误操作或者配置不当有时也会出现与组建局域网时相类似的故障，如果遇到此类故障，要按照上一节介绍的方法排除，本节主要介绍一些在局域网使用过程中常常会出现的问题以及相应的解决方法。

1. 用户在网络上可以看到其他用户，但是却无法访问它们的共享资源

故障分析：导致这种故障通常有以下几方面的原因：用户的计算机网络连接属性中的文件和打印共享服务没有安装；用户的资源共享设置不正确；网络连接有问题。

解决方法：首先检查用户计算机中的网络连接属性中的文件和打印共享服务有没有安装。方法是：

（1）双击"控制面板"窗口中的"网络连接"图标，在打开的"网络连接"窗口中右击本地连接，在弹出的快捷菜单中选择"属性"选项，打开"本地连接 属性"对话框，如图 10-10 所示。

（2）在"本地连接 属性"对话框中查看有没有"Microsoft 网络的文件和打印机共享"选项，如果没有，说明此项服务没有安装，请对它进行安装，方法是单击对话框中的"安装"按钮，在弹出的"选择网络组件类型"对话框中选择"服务"选项，如图 10-11 所示。

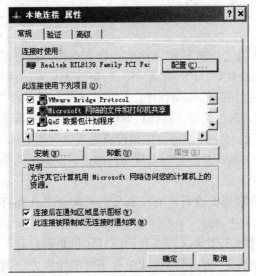
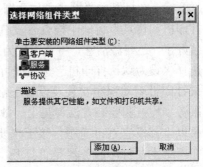

图 10-10　"本地连接 属性"对话框　　图 10-11　"选择网络组件类型"对话框

（3）单击"添加"按钮，在弹出的"选择网络服务"对话框中选择"Microsoft 网络的文件和打印机共享服务"选项，单击"确定"按钮即可完成添加 Microsoft 文件和打印机共享服务。

（4）如果 Microsoft 文件和打印机共享服务已经安装完毕，接下来查看是否所有的协议都绑定了 Microsoft 文件和打印机共享服务，方法是：双击"控制面板"窗口中的"网络连接"图标，在打开的"网络连接"窗口中单击"高级"菜单中的"高级设置"选项。

（5）在打开的"高级设置"对话框中，查看网络连接，例如"本地连接"，如图 10-12 所示，在"高级设置"对话框中"本地连接 的绑定"列表中，列出了与本地连接绑定的客户端程序、服务以及与客户端程序和服务绑定的各种通信协议，查看这些绑定项目的复选框有没有被选定，如果没有被选定，请将绑定项目前面的复选框选中。

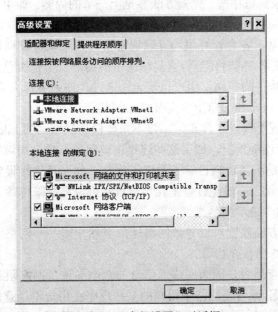

图 10-12　"高级设置"对话框

最后检查网络连接有没有问题，可以按照上节讲解的方法检查。

2. 不能共享网络打印机

故障分析：不能共享网络打印机大致有以下几方面的原因：网络连接有问题；没有正确安装及设置文件和打印机共享服务；没有正确安装网络打印机驱动程序；网络管理权限的因素。

解决方法：首先检查用户端是否安装了网络打印机的驱动程序，方法是双击桌面上的"网上邻居"图标，在打开的"网上邻居"窗口中，单击左侧的"打印机和传真"选项，然后在打开的"打印机和传真"窗口中检查有没有安装好的网络打印机。如果没有请安装网络打印机；如果安装好了，还要激活它，将它设置为默认打印机，方法是右击网络打印机，在弹出的快捷菜单中选择"设为默认打印机"选项即可。

如果打印机驱动程序安装及设置正常，接下来要检查有没有正确安装和配置文件和打印机共享服务。检查和安装方法参见上一故障的排除方法。

如果以上都没有查出问题，接下来要检查网络连接状况，查看网络打印机是否打开，是否连接在网络上，打印服务器是否打开，工作是否正常。网络连线是否正常的检查方法参见10.2节有关内容。

这些情况都检查后，一般都可以将故障排除。如果故障还得不到解决，还可以检查用户使用网络打印机的权限，如使用网络打印机的时段、能否访问及使用打印机的用户等情况。因为如果用户在非工作时间或者非使用权限时间来使用网络打印机也会造成无法共享网络打印机的"假故障"现象发生。

3. 无法连接到 Internet

故障分析：导致这种故障的原因有以下几方面：局域网的问题；代理服务器的问题；Internet连接的问题。

解决方法：首先检查局域网是否连通，如果局域网没有连通，就根本无法进行 Internet连接共享。局域网是否连通，主要检查网线、网卡、集线器的连接状况，用户的 TCP/IP 协议配置状况，用户是否登录到域中等，检查方法参见上一节的内容。如果是由于局域网不通导致的无法上网，在解决了局域网的连通问题后即可实现上网。

如果局域网工作正常，各台计算机相互联通正常，接下来检查局域网中的代理服务器是否正确配置，是否工作正常。同时还要检查局域网中的用户身份是否已经被代理服务器正确识别，如果用户身份没有被正确识别，用户也就无法通过代理服务器来共享 Internet。这些主要是通过针对 Active Directory 和 DHCP 服务器的设置进行解决。

如果代理服务器设置无误，工作正常，接下来要检查局域网的 Internet 连接，如 Modem、ISDN、ADSL 等设备的连接状况，如果这些连接出现问题，整个局域网的用户都无法连接到Internet，一般只需检查是不是连接设置方面出了问题。如果是连接设置方面出了问题，请将Internet 连接进行正确设置。一般经过以上几步检查都可以将故障排除。

4. 在使用过程中网络速度突然变慢

故障分析：以下几方面原因可以导致网络速度突然变慢——网络中的设备出现故障；网络通信量突然加大；网络中存在病毒。

解决方法：首先检查是否是因为网络通信量的激增导致了网络阻塞，是否同时有很多用户在发送传输大量的数据，或者是网络中用户的某些程序在用户不经意的情况下发送了大量的广播数据到网络上。对于这种现象，只能尽量避免局域网中的用户同时或长时间地发送和接收大批量的数据，否则就会造成局域网中的广播风暴，导致局域网出现阻塞。

如果上述现象没有发生，接下来需要检查网络中是否存在设备故障。设备故障造成局域网速度变慢主要有两种情况，一种是设备不能够正常工作，导致访问中断；另一种是设备出现故障后由于得不到响应而不断向网络中发送大量的请求数据，从而造成网络阻塞，甚至网络瘫痪。遇到这种情况，只有及时对故障设备进行维修或者更换，才能从根源上彻底解决故障。

提示：一般来说广播风暴通常是由有故障的网卡和集线器造成的，也可能是由整个 NetBEUI 网络上过多的广播信息引起的。为了诊断造成广播风暴的故障所在，需要利用协议分析仪来隔离检查这些设备，以便确定故障设备并且更换。如果采用内部路由器和可选路由协议，也可以减弱广播风暴带来的影响，因为路由器并不为广播信息选择路由。

如果网络设备工作正常，那么极有可能是病毒造成的网络速度下降，严重时甚至造成网络阻塞和瘫痪。例如计算机中的蠕虫病毒，受其感染的计算机会通过网络发送大量数据，从而导致网络瘫痪。如果网络中存在病毒，请用专门的杀毒软件对网络中的计算机进行彻底杀毒。

以上简单介绍了一些比较典型的网络故障现象及其排除方法，目的是起到抛砖引玉的作用。具体到每一个不同的网络，其故障现象会多种多样，总的来说不外乎硬件故障和软件故障两大类。遇到问题时要冷静观察，具体问题具体分析，相信最终能够克服困难，排除故障，让网络重新运转起来。

习题与思考题十

一、填空题

1. 网络管理就是指通过某种方式对网络状态进行的_____，其目的是使网络能正常、高效地运行，并使网络中的各种资源得到更加高效的利用，当网络出现故障时，系统应能及时地作出报告和处理。

2. 目前国际标准化组织 ISO 在网络管理的标准化上做了许多工作，它特别定义了网络管理的五个功能域，分别是：_____、_____、_____、_____、_____。

3. 网络管理软件除了要求网络设备的_____定期采集用于管理的各种信息之外，还要定期查询管理代理采集到的主机有关信息，如系统配置信息、运行状态信息和网络性能信息等。网管软件正是利用这些信息来确定和判断整个网络、网络中的独立设备或者局部网络的运行状态是否正常。

4. 常规检测（监测）是指_____测试，主要监测分析网络的主要工作状态和性能是否符合要求；专项检测（监测）是指在处理故障时或在进行网络性能详细分析评测时进行的有针对性的专门检测（测试/监测）项目。

二、简答题

1. 国际标准化组织 ISO 定义的网络管理的功能域有哪些？

2. 请说明简单网络管理协议 SNMP 的特点。

3. 网络维护内容与方法有哪些？

4. 故障排除常用工具和命令如何使用？

5. 组网中的常见故障有哪些？如何解决？

6．请练习以下命令的使用方法：Ping、Ipconfig、Tracert、Netstat、Arp。

7．请说出上网常见故障的排除方法。

8．交换机的 MAC 地址列表有问题，用什么方法解决？

9．简述网线的种类及连接方法。

10．IP 地址配置有问题，用什么方法解决？

11．DHCP 有故障，用什么方法解决？

12．DNS 有故障，用什么方法解决？

第 11 章 网络系统集成案例

本章学习目标

　　网络方案的选择非常重要，一个好的方案不仅可以满足企业当前的应用需求，还可能在投资成本控制和满足未来发展需求方面提供足够的支持。本章介绍几种比较经典的有线局域网与无线局域网组建方案，每种方案分别采用了国内外不同厂家的产品。通过本章的学习，应掌握以下内容：
- 不同类型网络的组网方案的特点与要求
- 小型网络系统集成解决方案
- 中型网络系统集成解决方案
- 大型网络系统集成解决方案

11.1 小型网络系统集成方案

　　小型网络一般指结点数在 254 个以内，可直接采用单段 C 类 IP 地址的网络。总的来说，这类局域网相对简单，网络设备的选择余地大。在有线局域网中，中小型企业网络通常使用快速以太网和双绞线千兆位以太网技术；在无线局域网中，通常使用 IEEE 802.11g 标准下的 WLAN 无线 AP+WLAN 无线网卡的方式连接。

　　在广域网连接方面，小型办公室网络通常是各种宽带直接（如光纤以太网连接、ADSL、Cable Modem）共享连接方式，如代理服务器共享方式、网关服务器共享方式，以及宽带路由器共享方式，基本上不使用边界路由器。而像有 100 个结点以上的小型局域网则需要更多的广域网连接应用，所以通常需要采用支持其他广域网连接（如 ISDN、X.25、FR 和 ATM 等）的专门边界路由器，应用和配置更加复杂。

　　本节中以小型办公室局域网为例来讲解小型网络的组网方法。

11.1.1 小型网络方案的特点与要求

　　小型办公室局域网的网络规模通常在 50 个结点以内，是一种结构简单、应用较为单一的小型局域网。这种小型办公室网络方案的特点与要求主要体现在以下几个方面：

　　（1）网络结构非常简单。这类企业网络通常是由少数几台交换机组成一个包括核心交换机和接入层交换机的双层网络结构，没有中间的分布层。有的还可能是一个没有层次结构的单交换机网络。

　　（2）普通技术支持。在这类网络方案中，出于对成本和实际应用的需求考虑，不必刻意追求高新技术，只需采用当前最普通的双绞线千兆位核心服务器连接、百兆位到桌面的以太网接入技术即可。虽然现在的以太网技术可达 10Gb/s，但具有这样高带宽的设备的价格非常昂贵，同时实际上在这类企业网络中根本用不上。由于用户数少和网络应用比较简单，所以在这类企业网络中的核心交换机只需要选择普通的 10/100Mb/s 宽带以太网交换机，在网络规模扩大，需要用到千兆位连接时，原有的核心交换机可降为在汇聚层或接入层使用；如果选择的核心交换机支持双绞线千兆位连接，在网络规模扩大时，此核心交换机仍可保留在核心层使用。

（3）软件类设备较多。出于对成本和应用的需求考虑，对于那些价格昂贵又对网络实际应用影响不是很大的路由器和防火墙，通常采用软件类型。与因特网连接方面，通常采用的是软件网关和代理服务器，或者廉价的宽带路由器方案。当然有条件或有需求的企业也可以选择较低档的边界路由器方案，这类路由器可以支持更多的因特网接入方式。防火墙产品通常也是采用软件防火墙。打印机只需采用普通的串/口打印机，通常不会选择昂贵的网络打印机。

（4）需要充分考虑网络扩展。这类企业多数成长较快，通常只需一两年，网络规模和应用都将发生非常大的改变，所以，在选择网络设备时要充分考虑到网络的扩展。网络扩展方面的考虑主要体现在交换机端口和所支持的技术上。在端口方面要留有一定量的余地，不要选择只满足当前网络结点数端口的交换机，如目前只有 50 个用户，则至少要使总的端口数在 60 个，甚至更多；在技术支持方面，最好选择支持千兆位以太网技术的交换机，至少有两个以上的双绞线千兆位以太网端口。

（5）投资成本要尽可能低。由于这类企业自身的经济实力一般较差，所以在网络上的成本投资一般比较低。这就要求在进行方案设计时要充分考虑到方案投资成本，在满足企业网络应用和未来发展的前提下尽可能降低成本，使所选方案具有较高的性价比。

11.1.2 3Com 小型有线局域网络解决方案

1. 方案介绍

华为 3Com 是由我国著名的网络设备商华为公司和美国 3Com 公司共同组成的新公司，以共同提高竞争实力，是国内最大的网络设备提供商。在本方案中，将主要采用华为产品构建网络，其拓扑结构如图 11-1 所示。

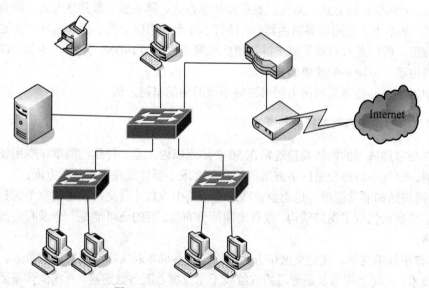

图 11-1　3Com 小型有线局域网络拓扑图

在小型办公室网络中，按照经济的原则，可以选择 Quidway S3900 和 Quidway S2100-SI 两个系列的部分型号的交换机进行组合。Quidway S3900 和 Quidway S2100-SI 两个系列的交换机在华为公司的总体交换机分类中都属于接入层层次，对于 50 个结点以内的网络规模，它们同样可以组成完整的网络层次，Quidway S3900 系列交换机位于核心层，Quidway S2100-SI 系列交换机位于接入层。

具体来讲，假设网络结点在 50 个左右，在本方案中应采用分层交换结构。首先选用 S3928TP-SI 型号交换机作为核心交换机，接入层可用两台 S3924-SI 型号的交换机，总端口数为 74 个，可以有足够的冗余。核心交换机与两台接入交换机之间可通过普通的 10/100Mb/s 端口级联，S3928TP-SI 交换机的一个 10/100/1000Mb/s 端口可用于服务器连接，另一个用来冗余。

在小型办公室局域网中，对外网的连接通常没有太多要求，只要能共享上网即可。在本方案中，可采用宽带路由器共享上网的方式接入 Internet。综上所述，组建网络的拓扑结构如图 11-1 所示。

2．方案产品

Quidway S3900 系列智能弹性以太网交换机是华为 3Com 公司为设计和构建高弹性、高智能网络而推出的新一代以太网交换机产品。系统采用华为 3Com 创新的 IRF（Intelligent Resilient Framework，智能弹性架构）技术，将多台分散的设备组成统一的交换矩阵（相当于 Cisco 的堆叠技术），非常适合作为关注扩展性、可靠性、安全性和易管理性的办公网、业务网和驻地网的汇聚层和接入层交换机。

Quidway S2100-SI 系列包括 S2108-SI/ S2116-SI/S2126-SI，分别提供 8 口、16 口、24 口三种规格的二层交换机。Quidway S2100-SI 系列交换机可分别提供 6.4Gb/s、6.4Gb/s、8.6Gb/s 的总线带宽，为交换机所有的端口提供二层线速交换能力，保证所有端口无阻塞地进行报文转发。均支持最大 256 个 IEEE 802.1QVLAN 和 HGMP 集群管理，是为要求具备高性能且易于安装的网络环境而设计的楼道级/桌面级二层线速以太网交换产品。具备在户外环境中正常工作的能力，适用于城域网 IP 接入和金融、院校、政府及其他企业工作组用户接入。而且，S2100-SI 系列交换机支持 Quidview 网管系统，也可以进行 CLI 命令行配置、HGMP 集群管理，使设备管理更方便。在本方案中，它可作为网络的接入层交换机。

3．方案主要特点

华为 3Com 的 Quidway S3900 和 Quidway S2100-SI 两个系列的交换机都支持二层的 VLAN 技术和端口汇聚技术，如果是快速以太网端口，则可以支持最多 8 个端口的汇聚，如果是 GE 千兆位以太网端口，最多只能支持 4 个端口的汇聚。除此之外，两系列都属于网管型交换机，支持端口镜像（即端口映射）技术，还可以进行多对一镜像。本方案虽未采用高技术含量的交换机型号，但技术也较丰富，可以满足企业相当长一段时间的发展需求。另外，这一方案的投资成本比较低廉，非常适合规模较小的公司。

11.1.3　小型无线局域网络解决方案

小型网络除了用有线以太网来部署外，还可以用纯 WLAN 无线网络进行部署。当前无线网络在校园网的建设中得到了广泛的应用，许多学校的校园网都部分采用无线网络方式。无线网络在校园网的建设中有着许多有线网络所无法比拟的优势。首先，对于一些不方便布线的场所，采用无线方式可有效地解决布线方面的困难，如礼堂、操场和阅览室等；第二，它大大减少了网络投资成本，布线是一项复杂的工程，其成本往往占总投资的 30%左右，当然这不仅是网线的成本，更重要的是人工布线成本；第三，它使得用户位置可以进行灵活移动，即当用户位置改变时，不用重新布线。

1. 方案简介

现在许多学校的多媒体教学系统也采用无线方式，同样具备以上三个方面的优势。在本案例中为某一多媒体教室设计无线网络。在一个教室中通常有 40～60 个座位，教室面积在 80 平方米左右。在这样的面积中，尽管任意一个基于 IEEE 802.11b/a/g 的 AP 都能有效覆盖，但是本案例情况并不适合使用单 AP，因为在多媒体教学系统中，无线用户相对集中，且各用户所进行的是需要高带宽的多媒体教学、听课。针对这种实际应用情况，建议选择高速率的 IEEE 802.11a 或 IEEE 802.11b 标准方案，并且在一个教室中安排放置三个 AP，各 AP 分区域覆盖，其拓扑结构如图 11-2 所示。

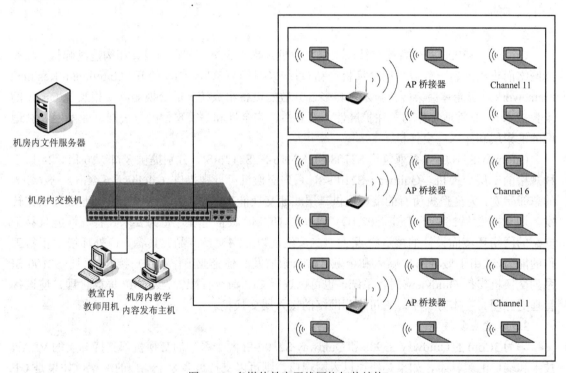

图 11-2 多媒体教室无线网络拓扑结构

在本应用方案中，发布多媒体教学内容的计算机可以在机房中，也可以在其他任意网络位置，并且以有线方式与交换机连接。交换机的端口数应根据实际需要进行选择，但连接各 AP 的端口最好都采用 10/100Mb/s 以上的带宽。在多媒体教室中，教师讲课所用的计算机最好也通过有线方式直接与有线网络交换机的高带宽端口连接，以确定连接的稳定性和高带宽。多媒体教室中的用户划分为三个区域，每区域各用一个 AP 覆盖，各自与有线网络的交换机连接。在配置时要注意这三个 AP 的所有信道不要重叠，例如可以分别采用 1、6、11 三个信道。如果采用双绞线连接，注意单段双绞线的最大长度要在 100m 以内，如果超过这个距离，则应采用多个交换机或集线器级联扩展。

因为多媒体教学需要较高的带宽，并且要求稳定性较高，所以在本方案中选用 IEEE 802.11g+标准的无线网络方案，因为它们都可以提供 108Mb/s 的超高连接速率。假设教室中有 50 个用户，整个教室平均分为三个 AP 区域，则每个 AP 区域的用户在 17 个左右，按总带宽 108Mb/s 的带宽计算，平均每个用户也有 6Mb/s 多的连接速率，即使按理论值的一半计算，也有 3Mb/s 左右的带宽，足以满足多媒体教学使用。

目前能全面提供 IEEE 802.11g+解决方案的厂商比较少，主要是一线厂商，如 3Com、Intel、D-Link 等。在此采用 D-Link 的 IEEE 802.11g+方案。

2. 方案产品

D-Link 公司的 IEEE 802.11g+系列产品属于 D-Link AirPlusXtremeGTM 系列，该系列的无线产品采用最先进的无线技术，应用了突发包、快速帧、压缩、加密和 Turbo 模式等新的无线提升处理技术，在完全由 D-Link 108Mb/s 系列产品构建的网络环境中可达到 108Mb/s 的无线网络传输速率，为处理视频/音频流及视频点播等应用程序提供了足够大的带宽。

在本方案中，主要采用 D-Link AirPlusXtremeGTM 系列中的 DWL-7100AP 无线接入点与 DWL-G520 PCI 接口无线网卡。

DWL-7100AP 无线接入点可同时工作于 2.4GHz 和 5.8GHz 频率下，支持 IEEE 802.11b、IEEE 802.11a、IEEE 802.11g 无线标准。使用 DWL-7100AP，网络管理员可根据频段将用户分组。可以将 IEEE 802.11a 信道分配给那些需要访问公司机密数据、参加视频会议或连接到特殊部门的用户，将 IEEE 802.11b 和 IEEE 802.11g 信道分配给其他员工使用。这种用户分配方式能优化路由器的性能，为每一组的用户都能带去最好的网络体验。它集成了 IEEE 802.11x 无线用户认证标准和 WPA，可以在传输时动态加密数据。

DWL-G520 是一款功能强大的 32 位 PCI 接口 WLAN 网卡，可快捷、方便地安装在对应的笔记本电脑或台式机上，当和其他 AirPlusXtremeGTM 产品一起使用时，可自动连接至网络。像其他 D-Link 无线网卡一样，它们可工作于特殊模式下，直接与其他 2.4GHz 无线计算机以点对点方式共享文件，也可工作于普通模式下，在办公室或家中连接无线访问点或路由器接入 Internet。它包括的配置工具可探测可用的无线网络并创建和保存这些常用的网络连接配置文件的详细信息。

3. 方案主要特点

该方案中的产品均可实现高达 108Mb/s 的传输性能，相当于标准的 IEEE 802.11g 方案的两倍。同时，比较注重网络的安全性，提供了比标准的 IEEE 802.11g 标准更高的安全要求。

11.2 中型网络系统集成方案

典型的大中型企业网络解决方案是整体性的，既考虑园区网建设，又注重广域互联及多种接入手段。在设计网络方案时还需综合考虑网络安全、网络管理和网络优化等方面的问题。企业园区网建设本着模块化设计思想，将网络的易管理性、高安全性和高性能协调统一起来。相对中小型网络系统来说，大中型网络系统的结构和应用都更复杂，所选择的网络设备，特别是位于核心层和汇聚层的交换机和路由器设备在性能和可扩展性方面要求更高，所使用的技术也必将更多、更复杂。在大中型网络系统中，网络结点数都超过一个 C 类专用 IP 地址段所支持的 254 个结点。

11.2.1　中型网络方案的特点与要求

500 个结点左右的中型企业网络现在非常普遍，特别是在制造业，一个营销部门就可能有上百个用户。当然这种规模的企业网络更多的是以多个子网方式组合而成的。这种规模企业网络的主要特点如下。

1. 网络结构复杂

在这种中等规模的网络中，网络结构更复杂一些，在整个网络结构中，可分为核心层、分布层与接入层三层。从整个网络结构来看，变化不仅体现在结构层次上的复杂化，更体现在各层的交换机设备数量、端口类型和端口数更多（通常采用堆叠方式）。另外，链路冗余技术也被广泛应用。

2. 用户分布广

在这种中等规模网络中，由于用户数多，所有的用户通常不在同一楼层，甚至不在同一建筑物内分布，这就要求在各楼层或各建筑物之间采用高性能的远距离连接方式。另外，还可以通过组建多个分支子网实现网络连通，如在大型集团公司网络中，网络中心位于公司总部，而下面的各分公司各有自己的网络，它们的网络当作整个公司网络的子网，与总部网络连接。网络设备多而高档。这类中型企业网络用户多，网络设备多，不仅要提供网络的高性能、高安全性，还要提供全网设备的统一管理性。更重要的是，这类网络的核心层和骨干层的交换设备通常采用模块化结构，并以堆叠方式连接，以进一步提高核心层和骨干层的交换性能。

3. 高背板带宽和交换速率

这种中型网络规模大、应用复杂，所以核心层交换机需要高的背板带宽和交换速率。在中小企业网络中，核心层交换机通常只需具有 100Gb/s 以内的背板带宽，20Mp/s 左右的包转发速率即可。而在这种中型网络中，核心层交换机的背板带宽通常需要 200Gb/s，包转发速率也都在 100Mp/s 以上。

4. 高密度千兆位端口

在这种中型网络中，核心层和分布层都需要较多的千兆位速率端口，特别是核心层。而且在核心层通常还需要有较多的光纤千兆位速率端口，甚至万兆位速率端口。这些高性能端口主要用于各类服务器、边界路由器和网络存储设备的连接，而不是像中小型网络那样采用普通双绞线。

5. 网络应用更复杂

在这种中等规模的网络中，核心层交换机的档次会更高，具有更加丰富和先进的交换机技术，如三层 VLAN、智能化管理、快速数据交换和多模块化结构等。这主要是因为这类网络中的具体网络应用通常较复杂，如大型的数据库系统、ERP 系统、MIS 系统和因特网应用服务器等，所以对网络带宽和交换机及吞吐性能要求较高。

6. 可靠性和扩展性要求高

网络的可靠性相当重要。为了提高网络的可靠性，通常采用冗余连接，如汇聚层与骨干层的连接，骨干层与核心层交换机的连接，以及关键设备与核心层交换机的连接，通常都要求采用冗余连接方式。这样即使通信链路中某一交换机失效，它同样可以利用其他冗余链路进行正常通信。

在可扩展性方面，这种中型网络比起中小型网络来说同样要求更高，因为涉及的部门或分公司多，每个部门或分公司只要增加少数几个用户，整个网络就可能增加几十、上百个用户。在可扩展性方面，一般是通过交换机的模块化结构、级联和堆叠技术实现的。模块化结构可以使交换机增加和改变端口类型变得简捷，而级联技术主要用于扩展连接距离，当然也可以成倍增加交换机端口数，交换机堆叠技术使得交换机端口和背板总带宽得以成倍增加，提高了每个端口的实际可用带宽。当然堆叠也不是随意的，一般最多只是 9 台相同或者不同型号的交换机进行堆叠。而且不是所有型号的交换机都支持堆叠技术。

7. 智能化要求高

由于网络规模较大，结构较复杂，网络设备多，如果没有良好的网络管理系统，管理员很难有效地管理这样一个庞大的网络。所以在这类网络中通常要求至少分布层以上的设备是可网管的，有的甚至需要所有设备都是可网管的。

11.2.2 锐捷中型网络解决方案

1. 方案简介

假定现在要为一个有 500 个用户左右的中型企业建设企业网络。该企业处于一个中型规模园区内。这种网络有一个比较明显的特点就是它可能包括多个子网，可以是同一集团公司内部不同分公司的网络。这些网络尽管不直接在同一网段中，但是它们之间可能需要某种级别之间的互访，这时就要使用三层路由器或者中间结点路由器来连接办公大楼中心网络与各公司子网，或者园区集团公司总部网络与各分支公司网络。在各子网之间联系不是很紧密的情况下，可以选择中间结点路由器连接，如果互访比较频繁，或者互访应用程序所需带宽需求较高，建议选择三层交换机连接，它不仅可以为各子网间进行宽带路由，还可提供高速的数据交换性能。基于上述考虑，可以为企业规划出网络拓扑图如图 11-3 所示。整个网络分为核心层、分布层和接入层。网络产品采用国内网络设备生产厂家锐捷公司的不同系列的产品，如核心层可采用 RG-S6800 系列中的 RG-S6810，分布层采用 S3550 系列，接入层采用 STAR-S2100 系列。核心层由 RG-S6810 单交换机构成，服务器群直接接入核心层。为保证接入层有足够的接入能力，采用交换机级联或堆叠技术。

2. 方案产品

核心层采用的 RG-S6800 系列是全模块化、高密度端口的锐捷万兆核心路由交换机，目前提供 10 竖插槽设计和 6 横插槽设计两种主机：RG-S6810 和 RG-S6806，多种模块，可以根据用户的需求灵活配置，灵活构建弹性可扩展的网络。RG-S6800 系列交换机高达 512Gb/s/256Gb/s 的背板带宽和 286Mp/s/143Mp/s 的二/三层包转发速率可为用户提供高速无阻塞的交换，强大的交换路由功能、安全智能技术可同锐捷各系列交换机配合，为用户提供完整的端到端解决方案，是大中型网络核心骨干交换机的理想选择。

全千兆智能多层交换机 S3550 系列为网络提供高性价比的多层交换解决方案，拥有多个千兆端口，提供高性能数据处理能力，具有丰富的 IP 组播传输特性，完善的管理策略应用，可帮助管理带宽和保证语音、组播音视频服务及视频点播等关键任务的应用，同时，还具有丰富的安全管理策略，提供高安全接入控制，有效控制网络访问，可担任大型网络的汇聚层和中小型网络的核心层交换机。

STAR-S2100 系列是全线速可堆叠的安全智能交换机，在提供智能的流分类、完善的服务质量（QoS）和组播应用管理特性的同时，可以根据网络实际使用环境，实施灵活多样的安全控制策略，可有效防止和控制病毒传播和网络攻击，控制非法用户使用网络，保证合法用户合理使用网络资源，充分保障网络安全和网络合理化使用和运营。该系列可通过 SNMP、Telnet、Web 和 Console 口等多种配置方式提供丰富的管理。以极高的性价比为各类型网络提供完善的端到端的 QoS 服务质量、灵活丰富的安全策略管理和基于策略的网管，最大化满足高速、安全、智能的企业网的需求。

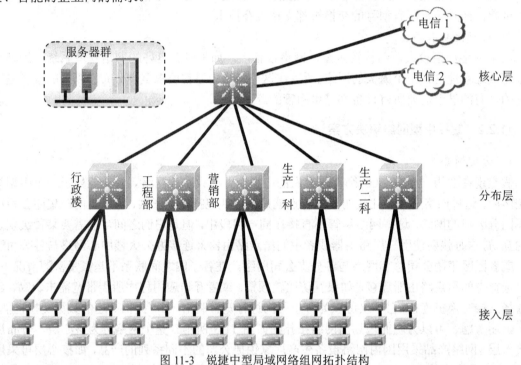

图 11-3　锐捷中型局域网络组网拓扑结构

3. 方案主要特点

在这一网络方案中，除了接入层，核心层与分布层选用的交换机系列均支持三层路由，为所有子网的交换提供了极大的方便。核心层采用万兆交换机，最大程度上满足了整个网络的交换。万兆核心、千兆汇聚、百兆接入，使得网络在速度上不存在瓶颈。该架构是一种较常规的组网形式，具有推广意义。

11.3　大型网络系统集成方案

11.3.1　大型网络方案的特点与要求

本节专门针对 1000 个结点或 1000 个结点以上的大型企业局域网方案进行介绍。大型网络相对于中小型网络来说，同样具有非常明显的特点。在配置网络方案时要对这些特点加以充分考虑，具体特点如下。

1. 园区化分布

这类大型网络通常不再是同一楼层，或者少数一两栋楼可以承载的，而是分布在一个大型的园区中，如大型企业网络、大型校园网等。总体网络结构一般是由核心层、骨干层、分布层和接入层四层构成。正是因为上述分布特点，在这类大型的网络中，不同建筑物之间可能相距较远，而且基本上都不会在同一交换网中，而是采用多个子网的方式连接，各子网、各办公大楼之间采用高性能、高可靠性的光纤进行连接，子网之间通过高性能的三层交换机进行连接。

2. 高可靠网络配置

在这类大型网络系统中，核心交换机和路由器通常需要采用冗余配置，服务器群和下级交换机要同时连接冗余的核心交换机。另外这类网络通常分布较广，为了确保这些分散的子网、办公大楼之间连接的高可靠性，通常采用光纤千兆位连接方式。

3. 高性能，全交换

为了确保上千个网络结点都能充分发挥自己的性能优势，要求各交换层有充分的可用带宽保证。在核心层通常采用光纤千兆位 GE 聚合，最高可实现 4Gb/s 可用带宽，或者干脆采用最新的 10Gb/s 技术。在骨干层、分布层通常是光纤或双绞千兆位连接，对于需要高宽带的结点同样需采用 GE 链路聚合技术连接，双绞线 GE 可实现最高 8Gb/s，而光纤 GE 可实现 4Gb/s。一般工作站用户仍可以采用 10/100Mb/s 连接，但仍然会有大量需要千兆位连接的桌面用户。

4. 三层以上交换

为了使路由器专注于处理广域网流量，核心层、骨干层甚至分布层通常都需采用专用芯片的三层或以上的线速交换机。核心交换机和路由器性能要求更高，要求具有更高的数据处理能力和扩展能力。

5. 高扩展性

这类大型网络的可扩展性要求非常高，因为可能会在短时间内添加大量的结点。这种网络的扩展性可以通过如下方式保障：核心层通常采用多插槽的机箱式结构，这样可以安装许多种模块和提供更多的各种接口；在骨干层通常采用模块化结构的交换机；在分布层和接入层通常采用堆叠方式，一方面可以提高每个端口实际可用的带宽，另一方面，同样为可扩展性提供了保障。

6. 多广域网业务支持

这类大型网络的广域网应用会非常复杂和多样，所以要求核心边缘路由器支持多种广域网链路，如 DDN、FR、ISDN、ATM、DPT 等；支持数据、语音、视频多业务集成；支持广域网链路备份；支持丰富的带宽优化技术，如 QoS、按需拨号、按需带宽和链路压缩等方法，用来降低链路费用，保护关键及实时业务等。

11.3.2　Cisco 大型局域网方案

1. 方案概述

Cisco 大型局域网方案的网络拓扑结构参见图 11-4。

在这一结构中，在中心网络中部署两台核心层交换机，用来连接中心服务器和各大楼或各子网的核心交换机，并且是 GE 链路聚合或者 10Gb/s 高性能连接。而且在各大楼或子网核心层交换机与中心网络核心层交换机之间采用冗余链路，以提高网络核心层的可用性。各大楼或子网的核心交换层与下面的分布层，以及分布层与接入层交换机的连接均采用千兆位连接，可根据需要选择光纤或者双绞线传输介质，也可以选择使用 GE 链路聚合技术，以进一步提高传输性能。

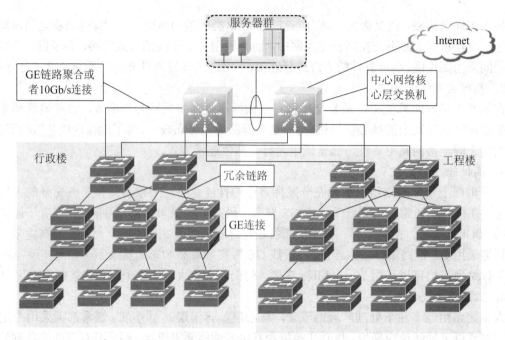

图 11-4　Cisco 大型局域网络拓扑图

目前在 Cisco 公司中，用于企业局域网的最新交换机系统是 Cisco Catalyst 6500 系列。核心层采用同时支持第二、三和四层的电信企业级 Cisco Catalyst 6500 系列核心交换机，根据不同网络规模和应用需求，机箱提供 3 槽、6 槽、9 槽和 13 槽多种硬件和性能配置；骨干层根据不同的网络规模和应用需求可选用支持二、三和四级的 Catalyst 4900 系列交换机的不同型号，如 Cisco Catalyst 4948 等；分布层可选用运行第二、三层的 Catalyst 3750 系列中的 Catalyst 3750G-24TS 或 Catalyst 3750G-24T 型号交换机；接入层可选择二层的 Cisco Catalyst Express 500 系列交换机。

在本方案中，核心层和骨干层均采用机箱结构的模块化交换机，分布层和接入层交换机支持堆叠，不仅可扩展性能得到高度保障，而且对于各种类型的复杂程序的应用均可以通过它们所提供的各种类型、用途和带宽的端口实现。

2. 方案产品

Cisco Catalyst 6500 系列交换机含有多种集成式服务模块，包括数千兆位网络安全性、内容交换、语音和网络分析模块，能够提供安全的端到端融合网络服务，其使用范围从布线室到核心，再到数据中心和广域网边缘。Cisco Catalyst 6500 系列能够通过多种机箱配置和 LAN/WAN/MAN 接口提供可扩展的性能和端口密度，因而能帮助企业和电信运营商降低总体拥有成本。

在所有的 Cisco Catalyst 6500 系列机箱中采用了拥有通用模块组和操作系统软件的前瞻性架构，提供了高水平的运营一致性，可以优化 IT 基础设施，增加投资回报。从 48～576 个 10/100/1000Mb/s 端口或 1152 个 10/100Mb/s 端口的以太网布线室，到支持 192 条 1Gb/s 或 32 条 10Gb/s 中继线的每秒数亿转发速率的网络核心，Cisco Catalyst 6500 系列交换机利用冗余路由和转发引擎间的状态化故障转换功能，提供了理想的平台功能，大幅度延长了网络正常运营的时间。

Cisco Catalyst 4948 交换机是一款线速、低延迟、第二层到第四层、1 机架单元（1RU）的固定配置交换机，可提供进行了优化设计的服务器集群机架的交换。Cisco Catalyst 4948 以成熟的 Cisco Catalyst 4500 系列硬件和软件架构为基础，为高性能服务器和工作站的低密度、多层汇聚提供了出色的性能和可靠性。

Cisco Catalyst 3750 系列交换机采用了最新的思科 Stack Wise 技术，不但实现了高达 32Gb/s 的堆叠互联，还从物理上到逻辑上使若干独立的交换机在堆叠时集成在一起，便于用户建立一个统一的、高度灵活的交换系统，就好像是一整台交换机一样，代表了堆叠式交换机新的工业技术水平和标准。它可以通过配置的灵活性、支持融合网络模式、自动配置智能化网络服务、降低融合应用的部署难度，适应不断变化的业务需求。此外 Cisco Catalyst 3750 系列交换机针对高密度千兆位以太网部署进行了专门的优化，其中包含多种可以满足接入、汇聚或者小型网络骨干网连接需求的交换机。

Cisco Catalyst Express 500 系列交换机，可为员工数量不超过 250 名的企业提供智能、简单和安全的联网功能。它为第二层可管理快速以太网和千兆位以太网系列交换机提供了无阻塞的线速功能，以及一个针对数据、无线和 IP 通信进行了优化的安全网络平台。

3. 方案的主要特性和优势

本方案的一个重要特点就是可扩展性能非常好，核心层和骨干层均采用了电信级的机箱式模块化结构交换机，每个交换机都可以提供几百个端口；在分布层和接入层可以通过最多 8 台设备的堆叠进一步提高网络的可扩展性和网络性能。另外，该方案中核心层 Cisco Catalyst 6500 系列和骨干层 Cisco Catalyst 4900 系列交换机都提供了 10Gb/s 以太网的支持，而且 Cisco Catalyst 6500 系列提供了几十个这样的高带宽端口，完全满足了高带宽连接的需求。

与所有其他网络一样，网络的主要特性和优势主要还是体现在核心层设备上，所以下面着重介绍本方案中核心交换机的主要特性和优势。

（1）极高的可靠性。Cisco Catalyst 6500 系列交换机提供数据包丢失保护，能够从网络故障中快速恢复；利用平台、电源、控制引擎、交换矩阵和集成网络服务冗余性提供 1～3 秒的状态故障切换，提供应用和服务连续性统一在一起的融合网络环境，减少关键业务数据和服务的中断。

（2）极高的扩展性能。Cisco Catalyst 6500 系列交换机的机箱从 3 槽、6 槽、9 槽到 13 槽，提供了多种端口和模块密度配置。每台设备可提供 576 个支持语音的、具有在线电源的 10/100/1000Mb/s 铜线接口，192 个 GBIC 千兆位以太网接口，32 个万兆位以太网接口和高密度的 OC-3POS 接口的通道化的 OC-48 接口。

（3）操作一致性。Cisco Catalyst 6500 系列交换机的 3 槽、6 槽、9 槽和 13 槽机箱配置使用相同的模块，可部署在布线室到核心、数据中心和广域网边缘。用户还可以自行选择所有控制引擎上支持的 Cisco IOS Software 和 Cisco Catalyst Operating System，确保顺利地从 Cisco Catalyst 5000 系列、Cisco 7500 系列移植到 Cisco Catalyst 6500 系列。

（4）能感知网络内容和网络应用的第二层至第七层交换服务。

- 集成式内容交换模块能够为 Cisco Catalyst 6500 系列交换机提供功能丰富的高性能的服务器和防火墙网络负载平衡连接，以提高网络基础设施的安全性、可管理性，实现强大的控制。

- 集成式数千兆位的 SSL 加速模块与 CSM 结合在一起，能提供高性能的电子商务解决方案。
- 基于网络的应用识别等软件的特性可提供增加网络管理和 QoS 控制的机制。

（5）丰富的第三层网络服务。对于核心层来说，对 OSI 第三层的支持是非常重要的，因为这类大型园区网络中肯定会存在多个子网。Cisco Catalyst 6500 系列交换机在第三层的支持方面主要有如下特性：

- 多协议第三层路由支持，满足了传统的网络要求，并能够为企业网络提供平滑的过滤机制。
- 硬件支持的从企业级到电信运营商级的大规模路由表。
- 硬件支持 IPv6，并提供高性能的 IPv6 服务。
- 在硬件中提供 MPLS 及 MPLS/VPN 的支持，可应用在高速电信运营商的网络核心和城域以太网，提供丰富的 MPLS 服务。

（6）增加的数据、语音和视频服务。在大型网络中，对语音、视频服务的支持也是必不可少的，这也是一些大型网络的主要应用。在 Cisco Catalyst 6500 系列交换机中，提供了全面的技术和服务支持。具体如下：

- 在所有 Cisco Catalyst 6500 系列平台上提供集成式 IP 通信。
- 提供高密度的 T1/E1 和 FXS 的 VoIP 语音网关接口，通过公共电话网（PSTN）、传统的电话、传真和 PBX 连接来提供 VoIP 服务。
- 支持高性能的 IP 组播视频和音频应用。

（7）全面的网络安全性。不需要部署外部设备，直接在 Cisco Catalyst 6500 机箱内部署集成式的千兆位的网络服务模块，以简化网络管理，降低网络的总体成本。这些网络服务模块如下：

- 数千兆位防火墙模块：提供接入保护。
- 高性能入侵检测系统（IDS）模块：提供入侵检测保护。
- 千兆位网络分析模块：提供可管理性更高的基础设施和全面的远程超级支持。
- 高性能 SSL 模块：提供安全的高性能电子商务流量终结。
- 千兆位 VPN 和基于标准的 IP Security 模块：降低因特网和内部专网的连接成本。

（8）高速广域网接口和城域网服务。Cisco Catalyst 6500 系列交换机虽然主要用于局域网中，但它同样提供了广泛的广域网技术支持，其实也相当于广域网交换机，因为它可同时用于广域网接入。它提供的高速广域网接口有 ATM、SONET 等接口。

在城域网服务方面，Cisco Catalyst 6500 系列交换机所支持的 IEEE 802.1Q 和 IEEE 802.1Q 隧道（QinQ）提供点到点和点到多点的以太网服务；EoMPLS 功能提供了 VLAN 的透传功能，大幅提升 MPLS 骨干网中的以太网服务扩展能力；通过在第二层和第三层 QoS 功能中提供速率限制和流量整形，可在城域以太网中提供分级的带宽服务；增加的生成树协议、链路聚合功能提供了网络超高的可用性。

（9）卓越的服务集成和灵活性。Cisco Catalyst 6500 系列交换机将安全和内容等高级服务与融合网络集成在一起，提供从 10/100Mb/s 和 10/100/1000Mb/s 以太网到万兆位以太网，从 DS0 到 OC-48 和各种接口和密度，并能够在任何部署项目中实施端到端策略。

习题与思考题十一

1．试述大、中、小型网络各自的需求特点。

2．尝试为一目标单位设计一个完整的网络集成方案，并按第 1 章所述的网络设计流程完整地规划与记录设计内容。

3．请结合自己所在单位的具体情况，应用教材中所学网络知识，尝试设计一个完整的网络集成方案。

第 12 章 网络工程项目训练

本章学习目标

通过对网络工程项目实践训练的内容、实施要素和条件的分析，说明当前网络工程训练的一般实施模式，并分析这类实践训练模式存在的主要问题，给出了四个典型的网络工程实践训练方案。学完本章，应该可以掌握以下内容：

- 网络结构化设计的方法
- 网络需求分析与工程实施的方法
- 结合实训完成网络产品选型
- 网络设备配置的方法
- 查看配置正确与否的方法

12.1 网络工程项目训练一

12.1.1 工程背景与项目需求

假设有一中型公司有多个部门，其中包括销售部、市场推广部、财务部及总经理室等，现要组建自己的办公网络，组建需求如下：

- 公司内部员工可以通过网络互相交流，各部门之间又相对独立；
- 保证销售部门的员工能够全部接入网络，并且要保障接入交换机的工作效率；
- 保证财务部门接入网络时不因线路问题出现不能访问的情况；
- 保证市场推广部利用网络高速传输文件。

12.1.2 项目实施

为满足该公司正常业务需要，可做以下设计：

考虑该公司为中型规模，采用两层结构化设计，省略分布层，选用一中档三层交换机（SW-L3）作为核心层交换机，接入层交换机选用普通二层交换机（S2126），直接将接入交换机与三层交换机相连。

为实现公司内部员工可以通过网络互相交流，各部门之间又相对独立，可以部门为单位划分 VLAN，如将销售部设为 VLAN 10，市场推广部设为 VLAN 3，财务部设为 VLAN 11，其他部门类推，在二层交换机上实现，并借三层交换机实现 VLAN 之间的通信。

为保证财务部门接入网络时不因线路问题出现不能访问的情况，可在通向核心交换机的线路上采用冗余链路。

在接入层上利用交换机堆叠技术保证销售部门的员工能够全部接入网络且保障接入交换

机的工作效率。

为使市场推广部利用网络高速传输文件，在通向核心层的链路上应用链路聚合技术。

另外，考虑到总经理在公司中的特殊性，可将总经理室主机（属 VLAN 99）直接接入网络核心层。

基于以上考虑，可得出网络组建方案如图 12-1 所示。

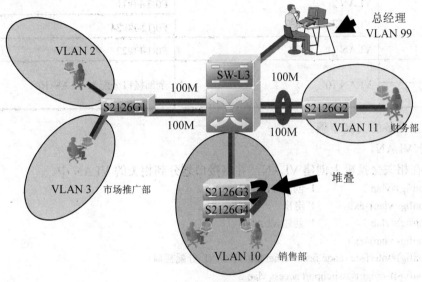

图 12-1 网络组建拓扑图

设计方案确定后，下面要做的事便是对各设备进行安装、连接及配置，使设备可正常工作。各设备地址配置及接口连接情况可参考表 12-1，VLAN 分配情况见表 12-2。

表 12-1 设备地址及接口连接表

设备名称	设备地址	接口连接
SW-L3	VLAN 2：192.168.2.1/24	F0/1 连接 S2126G1 F0/1
	VLAN 3：192.168.3.1/24	F0/2 连接 S2126G1 F0/2
	VLAN 10：192.168.10.1/24	F0/23 连接 S2126G3 F0/23 F0/24 连接 S2126G3 F0/24
	VLAN 11：192.168.11.1/24	F0/11（VLAN 11）连接 S2126G2 F0/1
	VLAN 99：192.168.99.1/24	F0/9（VLAN 99）连接总经理 PC
S2126G1	VLAN 3：192.168.3.2/24	F0/1 连接 SW-L3 F0/1
		F0/2 连接 SW-L3 F0/2
S2126G3	VLAN 11：192.168.5.2/24	F0/23 连接 SW-L3 F0/23
		F0/24 连接 SW-L3 F0/24
S2126G2	VLAN 11：192.168.11.2/24	F0/1 连接 SW-L3 F0/11
S2126G4		S2126G4 与 S2126G3 堆叠
总经理 PC	IP：192.168.99.99/24	网卡与 SW-L3 F0/9 连接

表 12-2　VLAN 分配表

设备名称	VLAN ID	接口分配
SW-L3	VLAN 11	F0/11（VLAN 11）
	VLAN 99	F0/9（VLAN 99）
S2126G1	VLAN 2	F0/3-F0/11
	VLAN 3	F0/12-F0/24
S2126G2	VLAN 11	F0/1-F0/22
S2126G3	VLAN 10	全部接口分配到 VLAN 10
S2126G4		

下面是配置设备的关键步骤。

（1）划分 VLAN。

第 1 步：在相关交换机上创建 VLAN，并将接口划分到相关的 VLAN 中。

```
S2126G1(config)#vlan 2            ！创建 VLAN 2
S2126G1(config- vlan)#exit        ！退出
S2126G1(config)#vlan 3            ！创建 VLAN 3
S2126G1(config- vlan)#exit
S2126G1(config)#interface range fastethernet 0/3-11        ！分配接口
S2126G1(config-if-range)#switchport access vlan 2
S2126G1(config-if-range)#exit
S2126G1(config)#interface range fastethernet 0/12-24
S2126G1(config-if-range)#switchport access vlan 3
```

要注意的是，在三层交换机 SW-L3 上同样要建立相关 VLAN，并将相应接口加入到相应 VLAN。

第 2 步：在核心交换机上开启 VLAN 间路由。

```
SW-L3(config)#interface vlan 2                        ！创建虚拟接口 VLAN 2
SW-L3(config-if)#ip address 192.168.2.1 255.255.255.0 ！为虚拟接口 VLAN 2 配置 IP
SW-L3(config-if)#no shutdown                          ！开启端口
SW-L3(config-if)#exit                                 ！退出
SW-L3(config)#interface vlan 3
SW-L3(config-if)#ip address 192.168.3.1 255.255.255.0
SW-L3(config-if)#no shutdown
SW-L3(config-if)#exit
SW-L3(config)#interface vlan 10
SW-L3(config-if)#ip address 192.168.10.1 255.255.255.0
SW-L3(config-if)#no shutdown
SW-L3(config-if)#exit
SW-L3(config)#interface vlan 11
SW-L3(config-if)#ip address 192.168.11.1 255.255.255.0
SW-L3(config-if)#no shutdown
SW-L3(config-if)#exit
SW-L3(config)#interface vlan 99
```

SW-L3(config-if)#ip address 192.168.99.1 255.255.255.0

SW-L3(config-if)#no shutdown

SW-L3(config-if)#exit

说明：虚拟接口的 IP 地址就是该接口所对应 VLAN 中的主机的网关地址。

（2）将销售部 S2126G3 与 S2126G4 上的堆叠模块用堆叠线缆连接起来。

在这里不需要配置交换机，只需要根据堆叠的规则对交换机正确连接就可以了。连接方式为：S2126G3 的 UP 端口与 S2126G4 的 DOWN 端口相连，S2126G3 的 DOWN 端口与 S2126G4 的 UP 端口相连。

（3）建立财务部冗余链路。

第 1 步：建立 S2126G2 与 SW-L3 之间的双链路。

S2126G2(config)#interface range fastethernet 0/1-2

S2126G2(config-if-range)#switchport mode trunk

SW-L3(config)#interface range fastethernet 0/1-2

SW-L3(config-if-range)#switchport mode trunk

第 2 步：S2126G2 与 SW-L3 运行快速生成树协议 RSTP。

S2126G2(config)#spannning-tree

S2126G2(config)#spanning-tree mode rstp

SW-L3(config)#spanning-tree

SW-L3(config)#spanning-tree mode rstp

（4）建立市场推广部聚合链路。

第 1 步：建立 S2126G1 与 SW-L3 之间的双链路，将 S2126G1 的 F0/1、F0/2 与 SW-L3 的 F0/1、F0/2 级联。

第 2 步：建立 S2126G1 与 SW-L3 之间的聚合链路。

S2126G1(config)#interface range fastethernet 0/1-2

S2126G1(config-if-range)#port-group 1

SW-L3(config)#interface range fastethernet 0/1-2

SW-L3(config-if-range)# port-group 1

12.1.3　结果测试

至此，所有的设置完成，用户的需求已完全满足，可运行相关命令来查看设置情况。

SW-L3#show spanning-tree　　　　　　　　！查看生成树协议

SW-L3#show aggregateport summary　　　　！查看聚合端口

SW-L3#show vlan　　！查看 VLAN

SW-L3#show ip route　！查看路由表

为测试网络运行是否正常，可使用最经典的方法，在一台主机上运行 ping 命令，看是否能与目标主机 ping 通即可。

12.1.4　思考讨论

课堂教学跟实际的工业生产还是不尽相同的，学生往往到了工作岗位上发现，要把自己在学校里所学的理论知识与实际工作联系起来要经过一个磨合的过程。要想在学校培养高素质网络工程人才，光教授课本知识是不够的，要同时给学生展现出实际的工作场景，使其知道自己所学的知识是为哪一个领域服务，在哪一个环节会用到学过的哪个原理。要让学生脑海里不光保存着众多的知识残片，还要让他们把这些知识的片断联系起来，还原出事物的全貌。

在网络课程中经常提到一些重要的网络设备，如交换机、路由器等，教师在课堂上讲述路由器的相关原理与特性，并告诉学生在网络中怎样应用它。在网络拓扑结构中，学生看到的路由器只是代表路由器的图标，对他们来说很抽象，但到了实验室中真正看到路由器就不一样了，大多数学生会发现路由器原来也是方方正正的，跟代替它的圆形图标是不一样的。在实验中，学生可以亲自连接路由器，配置路由器，当学生真正配置成功并查看到结果时，会发现这确确实实跟课本上讲到的知识是相同的，这一知识便会深刻的印到脑海里。

基于任务驱动的教学方法正是能够达到上述效果的方法，在这种教学模式中，学生的自主性得到极大发挥，在没有教师过多干预的情况下，在实验过程中可能会出现各种各样与实验预期不同的状况，而这正是我们想要的结果，可以让学生在问题中得到更多的收获。

12.2 网络工程项目训练二

12.2.1 项目需求

假设你是某系统集成公司的技术工程师，公司现在承接一个企业网的搭建项目，经过现场勘测及充分与客户沟通后，你做出以下规划：网络采用核心－汇聚－接入三级网络构架，通过出口路由器做 NAT 供内网用户访问外网，同时要求财务部（VLAN 1）内网用户不能访问内网 FTP 服务（VLAN 24），其他员工（VLAN 2）不作限制。接入层交换机要实现防冲击波的功能。

12.2.2 训练内容

实验拓扑结构如图 12-2 所示。整个实验用 RG-S2126G1 模拟 VLAN 1 用户接入交换机，RG-S2126G2 模拟 VLAN 2 用户接入交换机，VLAN 1 与 VLAN 2 的用户通过 RG-S3760-1 实现 VLAN 间路由。RG-S3760-1 与 RG-S3760-2 之间通过静态路由，实现内网用户的对外数据包转发及对内网服务器的访问。在 R1 上启用 NAT 功能，保证内网用户可以访问外网，实验拓扑中以 R2 模拟 Internet。

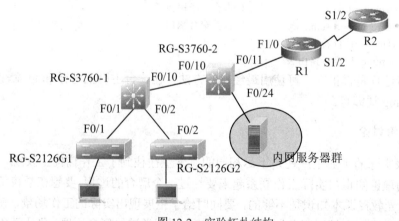

图 12-2 实验拓扑结构

实验设备使用三层交换机（2 台）、二层交换机（2 台）、路由器（2 台）、主机（若干台）、直连线（若干条）。

12.2.3　训练步骤

步骤 1：IP 地址规划与网络设备连接。

IP 地址规划如表 12-3 所示。

表 12-3　IP 地址规划表

设备名称	VLAN 端口名称	IP 地址	端口连接状况
RG-S3760-1	VLAN 1	192.168.11.1/24	F0/1-RG-S2126G1
	VLAN 2	192.168.12.1/24	F0/2-RG-S2126G2
	VLAN 10	192.168.13.1/24	F0/10-RG-S3760-2 F0/10
RG-S3760-2	VLAN 10	192.168.13.2/24	F0/10-RG-S3760-1 F0/10
	VLAN 11	192.168.1.11/24	F0/11-R1 S1/2
	VLAN 24	192.168.24.1/24	F0/24-内网服务器
R1	FastEthernet 1/0	192.168.1.12/24	F1/0-RG-S3760-2 F0/11
	Serial 1/2(DTE)	202.202.1.1/24	S1/2-R2 S1/2
R2	Serial 1/2(DCE)	202.202.1.2/24	S1/2-R1 S1/2

依据上表中的"端口连接状况"一栏对网络设备进行连接，如网络拓扑图 12-2 所示。

步骤 2：基本配置。

（1）RG-S2126G1 的基本配置。

Switch(config)#host RG-S2126G1　　　　　　　! 命名主机

RG-S2126G1(config)#interface range fa 0/1-24　　　　　! 设置端口

RG-S2126G1(config-if-range)#switchport access vlan 1

（2）RG-S2126G2 基本配置：参照 RG-S2126G1 基本配置。

（3）RG-S3760-1 的基本配置。

Switch(config)#host RG-S3760-1

RG-S3760-1(config)#vlan 2

RG-S3760-1(config-vlan)#exit　　　　　　! 退出

RG-S3760-1(config)#vlan 10

RG-S3760-1(config-vlan)#exit

RG-S3760-1(config)#interface fa 0/1

RG-S3760-1(config-if)#switch access vlan 1

RG-S3760-1(config-if)#exit

RG-S3760-1(config)#interface fa 0/2

RG-S3760-1(config-if)#switch access vlan 2

RG-S3760-1(config-if)#exit

RG-S3760-1(config)#interface fa 0/10

RG-S3760-1(config-if)#switch access vlan 10

RG-S3760-1(config-if)#exit

```
RG-S3760-1(config)#interface vlan 1
RG-S3760-1(config-if)#ip address 192.168.11.1 255.255.255.0
RG-S3760-1(config-if)#no sh      ！开启端口
RG-S3760-1(config-if)#exit
RG-S3760-1(config)#interface vlan 2
RG-S3760-1(config-if)#ip address 192.168.12.1 255.255.255.0
RG-S3760-1(config-if)#no sh
RG-S3760-1(config-if)#exit
RG-S3760-1(config)#interface vlan 10
RG-S3760-1(config-if)#ip address 192.168.13.1 255.255.255.0
RG-S3760-1(config-if)#no sh
RG-S3760-1(config-if)#exit
```

（4）RG-S3760-2 的基本配置：参照 RG-S3760-1 基本配置。

（5）R1 的基本配置。

```
Red-Giant(config)#host R1
R1(config)#interface fa 1/0
R1(config-if) #ip add 192.168.1.12 255.255.255.0
R1(config-if) #no sh
R1(config)#interface serial 1/2
R1(config-if) #ip add 202.202.1.1 255.255.255.0
R1(config-if) #no sh
```

（6）R2 的基本配置。

```
Red-Giant(config)#host R2
R2(config)#interface serial 1/2
R2(config-if) #ip add 202.202.1.2 255.255.255.0
R2(config-if) #clock rate 64000
R2(config-if) #no sh
```

（7）测试各个直连接口是否能够 ping 通（步骤略）。

步骤 3：路由配置。

（1）RG-S3760-1 的路由配置。

```
RG-S3760-1(config)#ip routing
RG-S3760-1(config)#ip route 0.0.0.0 0.0.0.0 192.168.13.2
RG-S3760-1(config)#exit
RG-S3760-1#show ip route
```

（2）RG-S3760-2 的路由配置。

```
RG-S3760-2(config)#ip routing
RG-S3760-2(config)#ip route 0.0.0.0 0.0.0.0 192.168.1.12
RG-S3760-2(config)#ip route 192.168.11.0 255.255.255.0 192.168.13.1
RG-S3760-2(config)#ip route 192.168.12.0 255.255.255.0 192.168.13.1
RG-S3760-2(config)#exit
RG-S3760-2#show ip route
```

（3）R1 路由配置。

```
R1(config)#ip route 192.168.11.0 255.255.255.0 192.168.1.11
R1(config)#ip route 192.168.12.0 255.255.255.0 192.168.1.11
R1(config)#ip route 0.0.0.0 0.0.0.0    serial 1/2
```

R1(config)#exit

R1#show ip route

步骤 4：安全配置。

（1）RG-S2126G1 与 RG-S2126G2 的防病毒配置（以 RG-S2126G2 为例）。

RG-S2126G2(config)#ip access-list extended deny_worms

RG-S2126G2(config-ext-nacl)#deny tcp any any eq 135

RG-S2126G2(config-ext-nacl)#deny tcp any any eq 136

RG-S2126G2(config-ext-nacl)#deny tcp any any eq 137

RG-S2126G2(config-ext-nacl)#deny tcp any any eq 138

RG-S2126G2(config-ext-nacl)#deny tcp any any eq 139

RG-S2126G2(config-ext-nacl)#deny tcp any any eq 445

RG-S2126G2(config-ext-nacl)#deny udp any any eq 135

RG-S2126G2(config-ext-nacl)#deny udp any any eq 136

RG-S2126G2(config-ext-nacl)#deny udp any any eq netbios-ns

RG-S2126G2(config-ext-nacl)#deny udp any any eq netbios-dgm

RG-S2126G2(config-ext-nacl)#deny udp any any eq netbios-ss

RG-S2126G2(config-ext-nacl)#deny udp any any eq 445

RG-S2126G2(config-ext-nacl)#permit ip any any

RG-S2126G2(config-ext-nacl)#exit

RG-S2126G2(config)#interface range fa 0/1-24

RG-S2126G2(config-if-range)#ip access-group deny_worms in

RG-S2126G1 的配置同上。

（2）RG-S3760-1 的安全配置。

RG-S3760-1(config)#ip access-list extended deny_ftp

RG-S3760-1(config-ext-nacl)#deny tcp 192.168.11.0 0.0.0.255 192.168.24.0 0.0.0.255 eq   ftp

RG-S3760-1(config-ext-nacl)#deny tcp 192.168.11.0 0.0.0.255 192.168.24.0 0.0.0.255 eq   ftp-data

RG-S3760-1(config-ext-nacl)#permit ip any any

RG-S3760-1(config-ext-nacl)#end

步骤 5：R1 的 NAT 配置。

R1(config)#access-list 1 permit 192.168.11.0 0.0.0.255

R1(config)#access-list 1 permit 192.168.12.0 0.0.0.255

R1(config)#int fa 1/0

R1(config-if)#ip nat inside

R1(config-if)#exit

R1(config)#int s 1/2

R1(config-if)#ip nat outside

R1(config-if)#exit

R1(config)#ip nat inside source list 1 interface serial 1/2 overload

12.2.4 结果测试

1．查看配置结果

RG-S3760-1#show running-config

RG-S3760-2#show running-config

RG-S2126G1#show running-config

RG-S2126G2#show running-config

2. 测试网络中各网段的连通性

需要测试连通性的网段包括：

- VLAN 1 内部主机的连通性；
- VLAN 1 与 VLAN 2 的连通性；
- VLAN 1 与内部服务器群的连通性；
- VLAN 1 与 R2 的连通性。

12.3 网络工程项目训练三

12.3.1 项目背景

某企业由公司总部与分公司两部分组成，拓扑结构如图 12-3 所示。总部网络采用三层结构化设计，整个网络分为核心层、汇聚层和接入层，核心层和汇聚层使用两台三层交换机 S3760-1 和 S3760-2，接入层采用二层交换机 S2026。总部通过边缘路由器 R1 与分公司网络的边缘路由器 R2 相连，从而实现总部与分公司的通信。

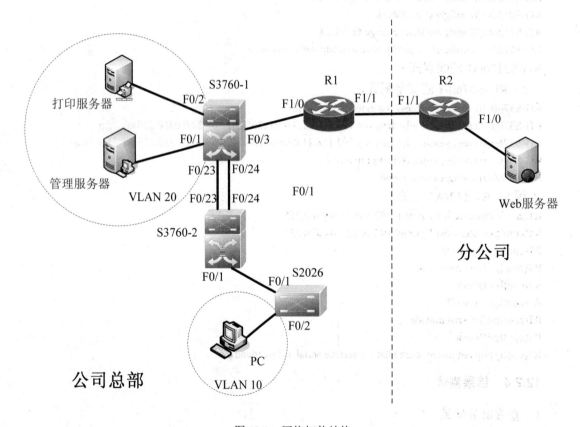

图 12-3 网络拓扑结构

为了加快核心层与汇聚层两个交换机的数据传输速度，S3760-1 与 S3760-2 之间采用链路聚合技术，使用两条链路相连，并根据目的 MAC 地址平衡流量。S2026 上连接一台 PC，PC

处于 VLAN 10 中。S3760-1 上连接一台网络管理服务器和一台打印服务器，两台服务器处于 VLAN 20 中。网络管理服务器集成域控制器及 DNS 服务功能。打印服务器建立打印机网络共享。S3760-1 开启 F0/3 端口的三层功能，并使其与 R1 相连，R1 与 R2 间采用双绞线连接。分公司设一台 Web 服务器，直接连接在路由器 R2 上。

拓扑编址：

PC：192.168.0.10/24

S3760-1 的 VLAN 20 接口：192.168.1.20/24

S3760-1 的 VLAN 10 接口：192.168.0.10/24

S3760-1 F0/3：192.168.2.10/24

R1 F1/0：192.168.2.20/24

R1 S1/2：10.10.10.1/24

R2 S1/2：10.10.10.2/24

R2 F1/0：192.168.3.20/24

管理服务器：192.168.1.10/24

打印服务器：192.168.1.20/24

Web 服务器：192.168.3.10/24

12.3.2　网络设备组建部分训练

网络设备组建的步骤如下：

（1）按要求正确连接网络线路，测试物理连接是否正确。

（2）在公司总部按要求完成 VLAN 划分，并把 PC 机与服务器加入到相应的 VLAN 中。

（3）通过配置完成 VLAN 间通信。

（4）正确连接 S3760-1 与 S3760-2 之间的双链路，并配置链路聚合。

（5）为三层交换机上的物理接口和路由器的接口配置 IP 地址。

（6）为三层交换机与路由器配置静态路由，实现全网的互通。

12.3.3　参考与提示

（1）按要求正确连接网络线路。

参照网络拓扑结构图 12-3 所示，将 S3760-1 与 S3760-2 的 F0/23、F0/24 分别级联；将 R1 与 R2 的 RJ-45 接口用双绞线互连；四台计算机分别连到正确位置；其他线缆连接正确。

（2）在公司总部按要求完成 VLAN 划分，并把 PC 机与服务器加入到相应的 VLAN 中。

在 S2026 上创建 VLAN 10，并将 F0/1、F0/2 接口加入到 VLAN 10 中。

配置过程：

```
S2026#configure
S2026(config)#vlan 10
S2026(config-vlan)#exit
S2026(config)#interface fastethernet 0/1-2
S2026(config-if)#switchport access vlan 10
```

在 S3760-2 上创建 VLAN 10，并将 F0/23、F0/24 接口设置为 Trunk 端口：

```
S3760-2#configure
```

S3760-2 (config)#vlan 10

S3760-2 (config-vlan)#exit

S3760-2 (config)#interface fastethernet 0/1

S3760-2 (config-if)#switchport access vlan 10

S3760-2 (config-if)#exit

S3760-2 (config)#interface fastethernet 0/23-24

S3760-2(config-if-range)#switchport mode trunk

Show 结果：

S3760-2#show running-config

在 S3760-1 上创建 VLAN 10、VLAN 20，并将 F0/23、F0/24 接口设置为 Trunk 端口：

S3760-1#configure

S3760-1 (config)#vlan 10

S3760-1 (config-vlan)#exit

S3760-1 (config)#vlan 20

S3760-1 (config-vlan)#exit

S3760-1 (config)#interface fastethernet 0/1-2

S3760-1 (config-if-range)#switchport access vlan 20

S3760-1 (config-if-range)#exit

S3760-1 (config)#interface fastethernet 0/23-24

S3760-1 (config-if-range)#switchport mode trunk

Show 结果：

S3760-1#show running-config

（3）通过配置完成 VLAN 间通信。

为 S3760-1 配置 VLAN 接口 IP 地址。

配置过程：

S3760-1#configure

S3760-1 (config)#interface vlan 10

S3760-1 (config-if)#ip address 192.168.0.10 255.255.255.0

S3760-1 (config)#interface vlan 20

S3760-1 (config-if)#ip address 192.168.1.10 255.255.255.0

Show 结果：

S3760-1#show ip interface brief

S3760-1#show ip route

（4）正确连接 S3760-1 与 S3760-2 之间的双链路，并配置链路聚合，设置流量平衡方式为根据目的 MAC 地址平衡。

建立 S3760-1 与 S3760-2 之间的聚合链路：

S3760-1 (config)#interface range fastethernet 0/23-24

S3760-1(config-if-range)#port-group 1

S3760-2 (config)#interface range fastethernet 0/23-24

S3760-2 (config-if-range)# port-group 1

S3760-1 (config)# aggregateport load-balance dst-mac

S3760-2 (config)# aggregateport load-balance dst-mac

Show 结果：

S3760-1 #show aggregateport summary

S3760-2 #show aggregateport summary

（5）为三层交换机上的物理接口和路由器的接口配置 IP 地址。

开启 S3760-1 的路由功能，开启 F0/3 的三层属性，为 F0/3 配置 IP：

S3760-1(config)#ip routing

S3760-1(config)#interface f 0/3

S3760-1(config-if)#no switchport

S3760-1(config-if)#ip address 192.168.2.10 255.255.255.0

为 R1 端口配置 IP 地址：

R1(config)#interface f 1/0

R1(config-if)#ip address 192.168.2.20 255.255.255.0

R1(config)#interface S1/2

R1(config-if)#ip address 10.10.10.1 255.255.255.0

为 R2 端口配置 IP 地址：

R2(config)#interface f 1/0

R2(config-if)#ip address 192.168.3.10 255.255.255.0

R2(config)#interface S1/2

R2(config-if)#ip address 10.10.10.2 255.255.255.0

Show 结果：

R1#show ip interface brief

R2#show ip interface brief

S3760-1#show ip interface brief

（6）为三层交换机与路由器配置静态路由，实现全网的互通。

在 S3760-1 上配置：

S3760-1 (config)#ip route　192.168.3.0　255.255.255.0　192.168.2.20

S3760-1 (config)#ip route　10.10.10.0　255.255.255.0　192.168.2.20

在 R1 上配置：

R1 (config)#ip route　192.168.0.0　255.255.255.0　192.168.2.10

R1 (config)#ip route　192.168.1.0　255.255.255.0　192.168.2.10

R1 (config)#ip route　192.168.3.0　255.255.255.0　10.10.10.2

在 R2 上配置：

R2 (config)#ip route　192.168.0.0　255.255.255.0　10.10.10.1

R2 (config)#ip route　192.168.1.0　255.255.255.0　10.10.10.1

R2 (config)#ip route　192.168.2.0　255.255.255.0　10.10.10.1

Show 结果：

S3760-1#show ip route

R1#show ip route

R2#show ip route

12.3.4　项目全部完成标准

项目全部完成的标准为：

● 设备之间连线准确；

● 设备配置正确完整；

● 四台主机可相互 ping 通。

12.4 网络工程项目训练四

12.4.1 项目背景介绍

下图 12-4 为某企业网络的拓扑图，接入层采用二层交换机 S2026，汇聚层和核心层分别使用三层交换机 S3760B 和 S3760A，网络边缘采用一台路由器 RSR20 用于连接到外部网络。

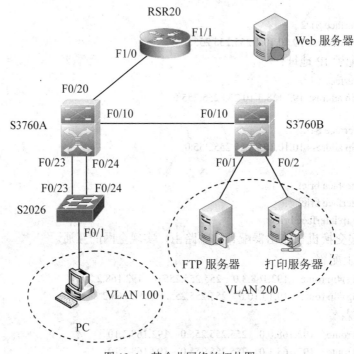

图 12-4   某企业网络的拓扑图

为了实现链路的冗余备份，S2026 与 S3760A 之间用两条链路相连。S2026 上连接一台 PC，PC 处于 VLAN 100 中。S3760B 上连接一台 FTP 服务器和一台打印服务器，两台服务器处于 VLAN 200 中。S3760A 使用具有三层特性的物理端口与 RSR20 相连，在 RSR20 的外部接口上连接一台外部的 Web 服务器。

拓扑编址：

PC：172.16.100.100/24

S3760A 的 VLAN 100 接口：172.16.100.1/24

S3760A 的 VLAN 200 接口：172.16.200.1/24

S3760A F0/20：10.1.1.2/24

FTP 服务器：172.16.200.10/24

打印服务器：172.16.200.20/24

RSR20 F1/0：10.1.1.1/24

RSR20 F1/1：10.1.2.1/24

Web 服务器：10.1.2.2/24

设备标识：

PC：A1

FTP 服务器：A2

打印服务器：A3

Web 服务器：A4

12.4.2　项目要求

1．交换机与路由器部分

（1）在 S2026 与 S3760B 上划分 VLAN，并把 PC 机与服务器加入到相应的 VLAN 中。

（2）配置 S2026 与 S3760A 之间的两条交换机间链路，以及 S3760A 与 S3760B 之间的交换机间链路。

（3）在 S2026 与 S3760A 之间的冗余链路中使用 STP 技术防止桥接环路的产生，并通过手工配置使 S3760A 成为 STP 的根。

（4）为 S3760A 的 VLAN 接口和 RSR20 的接口配置 IP 地址。

（5）在 S3760A 上使用具有三层特性的物理端口实现与 RSR20 的互连。

（6）在 S3760A 上实现 VLAN 100 与 VLAN 200 间的通信。并在 S3760A 与 RSR20 上使用静态路由，实现全网的互通。

2．Windows 部分

（1）在 A1 中安装 Windows XP 操作系统。

（2）在 A2 中安装 Windows Server 2003，并安装 FTP 服务器，在 A1 的 C 盘 upload 目录中建立文本文件 upload.txt，内容为"上传文件测试"，压缩为 RAR 文件上传至 FTP 服务器。

（3）在 A3 中安装 Windows 2000 Server，并安装网络打印机；在 A1 中安装 Office，并建立 printtest.doc 文件，内容为"远程打印文件测试"，远程打印出测试页。

（4）在 A2 Windows Server 2003 中禁用开机时 Ctrl+Alt+Del 组合键登录。

（5）在 A2 Windows Server 2003 中安装 IIS，启用 ASP 支持。

3．Linux 部分

（1）在 A4 中安装 FC5，配置 WWW 服务器，建立服务器配置文件 httpd.conf 中相应的部分。

- 服务器主机名称：10.1.2.2；
- Apache 服务器把网页放置在/home/www 目录中；
- 添加监听端口 10.1.2.2:8080；
- 设置管理员 E-mail 地址为：Jack@163.com；
- 建立 index.html 文件并发布，内容为"Apache 服务器网站测试"，在 A1 浏览器中输入：http://10.1.2.2/index.html 成功浏览页面。

（2）文件拷贝及相关问题。

- 建立目录/option1；

● 在目录/option1 下生成一空文件 empty，该文件的拥用者为 Jack。

（3）虚拟机部分。

● 在 A1 中安装虚拟机 VM Server 1.0，内存设定为 512MB，硬盘大小设定为 10GB，网络连接使用桥接模式；

● 在虚拟机中安装 FC5，在 FC5 中设置 SAMBA 服务器，并设置一个共享文件夹 myshare，使 XP 用户能通过 "网上邻居" 以用户名 user1、密码 user1 访问这个共享文件夹。

12.4.3　项目实施过程及配置

本项目实施过程及配置的步骤如下。

（1）在 S2026 与 S3760B 上划分 VLAN，并把 PC 机与服务器加入到相应的 VLAN 中。

在 S2026 上创建 VLAN 100，并将 F0/1 接口加入到 VLAN 100 中。

配置过程：

```
S2026#configure
S2026(config)#vlan 100
S2026(config-vlan)#exit
S2026(config)#interface fastethernet 0/1
S2026(config-if)#switchport access vlan 100
```

Show 结果：

```
S2026#show running-config
vlan 100
!
interface fastethernet 0/1
switchport access vlan 100
```

在 S3760B 上创建 VLAN 200，并将 F0/1、F0/2 接口加入到 VLAN 200 中。

配置过程：

```
S3760B#configure
S3760B(config)#vlan 200
S3760B(config-vlan)#exit
S3760B(config)#interface range fastethernet 0/1-2
S3760B(config-if-range)#switchport access vlan 200
```

Show 结果：

```
S3760B#show running-config
vlan 200
!
interface fastethernet 0/1
switchport access vlan 200
!
interface fastethernet 0/2
switchport access vlan 200
```

（2）配置 S2026 与 S3760A 之间的两条交换机间链路，以及 S3760A 与 S3760B 之间的交换机间链路。

将 S2026 的 F0/23、F0/24 接口设置为 Trunk 端口（1.5）。

配置过程：

```
S2026#configure
S2026(config)#interface range fastethernet 0/23-24
S2026(config-if-range)#switchport mode trunk
```

Show 结果：

```
S2026#show running-config
interface fastethernet 0/23
switchport mode trunk
!
interface fastethernet 0/24
switchport mode trunk
```

将 S3760A 的 F0/23、F0/24 接口设置为 Trunk 端口（1.5）。

配置过程：

```
S3760A#configure
S3760A (config)#interface range fastethernet 0/23-24
S3760A (config-if-range)#switchport mode trunk
```

Show 结果：

```
S3760A #show running-config
interface fastethernet 0/23
switchport mode trunk
!
interface fastethernet 0/24
switchport mode trunk
```

将 S3760A 的 F0/10 接口和 S3760B 的 F0/10 接口设置为 Trunk 端口。

配置过程：

```
S3760A#configure
S3760A (config)#interface fastethernet 0/10
S3760A (config-if)#switchport mode trunk

S3760B#configure
S3760B (config)#interface fastethernet 0/10
S3760B (config-if)#switchport mode trunk
```

Show 结果：

```
S3760A #show running-config
interface fastethernet 0/10
switchport mode trunk

S3760B #show running-config
interface fastethernet 0/10
switchport mode trunk
```

（3）在 S2026 与 S3760A 之间的冗余链路中使用 STP 技术防止桥接环路的产生，并通过手工配置使 S3760A 成为 STP 的根。

在 S2026 中启用 STP（1.5）。

配置过程：

S2026(config)#spanning-tree mode stp

S2026(config)#spanning-tree

Show 结果：

S2026#show spanning-tree

StpVersion:STP

SysStpStatus:Enabled

在 S3760A 中启用 STP（1.5）。

配置过程：

S3760A(config)#spanning-tree mode stp

S3760A (config)#spanning-tree

Show 结果：

S3760A #show spanning-tree

StpVersion:STP

SysStpStatus:Enabled

在 S3760A 上配置优先级（小于 32768，并且是 4096 的倍数），使其成为根。

S3760A(config)# spanning-tree priority 4096

Show 结果：

S2026#show spanning-tree

StpVersion:STP

SysStpStatus:Enabled

BaseNumPorts:24

MaxAge:20

HelloTime:2

ForwardDelay:15

BridgeMaxAge:20

BridgeHelloTime:2

BridgeForwardDelay:15

MaxHops:20

TxHoldCount:3

PathCostMethod:Long

BPDUGuard:Disabled

BPDUFilter:Disabled

BridgeAddr:00d0.f88b.ca34

Priority:32768

TimeSinceTopologyChange:0d:0h:45m:54s

TopologyChanges:0

DesignatedRoot:100000D0F821A542

RootCost:200000

RootPort:Fa0/23

S3760A#show spanning-tree

```
StpVersion:STP
SysStpStatus:Enabled
MaxAge:20
HelloTime:2
ForwardDelay:15
BridgeMaxAge:20
BridgeHelloTime:2
BridgeForwardDelay:15
MaxHops: 20
TxHoldCount:3
PathCostMethod:Long
BPDUGuard:Disabled
BPDUFilter:Disabled
BridgeAddr:00d0.f821.a542
Priority: 4096
TimeSinceTopologyChange:0d:0h:47m:4s
TopologyChanges:6
DesignatedRoot:1000.00d0.f821.a542
RootCost:0
RootPort:0
```

（4）为 S3760A 的 VLAN 接口和 RSR20 的接口配置 IP 地址。

为 S3760A 的 VLAN 接口配置 IP 地址。

配置过程：

```
S3760A#configure
S3760A(config)#vlan 100
S3760A(config-vlan)#exit
S3760A(config)#vlan 200
S3760A(config-vlan)#exit
S3760A(config)#interface vlan 100
S3760A(config-if)#ip address 172.16.100.1 255.255.255.0
S3760A(config)#interface vlan 200
S3760A(config-if)#ip address 172.16.200.1 255.255.255.0
```

Show 结果：

```
S3760A#show ip interface brief
```

Interface	IP-Address(Pri)	OK?	Status
VLAN 100	172.16.100.1/24	YES	UP
VLAN 200	172.16.200.1/24	YES	UP

为 RSR20 的接口配置 IP 地址。

配置过程：

```
RSR20(config)#interface f 1/0
RSR20(config-if)#ip address 10.1.1.1 255.255.255.0

RSR20(config)#interface f 1/1
RSR20(config-if)#ip address 10.1.2.1 255.255.255.0
```

Show 结果：

RSR20#show ip interface brief

Interface	IP-Address(Pri)	OK?	Status
FastEthernet 1/0	10.1.1.1/24	YES	UP
FastEthernet 1/1	10.1.2.1/24	YES	UP

（5）在 S3760A 上使用具有三层特性的物理端口实现与 RSR20 的互联。

将 S3760A 的 F0/20 配置为三层端口。

配置过程：

S3760A(config)#interface f 0/20

S3760A(config-if)#no switchport

S3760A(config-if)#ip address 10.1.1.2 255.255.255.0

Show 结果：

S3760A#show ip interface brief

Interface	IP-Address(Pri)	OK?	Status
FastEthernet 0/20	10.1.1.2/24	YES	UP

（6）在 S3760A 上实现 VLAN 100 与 VLAN 200 间的通信。并在 S3760A 与 RSR20 上使用静态路由，实现全网的互通。

A1（PC）能够 ping 通 FTP 服务器与打印服务器。

在 S3760A 上配置静态路由。

配置过程：

S3760A(config)#ip route   10.1.2.0 255.255.255.0 10.1.1.1

Show 结果：

S3760A#show ip route

Codes: C - connected, S - static, R - RIP, B - BGP

   O - OSPF, IA - OSPF inter area

   N1 - OSPF NSSA external type 1, N2 - OSPF NSSA external type 2

   E1 - OSPF external type 1, E2 - OSPF external type 2

   i - IS-IS, L1 - IS-IS level-1, L2 - IS-IS level-2, ia - IS-IS inter area

   * - candidate default

Gateway of last resort is no set

C 10.1.1.0/24 is directly connected, FastEthernet 0/20

C 10.1.1.2/32 is local host.

S 10.1.2.0/24 [1/0] via 10.1.1.1

C 172.16.100.0/24 is directly connected, VLAN 100

C 172.16.100.1/32 is local host.

C 172.16.200.0/24 is directly connected, VLAN 200

C 172.16.200.1/32 is local host.

在 RSR20 上配置静态路由。

配置过程：

RSR20(config)#ip route   172.16.100.0 255.255.255.0 10.1.1.2

RSR20(config)#ip route   172.16.200.0 255.255.255.0 10.1.1.2

Show 结果：

```
RSR20#show ip route

Codes:  C - connected, S - static, R - RIP, B - BGP
        O - OSPF, IA - OSPF inter area
        N1 - OSPF NSSA external type 1, N2 - OSPF NSSA external type 2
        E1 - OSPF external type 1, E2 - OSPF external type 2
        i - IS-IS, L1 - IS-IS level-1, L2 - IS-IS level-2, ia - IS-IS inter area
        * - candidate default

Gateway of last resort is no set
C       10.1.1.0/24 is directly connected, FastEthernet 1/0
C       10.1.1.1/32 is local host.
S       172.16.100.0/24 [1/0] via 10.1.1.2
S       172.16.200.0/24 [1/0] via 10.1.1.2
```

A1（PC）能够 ping 通 Web 服务器。

（7）在 A1 中安装 Windows XP 操作系统。

（8）在 A2 中安装 Windows Server 2003，并安装 FTP 服务器，在 A1 的 C 盘 upload 目录中建立文本文件 upload.txt，内容为"上传文件测试"，压缩为 RAR 文件上传至 FTP 服务器。

完成本步骤需满足：

● Windows Server 2003 成功安装；

● 完成安装 FTP 服务器，将建立的文本文件压缩成 RAR 格式成功上传至 FTP 服务器。

（9）在 A3 中安装 Windows 2000 Server，并安装网络打印机；在 A1 中安装 Office，并建立 printtest.doc 文件，内容为"远程打印文件测试"，远程打印出测试页。

完成本步骤需满足：

● Windows 2000 Server 成功安装；

● 成功安装网络打印机；

● 在 A1 中成功安装 Office，建立 doc 文档，并远程打印出 doc 文档中的测试页（注意页面端部必须出现系统自动产生的远程打印字样）。

（10）在 A2 Windows Server 2003 中禁用开机时 Ctrl+Alt+Del 组合键登录。

配置过程：

执行"开始"→"运行"命令，在弹出的对话框中输入 gpedit.msc，单击"确定"即打开"组策略"窗口。在"组策略"窗口的左框内依次展开（点前面的"+"号）"计算机配置"→"Windows 设置"→"安全设置"→"本地策略"，这时在"本地策略"下层级中可看到"安全选项"，单击"安全选项"，在右侧的框内找到"交互式登录:不需要按 Ctrl+Alt+Del"右击，在弹出的菜单中单击"属性"命令，在"属性"选项卡中单击"已启用"单选按钮，确认"已启用"前面的圆圈中有一黑色小点后，单击"确定"按钮，然后关闭窗口。这样以后启动计算机时就不必按 Ctrl+Alt+Del 组合键登录了。

（11）在 A2 Windows Server 2003 中安装 IIS，启用 ASP 支持。

Windows Server 2003 默认安装时是不安装 IIS 6 的，故需要另外安装。安装完 IIS 6，还需要单独开启对于 ASP 的支持。方法是：执行"控制面板"→"管理工具"→"Web 服务扩展"→"Active Server Pages"→"允许"。

完成本步骤需满足：ISS 成功安装，配置成功。

（12）在 A4 中安装 FC5，配置 WWW 服务器，建立服务器配置文件 httpd.conf 中相应的部分。

- 服务器主机名称：10.1.2.2。

配置：

ServerName 10.1.2.2

- Apache 服务器把网页放置在/home/www 目录中。

配置：

DocumentRoot "/home/www"

- 添加监听端口 10.1.2.2:8080。

配置：

Listen 10.1.2.2:8080

- 设置管理员 E-mail 地址为：Jack@163.com。

配置：

ServerAdmin Jack@163.com

- 建立 index.html 文件并发布，内容为"Apache 服务器网站测试"，在 A1 浏览器中输入 http://10.1.2.2/index.html 成功浏览页面。

测试正确即完成此步骤。

（13）文件拷贝及相关问题。

- 目录/option1。

配置：

mkidr /option1

- 在目录/option1 下生成一空文件 empty，该文件的拥用者为 Jack。

配置：

touch　empty

chown　jack　empty

注：如无 Jack 用户，需 useradd Jack。

（14）虚拟机部分。

- 在 A1 中安装虚拟机 VM Server 1.0，内存设定为 512M，硬盘大小设定为 10G，网络连接使用桥接模式。
- 在虚拟机中安装 FC5，在 FC5 中设置 SAMBA 服务器，并设置一个共享文件夹 myshare，使 XP 用户能通过"网上邻居"以用户名 user1、密码 user1 访问这个共享文件夹。

习题与思考题十二

1. 静态和动态分配 IP 地址各有什么优缺点？如何选择应用场合？
2. IP 地址分配应遵循哪些基本原则？
3. 网络的结构化设计是否必须包含三层？
4. 掌握交换机、路由器以及链路聚合的配置方法与步骤。

附录　参考实验

实验一　双绞线的制作

实验目的

（1）认识双绞线。

（2）学会双绞线的制作方法。

实验设备

双绞线、RJ-45 水晶头、压线钳、测线器、测试用的计算机和网络设备等。

实验原理

双绞线是局域网中最常见的连线。双绞线的制作是网络学习者应掌握的一项基本功。双绞线内 8 条细线的排列顺序遵循一定的规则。有两种国际标准，分别为 T568B（橙白－橙－绿白－蓝－蓝白－绿－棕白－棕）和 T568A（绿白－绿－橙白－蓝－蓝白－橙－棕白－棕）。8 根细线在两端 RJ-45 插头内的排列顺序（色谱）一致，都按 T568A 或都按 T568B 排列的双绞线，称为直通线。反之，排列顺序不一致，一端为 T568A，另一端为 T568B 的双绞线，称为交叉线。直通线用于不同设备间相连，如交换机与计算机相连；而交叉线用于连接相同设备，如计算机与计算机直接相连。

实验内容

制作一根 T568B 直通线。T568B 标准排序及功能如表 1-1 所示。

表 1-1　T568B 标准排序及功能表

编号	颜色	功能
1	橙色/白色	发送+
2	橙色	发送-
3	绿色/白色	接收+
4	蓝色	保留
5	蓝色/白色	保留
6	绿色	接收-
7	棕色/白色	保留
8	棕色	保留

实验步骤

步骤 1：剪下一段电缆，用压线钳在电缆的一端剥去约 2cm 护套，如图 1-1（a）所示。

步骤 2：分离 4 对电缆，按照双绞线的线序标准（568A 或 568B）排列整齐，并将线捋平直，如图 1-1（b）所示。

步骤 3：维持电缆的线序和平整性，用压线钳上的剪刀将线头剪齐，保证未绞合电缆的长度最大为 1.2cm，如图 1-1（c）、图 1-1（d）所示。

步骤 4：将有序的线头顺着 RJ-45 头的插口轻轻插入，插到底并确保外层护套也被插入，如图 1-1（e）所示。

步骤 5：将 RJ-45 头塞到压线钳里用力按下手柄。一个接头已做好，如图 1-1（f）所示。用同样的方法制作另一个接头。

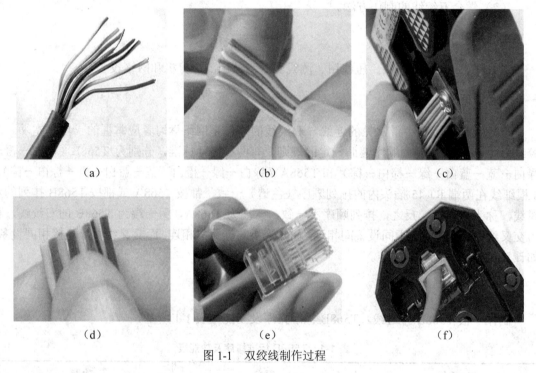

(a)　　　　　　　　(b)　　　　　　　　(c)

(d)　　　　　　　　(e)　　　　　　　　(f)

图 1-1　双绞线制作过程

步骤 6：最后，用测试仪检查电缆的连通性。

利用实验室中的网络设备及制作的双绞线，组建一个简单的以太网。实现网络拓扑结构如图 1-2 所示，注意连接方法。

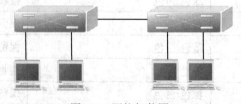

图 1-2　网络拓扑图

实验要求

（1）预习双绞线的基础知识。

（2）记录实验数据，写出实验报告。

实验二　虚拟局域网 VLAN 的设置

实验目的

掌握虚拟局域网 VLAN 的配置方法。

实验设备

二层交换机（2 台）、主机（4 台）、直连线（5 条）。

实验原理

VLAN（Virtual Local Area Network，虚拟局域网）是一种将局域网内的设备逻辑地而不是物理地划分成一个个网段的技术。VLAN 最大的特性是不受物理位置的限制，能够在进行逻辑分组、限制广播和保证效率等要求之间达到较佳的平衡。VLAN 具备了一个物理网段所具备的特性。同一 VLAN 内的主机可以互相直接访问，不同 VLAN 间的主机互相访问必须经由路由设备进行转发。广播数据包只可以在本 VLAN 内进行传播，不能传输到其他 VLAN 中。对 VLAN 进行划分一般可以基于三类规则：基于端口、基于 MAC 地址和基于 IP 地址。基于端口的划分方式是最常见、管理最方便的一种。

实验内容

本实验使用锐捷 S2126G 交换机实现基于端口的 VLAN 划分，要求实验者用两台 S2126 作为交换设备，添加至少 4 台计算机连入交换机（如图 2-1 所示）。首先设置各计算机的 IP 地址与子网掩码使其位于同一子网内，并测试连接情况。连通后，设置 VLAN。设置计算机 A 与 C 所连接的端口为 VLAN 10，设置计算机 B、D 所连接的端口为 VLAN 20。然后设置两台交换机相连的端口模式为 Trunk（端口聚合模式），再次测试各计算机之间的连通性。

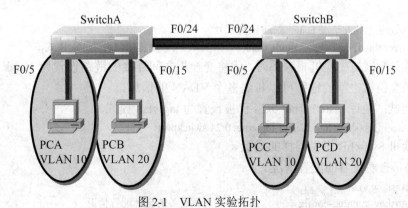

图 2-1　VLAN 实验拓扑

实验步骤

步骤 1：如图 2-1 所示连接网络设备。

步骤 2：为 PCA、PCB、PCC、PCD 分配 IP 地址使之属于同一子网，测试连通性，并分析通与不通的原因。

PCA　IP：192.168.0.1　子网掩码：255.255.255.0

PCB　IP：192.168.0.2　子网掩码：255.255.255.0

PCC　IP：192.168.0.3　子网掩码：255.255.255.0

PCD　IP：192.168.0.4　子网掩码：255.255.255.0

步骤 3：创建 VLAN。

在 SwitchA 上创建 VLAN 10，VLAN 20。

```
SwitchA#configure terminal
SwitchA (config)#vlan 10                    ! 创建 VLAN（查看 VLAN）
SwitchA (config-vlan)#name test10           ! 为 VLAN 命名
SwitchA (config-vlan)#exit                  ! 退出 VLAN 设置模式
SwitchA (config)#vlan 20
SwitchA (config-vlan)#name test20
SwitchA (config-vlan)#exit
```

验证测试：

```
SwitchA#show vlan                           ! 查看已配置的 VLAN 信息
```

同样的方法，在 SwitchB 上创建 VLAN 10，VLAN 20。

步骤 4：将接口分配到 VLAN。

```
SwitchA#configure terminal
SwitchA (config)#interface fastethernet 0/5      ! 进入端口配置模式
SwitchA (config-if)#switchport access vlan 10    ! 将端口划分到 VLAN 中
SwitchA (config-if)#exit
SwitchA (config)#interface fastethernet 0/15
SwitchA (config-if)#switchport access vlan 20
SwitchA (config-if)#exit
```

用同样的方法，在 SwitchB 上将接口分配到 VLAN 中。

步骤 5：把交换机 SwitchA 与交换机 SwitchB 相连的端口（假设为 0/24 端口）定义为 tag vlan 模式。

```
SwitchA(config)#interface fastethernet 0/24
SwitchA(config-if)#switchport mode trunk         ! 设置端口为 Trunk 模式
```

注：当交换机与交换机相联系时，常将交换机之间连接的链路设置为 Trunk 模式，用来确保连接不同交换机之间的链路可以传递多个 VLAN 的信息。

验证测试：验证 fastethernet 0/24 已被设置为 tag vlan 模式。

```
SwitchA(config)#show interface fastethernet 0/24 switchport
```

在交换机 SwitchB 上做同样的设置。

步骤 6：查看设备的配置情况。

```
SwitchA#show vlan
SwitchA#show running-config                 ! 查看设备的全部配置情况
```

步骤 7：验证 PCA 与 PCC，PCB 与 PCD 能互相通信，而 PCA 与 PCB，PCC 与 PCD 不能相互通信。

如：

C:\>ping 192.168.0.3　　　　　　　！在 PCA 的命令行方式下验证是否 ping 通 PC3

其他通信情况用类似方法进行确认。

实验要求

（1）预习 VLAN 知识。

（2）详细记录实验数据，并将数据与分析结果写入实验报告。

实验三　快速生成树协议的配置

实验目的

理解快速生成树协议 RSTP 的原理及配置。

实验设备

二层交换机（2 台）、主机（2 台）、直连线（4 条）。

实验原理

生成树协议（Spanning Tree Protocol）的作用是在交换网络中提供冗余备份链路，并且解决交换网络中的环路问题。生成树协议利用 SPA 算法（生成树算法），在存在交换环路的网络中生成一个没有环路的树型网络。运用该算法将交换网络冗余的备份链路在逻辑上断开，当主要链路出现故障时，能够自动切换到备份链路，保证数据的正常转发。生成树协议目前常见的版本有 STP（生成树协议 IEEE 802.1d）、RSTP（快速生成树协议 IEEE 802.1w）、MSTP（多生成树协议 IEEE 802.1s）。

生成树协议的特点是收敛时间长。当主要链路出现故障到切换至备份链路需要 50 秒钟。快速生成树协议（RSTP）在生成树协议的基础上增加了两种端口角色：替换端口（Alternate Port）和备份端口（Backup Port），分别作为根端口（Root Port）和指定端口（Designated Port）的冗余端口。当根（指定）端口出现故障时，冗余端口不需要经过 50 秒的收敛时间，可以直接切换到替换（备份）端口，从而实现 RSTP 协议小于 1 秒的快速收敛。

实验内容

为了提高网络的可靠性，用 2 条链路将交换机互连，同时要求在交换机上做快速生成树协议配置，使网络避免环路。本实验以两台 S2126 交换机为例，两台交换机分别命名为 SwitchA 和 SwitchB。PC1 和 PC2 在同一网段，假设 IP 地址分别为 192.168.0.137，192.168.0.136，网络掩码为 255.255.255.0。实验拓扑如图 3-1 所示。

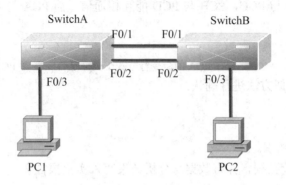

图 3-1 快速生成树实验拓扑

实验步骤

步骤 1：对交换机进行基本配置。

Switch#configure terminal
Switch(config)#hostname SwitchA
SwitchA(config)#vlan 10
SwitchA(config)#interface fastethernet 0/3
SwitchA(config-if)#switchport access vlan 10
SwitchA(config-if)#exit
SwitchA(config)#interface range fastethernet 0/1-2
SwitchA(config-if-range)#switchport mode trunk

SwitchB 做与 SwitchA 相同的配置。

步骤 2：配置快速生成树协议。

SwitchA#configure terminal
SwitchA(config)#spanning-tree
SwitchA(config)#spanning-tree mode rstp

验证测试：

SwitchA#show spanning-tree   ! 验证快速生成树协议已经开启

SwitchB 与 SwitchA 上述操作相同。

步骤 3：设置交换机的优先级，指定 SwitchA 为根交换机。

SwitchA(config)#spanning-tree priority 4096   ! 设置交换机优先级为 4096

验证测试：

SwitchA#show spanning-tree   ! 验证 SwitchA 的优先级

SwitchB 与 SwitchA 上述操作相同。

步骤 4：按图 3-1 所示实验拓扑连接网络设备，并配置 PC1、PC2 的 IP 地址、子网掩码。

步骤 5：验证测试。

（1）验证交换机 SwitchB 的端口 1 和端口 2 的状态。

SwitchB#show spanning-tree interface fastethernet 0/1
SwitchB#show spanning-tree interface fastethernet 0/2

（2）如果 SwitchA 与 SwitchB 的端口 F0/1 之间的链路 down 掉，验证交换机 SwitchB 的端口 2 的状态，并观察状态转换的时间。

SwitchB#show spanning-tree interface fastethernet 0/2

（3）如果 SwitchA 与 SwitchB 之间的一条链路 down 掉（如拔掉网线），验证 PC1 与 PC2 仍能互相 ping 通，并观察 ping 的丢包情况。

| PC1 上：ping 192.168.0.136 | ！观察连通性 |
| PC1 上：ping 192.168.0.136 -t | ！观察丢包情况 |

实验要求

（1）按照拓扑图连接网络时注意，两台交换机都配置快速生成树协议后，再将两台交换机连接起来。如果先连线再配置会造成广播风暴，影响交换机的正常工作。

（2）详细记录实验数据，并将数据与分析结果写入实验报告。

实验四　三层交换机的设置

实验目的

配置三层交换机的三层功能，实现路由作用。

实验设备

三层交换机（1台）、主机（2台）、直连线（2条）。

实验原理

三层交换机在二层交换的基础上实现了三层的路由功能。三层交换机基于"一次路由，多次交换"的特性，在局域网环境中的转发性能远远高于路由器。而且三层交换机同时具备二层的功能，能够和二层的交换机进行很好的数据转发。三层交换机的以太网接口要比一般的路由器多很多，更加适合多个局域网段之间的互联。

三层交换机的所有端口在默认情况下都属于二层端口，不具备路由功能。不能给物理端口直接配置 IP 地址。但可以开启物理端口的三层路由功能。

三层交换机默认开启了路由功能，可利用 ip routing 命令进行控制。

实验内容

本实验的目的是开启三层交换机物理端口的路由功能，使其完成不同网段数据的转发。按图 4-1 所示连接设备，三层交换机采用锐捷 S3550，PCA 与 PCB 分别连接到三层交换机的两端口（F0/5、F0/15）上，连接线为直连双绞线。两台 PC 分别配置 IP 地址与子网掩码，使其不属于同一网段。用 ping 命令测试二者的连通性。开启三层交换机及其端口的三层功能，为接口 F0/5、F0/15 配置 IP 地址与掩码，使 F0/5 与 PCA 属同一网段，F0/15 与 PCB 属同一网段。配置 PCA 的网关地址为 F0/5 地址，配置 PCB 的网关地址为 F0/15 地址。再测试各计算机的连通性。

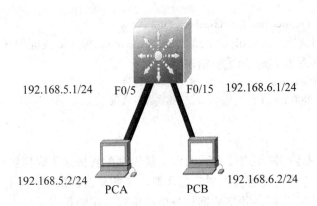

192.168.5.1/24　F0/5　　F0/15　192.168.6.1/24

192.168.5.2/24　PCA　　　PCB　192.168.6.2/24

图 4-1　三层交换机实验拓扑

实验步骤

步骤 1：连线并配置 PCA、PCB 的 IP 地址，如图 4-1 所示。

步骤 2：测试 PCA、PCB 连通性，并分析原因。

步骤 3：开启三层交换机的路由功能。

Switch#configure terminal
Switch(config)#hostname S3550　　　　　! 为交换机更改名称
S3550(config)#ip routing　　　　　　　　! 开启三层交换机的路由功能

步骤 4：配置三层交换机端口的路由功能。

S3550(config)#interface fastethernet 0/5
S3550(config-if)#no switchport　　　　　! 开启交换机端口路由功能
S3550(config-if)#ip address 192.168.5.1 255.255.255.0　! 为交换机端口配置 IP 地址
S3550(config-if)#no shutdown
S3550(config-if)#end

同样方法，为 F0/15 做相应配置。

验证测试：

S3550#show ip interface　　　　　　　! 查看端口信息
S3550#show interface f 0/5
S3550#show ip route　　　　　　　　　! 查看交换机中的路由表信息

步骤 5：配置 PCA，PCB 的网关地址，PCA 的网关地址为 F0/5 地址，PCB 的网关地址为 F0/15 地址。

步骤 6：验证 PCA 与 PCB 的连通性，并分析原因。

如：

C:\>ping 192.168.6.2　　　　　　　　! 在 PCA 的命令行方式下验证能否 ping 通 PCB

实验要求

（1）预习交换机知识。

（2）实验中先连接线缆，再进行配置，注意连接线缆的接口编号。

（3）详细记录实验数据，对通与不通的的各种情况都要做分析，找出其原因，并将数据与分析结果写入实验报告。

实验五 路由器连接局域网

实验目的

掌握路由器的基本设置，掌握计算机网关的作用及设置。

实验设备

路由器（1台）、二层交换机（2台）、主机（4台）、直连线（多条）。

实验原理

路由器是互联网络中必不可少的网络设备之一，路由器是一种连接多个网络或网段的网络设备，它能将不同网络或网段之间的数据信息进行"翻译"，以使它们能够相互"读"懂对方的数据。路由器一般有两个以上端口，每个端口连接到不同的网络，该端口的 IP 地址也往往成为该网络的网关地址。为了完成"路由"的工作，在路由器中保存着各种传输路径的相关数据——路由表（Routing Table），供路由选择时使用。路由表中保存着子网的标志信息、网上路由器的个数和下一个路由器的名字等内容。

实验内容

（1）认识路由器的端口类型，了解路由器的构造，熟悉路由器的配置命令。

（2）按图 5-1 所示组建网络，将四台计算机分别连入两台二层交换机组成局域网，然后将两个局域网用路由器进行连接。配置各计算机的 IP 地址信息，使 A、B 与 C、D 分别属于两个不同子网，在未配置路由器的情况下，测试 PC 间的连通性。配置路由器端口 IP，并将各PC 的网关分别设置为自身所连接的路由器的端口地址，再次测试 PC 间连通性。

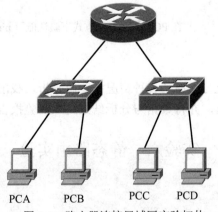

图 5-1 路由器连接局域网实验拓扑

实验步骤

步骤 1：按图 5-1 所示连线并配置 PCA、PCB、PCC、PCD 的 IP 地址、子网掩码。

设置 PCA 的 IP 地址为：10.65.1.1 255.255.0.0　　网关：10.65.1.254

设置 PCB 的 IP 地址为：10.65.1.2 255.255.0.0　　网关：10.65.1.254

设置 PCC 的 IP 地址为：10.66.1.1 255.255.0.0　　网关：10.66.1.254

设置 PCD 的 IP 地址为：10.66.1.2 255.255.0.0　　网关：10.66.1.254

步骤 2：测试 PC 间的连通性，并分析原因。

步骤 3：配置路由器端口。

```
Red-Giant#configure terminal
Red-Giant (config)#hostname Ra                    ! 为路由器更改名称
Ra (config)#interface fastethernet 1/0            ! 进入端口模式
Ra (config-if)#ip address 10.65.1.254 255.255.0.0 ! 配置端口的 IP 地址
Ra (config-if)#no shutdown
Ra (config-if)#exit

Rb (config)#interface fastethernet 1/1            ! 进入端口模式
Rb (config-if)#ip address 10.66.1.254 255.255.0.0 ! 配置端口的 IP 地址
Rb (config-if)#no shutdown
Rb (config-if)#exit
```

验证测试：

```
Ra #show ip interface       ! 查看端口 IP 信息
Ra #show interface f 1/1    ! 查看端口信息
Ra #show ip route           ! 查看路由器中的路由表信息，并请判断路由类型
                              （直连路由，静态路由，动态路由？）
```

步骤 4：设置各 PC 的网关。

设置 PCA、PCB　　网关：10.65.1.254（路由器 F1/0 端口 IP）

设置 PCC、PCD　　网关：10.66.1.254（路由器 F1/1 端口 IP）

步骤 5：验证 PCA 与 PCB，PCA 与 PCC 的连通性，要求从每个计算机用 ping 命令测试与其他 3 台机器的连接情况。并分析原因。

如：

```
C:\>ping 10.65.1.2               ! 在 PCA 的命令行方式下验证能否 ping 通 PCB
```

实验要求

（1）对实验中主机间通与不通的各种情况都要做分析，找出其原因。

（2）详细记录实验数据，并将数据与分析结果写入实验报告。

实验六　静态路由实验

实验目的

掌握路由器中静态路由的设置方法，通过实验加深对路由表的认识。

实验设备

路由器（2 台）、主机（2 台）、直连线（2 条）、V.35 线缆（1 条）。

实验原理

路由器可完成网络互联任务。路由器是根据路由表进行选路和转发的。而路由表是由一条条的路由信息组成的。路由表的产生方式一般有三种：

直连路由：给路由器接口配置一个 IP 地址，路由器自动产生本接口 IP 所在网段的路由信息。

静态路由：在拓扑结构简单的网络中，网管员通过手工的方式配置本路由器未知网段的路由信息，从而实现不同网段之间的连接。

动态路由：在大规模的网络中，或网络拓扑相对复杂的情况下，通过在路由器上运行动态路由协议，路由器之间互相自动学习产生路由信息。

实验内容

本实验中设置两台路由器，分别连接不同的局域网，两个路由器之间通过串行口连接，如图 6-1 所示。首先设置每个路由器的各个端口以及它所连接的局域网的计算机，使得一个局域网的内部主机间可以互相连通。然后，设置两个路由器相互连接的串行口，使得它们位于同一逻辑网内，在两个路由器上分别设置合理的静态路由，完成后测试各个局域网之间的连通情况。

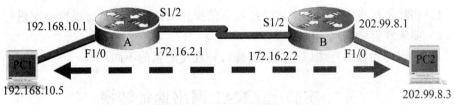

图 6-1　静态路由实验拓扑

实验步骤

步骤 1：按图 6-1 中拓扑结构连接网络。
步骤 2：配置路由器 A、B 的各端口的 IP 地址，如图 6-1 所示。

```
Red-Giant#configure terminal
Red-Giant (config)#hostname Ra                              ! 为路由器更改名称
Ra (config)#interface fastethernet 1/0                      ! 进入端口模式
Ra (config-if)#ip address 192.168.10.1 255.255.255.0        ! 配置端口的 IP 地址
Ra (config-if)#no shutdown
Ra (config-if)#exit

Ra (config)#interface serial 1/2                            ! 进入端口模式
Ra (config-if)#ip address 172.16.2.1 255.255.255.0          ! 配置端口的 IP 地址
Ra (config-if)#clock rate 64000                             ! 配置 RA 的时钟频率（DCE）
Ra (config-if)#no shutdown
Ra (config-if)#exit
```

路由器 B 做同样配置，需注意，Rb 串口为 DTE，不需配置时钟频率。
验证：查看端口配置，查看路由器中路由表内容。

Ra #show ip interface

Ra #show interface serial 1/2

Ra #show ip route

步骤 3：配置 PC1、PC2 的 IP 地址、子网掩码、网关。

设置 PC1 的 IP 地址为：192.168.10.5 255.255.0.0   网关：192.168.10.1

设置 PC2 的 IP 地址为：202.99.8.3 255.255.0.0   网关：202.99.8.1

步骤 4：测试 PC 间连通性，并分析原因。

步骤 5：配置路由器中的静态路由。

Ra (config)#ip route 202.99.8.0 255.255.255.0 172.16.2.2

Rb(config)#ip route 192.168.10.0 255.255.255.0 172.16.2.1

验证测试：

Ra #show ip route

Rb #show ip route

步骤 6：验证 PC1 与 PC2 的连通性，并分析原因。

如：

C:\>ping 202.99.8.3   ！在 PC1 的命令行方式下验证能否 ping 通 PC2

实验要求

（1）在实验报告中详细记录实验过程中的操作及结果，对连接通断情况进行分析。

（2）要求掌握静态路由的配置方法。

（3）观察路由器串行端口与以太网端口外观及配置的不同。

实验七　NAT 网络地址转换

实验目的

掌握网络地址转换 NAT 技术，通过配置使内网中所有主机可访问 Internet。

实验设备

路由器（2 台）、二层交换机（1 台）、主机（3 台）、直连线（2 条）、V.35 线缆（1 条）。

实验原理

NAT 是指将网络地址从一个地址空间转换为另一个地址空间的行为，它允许内部所有主机在公网地址缺乏的情况下可以访问外部网络。NAT 将网络划分为内部网络（Inside）和外部网络（Outside）两部分。局域网主机利用 NAT 访问网络时，是将局域网内部的本地地址转换为全局地址（互联网合法 IP 地址）后转发数据包。NAT 分为两类：NAT（网络地址转换）和NAPT（网络地址端口转换）。NAT 是指实现转换后一个本地 IP 地址对应一个全局地址。NAPT是指实现转换后多个本地地址对应一个全局 IP 地址。

实验内容

（1）按图 7-1 所示连接整个网络，首先设置每个路由器的各个端口以及它所连接的局域网的各个计算机，使得所连接的各个局域网之间可以互相连通，具体 IP 地址的分配可参见后面的实验步骤。

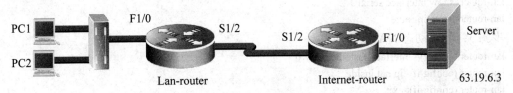

图 7-1 NAT 实验拓扑

（2）设置 NAT 转换，使 Lan-router 内部配置内部私有 IP 地址的主机可以访问外部网络（Internet）主机，要求掌握 NAT 配置的方法，了解每一步都完成了什么功能。

（3）在 Server 上用 Ethereal 软件捕获 PC1 或 PC2 发来的数据包，观察数据包的源 IP 地址是什么，它们与 NAT 配置中的 POOL 地址池存在什么样的关系。

实验步骤

步骤 1：按图 7-1 中拓扑结构连接网络。
步骤 2：对路由器进行基本配置。
局域网路由器配置。

Red-Giant#configure terminal	
Red-Giant (config)#hostname lan-router	! 为路由器更改名称
lan-router (config)#interface fastethernet 1/0	! 进入端口模式
lan-router (config-if)#ip address 192.168.10.1 255.255.255.0	! 配置端口的 IP 地址
lan-router (config-if)#no shutdown	
lan-router (config-if)#exit	
lan-router (config)#interface serial 1/2	! 进入端口模式
lan-router (config-if)#ip address 200.1.8.7 255.255.255.0	! 配置端口的 IP 地址
lan-router (config-if)#clock rate 64000	! 配置 lan-router 的时钟频率（DCE）
lan-router (config-if)#no shutdown	
lan-router (config-if)#exit	

互联网路由器配置。

Red-Giant#configure terminal	
Red-Giant (config)#hostname internet-router	! 为路由器更改名称
internet-router (config)#interface fastethernet 1/0	! 进入端口模式
internet-router (config-if)#ip address 63.19.6.1 255.255.255.0	! 配置端口的 IP 地址
internet-router (config-if)#no shutdown	
internet-route r(config-if)#exit	
internet-router (config)#interface serial 1/2	! 进入端口模式
internet-router (config-if)#ip address 200.1.8.8 255.255.255.0	! 配置端口的 IP 地址
internet-router (config-if)#no shutdown	
internet-router (config-if)#exit	

在 Lan-router 上配置默认路由。

lan-router (config)#ip route 0.0.0.0 0.0.0.0 serial 1/2

验证：查看端口配置，查看路由器中路由表的内容。

lan-router#show ip interface

lan-router#show interface serial 1/2

lan-router#show ip route

步骤3：配置动态 NAT 映射。

lan-router (config)# interface fastethernet 1/0

lan-router (config-if)#ip nat inside

lan-router (config-if)#exit

lan-router (config)#interface serial 1/2

lan-router (config-if)#ip nat outside

lan-router (config-if)#exit

lan-router (config)#ip nat pool to_internet 200.1.8.9 200.1.8.10 netmask 255.255.255.0

　　　　　　　　　! 定义内部全局地址池

lan-router (config)#access-list 10 permit 192.168.10.0 0.0.0.255

　　　　　　　　　! 定义允许转换的地址

lan-router (config)#ip nat inside source list 10 pool to_internet ! 为内部本地调用转换地址池

验证：

lan-router#show ip nat translations 　　　　　　　　　　　　! 查看 NAT 的动态映射表

步骤4：配置 PC1、PC2 及 Server 的 IP 地址、子网掩码、网关。

设置 PC1 的 IP 地址为：192.168.10.2 255.255.0.0　　网关：192.168.10.1

设置 PC2 的 IP 地址为：192.168.10.3 255.255.0.0　　网关：192.168.10.1

设置 Server 的 IP 地址为：63.19.6.3 255.255.255.0　　网关：63.19.6.1

步骤5：在 Server 上安装网络数据包捕获软件 ethereal，正确配置使其能正常工作。

步骤6：测试验证。

（1）验证 PC1、PC2 与 Server 的连通性，并分析原因。

如：

C:\>ping 63.19.6.3 　　　　　　　! 在 PC1 的命令行方式下验证能否 ping 通 Server。

注：做双向测试，即：PC1 ping Server，Server ping PC1，分别观察结果。

（2）在 Server 上打开网络数据包捕获软件 ethereal，使其处于捕获状态，在 PC1，PC2 上向 Server 发送数据，观察 ethereal 的捕获结果，重点观察数据包的源 IP 地址、目的 IP 地址分别是什么，并分析原因。

实验要求

（1）预习 Ethereal 软件的用法，Ethereal 需要底层链接库 winpcap 的支持，所以工作前需先安装 winpcap。

（2）详细记录实验数据，并将数据与分析结果写入实验报告。

实验八　交换机的端口安全

实验目的

掌握交换机的端口安全功能，控制用户的安全接入。

实验设备

二层交换机（1 台）、主机（1 台）、直连线（1 条）。

实验原理

交换机端口安全功能，是指针对交换机的端口进行安全属性的配置，从而控制用户的安全接入。交换机端口安全主要有两类：一是限制交换机端口的最大连接数，二是针对交换机端口进行 MAC 地址、IP 地址的绑定。

限制交换机端口的最大数可以控制交换机端口下连接的主机数，并防止用户进行恶意的 ARP 欺骗。

交换机端口的地址绑定，可以针对 IP 地址、MAC 地址、IP+MAC 地址进行灵活的绑定。可以对用户进行严格的控制。保证用户的安全接入和防止常见的内网的网络攻击，如防止 ARP 欺骗，IP、MAC 地址欺骗，IP 地址攻击等。

配置了交换机的端口安全功能后，当实际应用超出配置要求时，将产生一个安全违例，产生安全违例的处理方式有 3 种：

- Protect。当安全地址个数满后，安全端口将丢弃未知名地址（不是该端口的安全地址中的任何一个）的包。
- Restrict。当违例产生时，将发送一个 Trap 通知。
- Shutdown。当违例产生时，将关闭端口并发送一个 Trap 通知。

当端口因为违例而被关闭后，在全局配置模式下使用 errdisable recovery 命令将接口从错误状态中恢复过来。

实验内容

在本实验中采用锐捷 S2126 交换机作为实验设备，将主机 PCA 通过直连线接入交换机的 F0/3 端口，实验拓扑图如图 8-1 所示。针对该交换机的所有端口，配置最大连接数为 1，针对 PCA 主机的接口进行 IP+MAC 地址绑定。

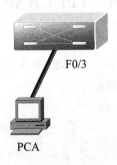

F0/3

PCA

图 8-1　交换机端口安全实验拓扑

实验步骤

步骤 1：配置交换机端口的最大连接数限制。

```
Switch#configure terminal
Switch(config)#interface range fastethernet 0/1-23          ！进入一组端口的配置模式
Switch(config-if-range)#switchport port-security           ！开启交换机的端口安全功能
Switch(config-if-range)#switchport port-security maximum 1   ！配置端口的最大连接数为 1
Switch(config-if-range)#switchport port-security violation shutdown
                                                 ！配置安全违例的处理方式为 shutdown
```

验证测试：

```
Switch#show port-security                              ！查看交换机的端口安全配置
```

步骤 2：配置交换机端口的地址绑定。

（1）查看主机 PCA 的 IP 和 MAC 地址信息。

在主机上打开 CMD 命令提示符窗口，执行 ipconfig/all 命令，观察并记录该主机的 IP 地址和 MAC 地址信息。（假设该主机的 IP 地址是 192.168.0.22，MAC 地址为 0006.1dbe.13b4。）

（2）配置交换机端口的地址绑定。

```
Switch#configure terminal
Switch(config)#interface fastethernet 0/3
Switch(config-if)#switchport port-security
Switch(config-if)#switchport port-security mac-address 0006.1dbe.13b4
ip-address 192.168.0.22              ！配置 IP 地址和 MAC 地址的绑定
```

验证测试：

```
Switch#show port-security address     ！查看地址安全绑定配置
```

实验要求

（1）预习交换机端口安全知识，实验中注意以下事项：

- 交换机端口安全功能只能在 ACCESS 接口进行配置。
- 交换机最大连接数限制的取值范围是 1～128，默认值为 128。
- 交换机最大连接数限制默认的处理方式是 Protect。

（2）详细记录实验数据，并将数据与分析结果写入实验报告。

实验九　PPP CHAP 认证

实验目的

掌握 PPP CHAP 认证的过程及配置。

实验设备

路由器（2 台）、V.35 线缆（1 条）。

实验原理

PPP 协议位于 OSI 七层模型的数据链路层，PPP 协议按照功能分为两个子层：LCP、NCP。LCP 主要负责链路的协商、建立、回拨、认证、数据的压缩、多链路捆绑等功能，NCP 主要负责和上层的协议进行协商，为网络层协议提供服务。

PPP 的认证功能是指在建立 PPP 链路的过程中进行密码的验证，验证通过建立连接，验证不通过拆除链路。

CHAP（Challenge Handshake Authentication Protocol，挑战式握手验证协议）是指验证双方通过三次握手完成验证过程，比 PAP 更安全。由验证方主动发出挑战报文，由被验证方应答。在整个验证过程中，链路上传递的信息都进行了加密处理。

实验内容

本实验模拟专线接入功能，实验拓扑图如图 9-1 所示。要求客户端路由器与 ISP 进行链路协商时要验证身份，配置路由器保证链路建立并考虑其安全性，即链路协商时密码以密文的方式传输。

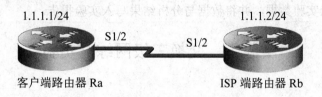

图 9-1　PPP CHAP 认证实验拓扑

实验步骤

步骤 1：基本配置。

```
Red-Giant(config)#hostname Ra
Ra(config)#interface serial 1/2
Ra(config-if)#ip address 1.1.1.1 255.255.255.0
Ra(config-if)#no shutdown


Red-Giant(config)#hostname Rb
Rb(config)#interface serial 1/2
Rb(config-if)#ip address 1.1.1.2 255.255.255.0
Rb(config-if)#clock rate 64000
Rb(config-if)#no shutdown
```

验证测试：

```
Ra#show interface serial 1/2
Rb#show interface serial 1/2
```

步骤 2：配置 PPP CHAP 认证。

```
Ra(config)#username Rb password 0 star      ！以对方的主机名作为用户名，密码和对方的路由器一致
Ra(config)#interface serial 1/2
Ra(config-if)#encapsulation ppp             ！PPP 启用 CHAP 方式验证
Ra(config-if)#ppp authentication chap       ！PPP 启用 CHAP 方式验证


Rb(config)#username Ra password 0 star      ！以对方的主机名作为用户名，密码和对方的路由器一致
Rb(config)#interface serial 1/2
Rb(config-if)#encapsulation ppp             ！PPP 启用 CHAP 方式验证
```

步骤 3：验证测试。

Ra#debug ppp authentication
Ra#show running-config
Rb#show running-config

实验要求

（1）预习 PPP 协议的相关知识，在实验中注意以下事项：

- 在 DCE 端要配置时钟；
- 在接口下封装 PPP；
- Debug ppp authentication 在路由器特理层 up，链路尚未建立的情况下打开才有信息输出，本实验的实质是链路层协商建立的安全性，该信息出现在链路协商的过程中。

（2）详细记录实验数据，并将数据与分析结果写入实验报告。

实验十　交换三级网综合实验

实验目的

通过构建一个完整的交换三级网络，全面掌握组网规划及设备配置等知识。

实验设备

三层交换机（2 台）、二层交换机（2 台）、路由器（2 台）、主机（若干台）、直连线（若干条）。

实验原理

结构化设计模型（Hierarchical Network Design Model）是由 Cisco 提出的一种适合于大多数交换网的网络设计方法，该模型将网络分为三层，分别为核心层（Core Layer）、分布层（Distribution Layer）、接入层（Access Layer），对应于网络拓扑，每一级都有一组各自不同的功能。通过采用分级方法，可以用分级设计模型建立非常灵活和可缩放性极好的网络。

实验内容

假设你是某系统集成公司的技术工程师，公司现在承接一个企业网的搭建项目，经过现场勘测及充分与客户沟通，做出以下规划：网络采用核心—汇聚—接入三级网络构架，通过出口路由器做 NAT 供内网用户访问外网，同时要求财务部（VLAN 1）内网用户不能访问内网 FTP 服务（VLAN 24），其他员工（VLAN 2）不作限制。接入层交换机要实现防冲击波的功能。

实验拓扑如图 10-1 所示。整个实验用 RG-S2126G1 模拟 VLAN 1 用户接入交换机，用 RG-S2126G2 模拟 VLAN 2 用户接入交换机，VLAN 1 与 VLAN 2 的用户通过 RG-S3760-1 实现 VLAN 间路由。RG-S3760-1 与 RG-S3760-2 之间通过静态路由，实现内网用户的对外数据包转发及对内网服务器的访问。在 R1 上启用 NAT 功能，保证内网用户可以访问外网，实验拓扑中以 R2 模拟 Internet。

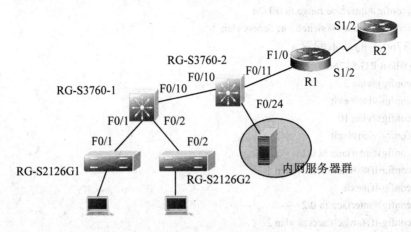

图 10-1 三级交换网实验拓扑

实验步骤

步骤 1：IP 地址规划与网络设备连接。

IP 地址规划如表 10-1 所示。

表 10-1 IP 地址规划表

设备名称	VLAN 端口名称	IP 地址	端口连接状况
RG-S3760-1	VLAN 1	192.168.11.1/24	F0/1-RG-S2126G1
	VLAN 2	192.168.12.1/24	F0/2-RG-S2126G2
	VLAN 10	192.168.13.1/24	F0/10-RG-S3760-2 F0/10
RG-S3760-2	VLAN 10	192.168.13.2/24	F0/10-RG-S3760-1 F0/10
	VLAN 11	192.168.1.11/24	F0/11-R1 S1/2
	VLAN 24	192.168.24.1/24	F0/24-内网服务器
R1	Fastethernet 1/0	192.168.1.12/24	F1/0- RG-S3760-2 F0/11
	Serial 1/2(DTE)	202.202.1.1/24	S1/2-R2 S1/2
R2	Serial 1/2(DCE)	202.202.1.2/24	S1/2-R1 S1/2

依据上表中的"端口连接状况"一栏对网络设备进行连接，形成网络拓扑如图 10-1 所示。

步骤 2：基本配置。

（1）RG-S2126G1 的基本配置。

Switch(config)#host RG-S2126G1

RG-S2126G1(config)#interface range fa 0/1-24   ！该步骤可省略

RG-S2126G1(config-if-range)#switchport access vlan 1   ！该步骤可省略

（2）RG-S2126G2 的基本配置。

Switch(config)#host RG-S2126G2

RG-S2126G2(config)#vlan 2

RG-S2126G2(config-vlan)#exit

RG-S2126G2(config)#interface range fa 0/1-24
RG-S2126G2(config-if-range)#switchport access vlan 2

（3）RG-S3760-1 的基本配置。

Switch(config)#host RG-S3760-1
RG-S3760-1(config)#vlan 2
RG-S3760-1(config-vlan)#exit
RG-S3760-1(config)#vlan 10
RG-S3760-1(config-vlan)#exit
RG-S3760-1(config)#interface fa 0/1
RG-S3760-1(config-if)#switch access vlan 1
RG-S3760-1(config-if)#exit
RG-S3760-1(config)#interface fa 0/2
RG-S3760-1(config-if)#switch access vlan 2
RG-S3760-1(config-if)#exit
RG-S3760-1(config)#interface fa 0/10
RG-S3760-1(config-if)#switch access vlan 10
RG-S3760-1(config-if)#exit
RG-S3760-1(config)#interface vlan 1
RG-S3760-1(config-if)#ip address 192.168.11.1 255.255.255.0
RG-S3760-1(config-if)#no sh
RG-S3760-1(config-if)#exit
RG-S3760-1(config)#interface vlan 2
RG-S3760-1(config-if)#ip address 192.168.12.1 255.255.255.0
RG-S3760-1(config-if)#no sh
RG-S3760-1(config-if)#exit
RG-S3760-1(config)#interface vlan 10
RG-S3760-1(config-if)#ip address 192.168.13.1 255.255.255.0
RG-S3760-1(config-if)#no sh
RG-S3760-1(config-lf)#exit

（4）RG-S3760-2 的基本配置。

Switch(config)#host RG-S3760-2
RG-S3760-2(config)#vlan 10
RG-S3760-2(config-vlan)#exit
RG-S3760-2(config)#vlan 11
RG-S3760-2(config-vlan)#exit
RG-S3760-2(config)#vlan 24
RG-S3760-2(config-vlan)#exit
RG-S3760-2(config)#interface fa 0/10
RG-S3760-2(config-if)#switch access vlan 10
RG-S3760-2(config-if)#exit
RG-S3760-2(config)# interface fa 0/11
RG-S3760-2(config-if)#switch access vlan 11
RG-S3760-2(config-if)#exit
RG-S3760-2(config)#interface fa 0/24
RG-S3760-2(config-if)#switch access vlan 24
RG-S3760-2(config-if)#exit

RG-S3760-2(config)#interface vlan 10

RG-S3760-2(config-if)#ip address 192.168.13.2 255.255.255.0

RG-S3760-2(config-if)#no sh

RG-S3760-2(config-if)#exit

RG-S3760-2(config)#interface vlan 11

RG-S3760-2(config-if)#ip address 192.168.1.11 255.255.255.0

RG-S3760-2(config-if)#no sh

RG-S3760-2(config-if)#exit

RG-S3760-2(config)#interface vlan 24

RG-S3760-2(config-if)#ip address 192.168.24.1 255.255.255.0

RG-S3760-2(config-if)#no sh

RG-S3760-2(config-if)#exit

（5）R1 的基本配置。

Red-Giant(config)#host R1

R1(config)#interface fa 1/0

R1(config-if) #ip add 192.168.1.12 255.255.255.0

R1(config-if) #no sh

R1(config)#interface serial 1/2

R1(config-if) #ip add 202.202.1.1 255.255.255.0

R1(config-if) #no sh

（6）R2 的基本配置。

Red-Giant(config)#host R2

R2(config)#interface serial 1/2

R2(config-if) #ip add 202.202.1.2 255.255.255.0

R2(config-if) #clock rate 64000

R2(config-if) #no sh

（7）测试各个直连接口能否 ping 通（步骤略）。

步骤 3：路由配置。

（1）RG-S3760-1 的路由配置。

RG-S3760-1(config)#ip routing

RG-S3760-1(config)#ip route 0.0.0.0 0.0.0.0 192.168.13.2

RG-S3760-1(config)#exit

RG-S3760-1#show ip route

（2）RG-S3760-2 的路由配置。

RG-S3760-2(config)#ip routing

RG-S3760-2(config)#ip route 0.0.0.0 0.0.0.0 192.168.1.12

RG-S3760-2(config)#ip route 192.168.11.0 255.255.255.0 192.168.13.1

RG-S3760-2(config)#ip route 192.168.12.0 255.255.255.0 192.168.13.1

RG-S3760-2(config)#exit

RG-S3760-2#show ip route

（3）R1 的路由配置。

R1(config)#ip route 192.168.11.0 255.255.255.0 192.168.1.11

R1(config)#ip route 192.168.12.0 255.255.255.0 192.168.1.11

R1(config)#ip route 0.0.0.0 0.0.0.0   serial 1/2

```
R1(config)#exit
R1#show ip route
```

步骤 4：安全配置。

（1）RG-S2126G1 与 RG-S2126G2 的防病毒配置（以 RG-S2126G2 为例）。

```
RG-S2126G2(config)#ip access-list extended deny_worms
RG-S2126G2(config-ext-nacl)#deny tcp any any eq 135
RG-S2126G2(config-ext-nacl)#deny tcp any any eq 136
RG-S2126G2(config-ext-nacl)#deny tcp any any eq 137
RG-S2126G2(config-ext-nacl)#deny tcp any any eq 138
RG-S2126G2(config-ext-nacl)#deny tcp any any eq 139
RG-S2126G2(config-ext-nacl)#deny tcp any any eq 445

RG-S2126G2(config-ext-nacl)#deny udp any any eq 135
RG-S2126G2(config-ext-nacl)#deny udp any any eq 136
RG-S2126G2(config-ext-nacl)#deny udp any any eq netbios-ns
RG-S2126G2(config-ext-nacl)#deny udp any any eq netbios-dgm
RG-S2126G2(config-ext-nacl)#deny udp any any eq netbios-ss
RG-S2126G2(config-ext-nacl)#deny udp any any eq 445
RG-S2126G2(config-ext-nacl)#permit ip any any
RG-S2126G2(config-ext-nacl)#exit
RG-S2126G2(config)#interface range fa 0/1-24
RG-S2126G2(config-if-range)#ip access-group deny_worms in
```

RG-S2126G1 的配置同上。

（2）RG-S3760-1 的安全配置。

```
RG-S3760-1(config)#ip access-list extended deny_ftp
RG-S3760-1(config-ext-nacl)#deny tcp 192.168.11.0 0.0.0.255 192.168.24.0 0.0.0.255 eq    ftp
RG-S3760-1(config-ext-nacl)#deny tcp 192.168.11.0 0.0.0.255 192.168.24.0 0.0.0.255 eq    ftp-data
RG-S3760-1(config-ext-nacl)#permit ip any any
RG-S3760-1(config-ext-nacl)#end
```

步骤 5：R1 的 NAT 配置。

```
R1(config)#access-list 1 permit 192.168.11.0 0.0.0.255
R1(config)#access-list 1 permit 192.168.12.0 0.0.0.255
R1(config)#int fa 1/0
R1(config-if)#ip nat inside
R1(config-if)#exit
R1(config)#int s 1/2
R1(config-if)#ip nat outside
R1(config-if)#exit
R1(config)#ip nat inside source list 1 interface serial 1/2 overload
```

步骤 6：验证测试。

（1）查看配置结果。

```
RG-S3760-1#show running-config
RG-S3760-2#show running-config
RG-S2126G1#show running-config
RG-S2126G2#show running-config
```

（2）测试网络中各网段的连通性，如：

- VLAN 1 内部主机的连通性；
- VLAN 1 与 VLAN 2 的连通性；
- VLAN 1 与内部服务器群的连通性；
- VLAN 1 与 R2 的连通性。

实验要求

（1）实验过程中注意以下事项：

- 各个接口地址及连线要保证正确。
- 在添加安全规则之前要保证全网路由正常。

（2）详细记录实验数据，并将数据与分析结果写入实验报告。

参考文献

[1] 谢希仁. 计算机网络. 第5版. 大连：大连理工出版社，2008.

[2] 王宝智. 局域网设计与组网实用教程. 第2版. 北京：清华大学出版社，2010.

[3] 王达. 网络工程师必读——网络系统设计. 北京：电子工业出版社，2006.

[4] 王达. 网管员必读——网络组建. 北京：电子工业出版社，2006.

[5] 锐捷网络. 网络互联与实现. 北京：北京希望电子出版社，2006.

[6] 杨靖，刘亮. 实用网络技术配置指南初级篇. 北京：北京希望电子出版社，2006.

[7] 刘永华. 计算机组网与维护技术. 北京：清华大学出版社，2006.

[8] 刘永华. 局域网组建、管理与维护. 北京：清华大学出版社，2006.

[9] 刘永华. 网络安全与维护. 南京：南京大学出版社，2007.

[10] 王相林. 组网技术与配置. 北京：清华大学出版社，2007.

[11] 施晓秋. 网络工程实践教程. 北京：高等教育出版社，2010.

[12] 赵春晓. 计算机网络管理案例教程. 北京：清华大学出版社，2010.

[13] 刘彦舫. 网络综合布线实用技术. 第2版. 北京：清华大学出版社，2010.

[14] 张卫. 计算机网络工程. 北京：清华大学出版社，2004.

[15] 田增国. 组网技术与网络管理. 第2版. 北京：清华大学出版社，2009.

[16] 汪双顶. 网络互连技术与实践教程. 北京：清华大学出版社，2009.

[17] 刘永华. 计算机网络安全技术. 北京：中国水利水电出版社，2012.

[18] 刘永华，赵艳杰. 计算机组网技术. 北京：中国水利水电出版社，2008.

[19] 刘永华，赵艳杰，解圣庆. 计算机网络技术及应用. 第2版. 北京：中国水利水电出版社，2008.